高职高专机电类专业 "十二五" 规划教材

GONGYE 工业
监控组态软件技术应用
JIANKONG ZUTAI RUANJIAN JISHU YINGYONG

主编 屈保中 周 伟

郑州大学出版社
郑 州

图书在版编目(CIP)数据

工业监控组态软件技术应用/屈保中,周伟主编. —郑州:郑州大学出版社,2012.2
ISBN 978-7-5645-0596-7

Ⅰ.①工…　Ⅱ.①屈…②周…　Ⅲ.①工业监控系统-应用软件　Ⅳ.①TP31

中国版本图书馆 CIP 数据核字（2011）第 190157 号

郑州大学出版社出版发行
郑州市大学路 40 号
出版人:王　锋
全国新华书店经销
河南永成彩色印刷有限公司印制
开本:787 mm×1 092 mm　1/16
印张:16.75
字数:396 千字
版次:2012 年 2 月第 1 版

邮政编码:450052
发行电话:0371-66966070

印次:2012 年 2 月第 1 次印刷

书号:ISBN 978-7-5645-0596-7　　　　　定价:32.00 元

作者名单

ZUOZHEMINGDAN

主　编　屈保中　周　伟

副主编　王兴举　曲令晋

编　委　赵淑君　魏　允　李诗泉

前 言

QIANYAN

我们经常提到"组态"一词,"组态"的英文是"Configuration"。简单地讲,组态就是利用应用软件中提供的工具、方法,完成工程中某一具体任务的过程,实施这样功能的软件称为组态软件。

组态软件,又称监控组态软件,译自英文 SCADA,即 Supervisory Control and Data Acquisition(数据采集与监视控制),是指一些数据采集与过程控制的专用软件,是一种利用计算机语言编写,能将各种控制硬件(工业 PC 机、各类控制板卡、PLC、智能模块、单片机、数字仪表等)组合到一起,形成一个大的能进行实时监控的应用软件。

目前,组态技术在各行各业都得到了广泛应用,并且发展迅速。广大工程技术人员和管理人员迫切需要一本通俗、易学、能够系统讲述组态软件原理及其应用的指导教材。本书正是为满足这一需求,在总结编者多年理论教学和长期工程实践的基础上编写而成的。

本书选用目前工控领域比较普及的 Kingview 6.52 组态王软件,从满足工程需求的角度出发,有机地将组态王 6.52 软件的基本原理、常用功能及使用方法与技巧和相关实例进行融合。采用项目实施、任务驱动模式,由浅入深、由易到难、由简单到复杂,将组态软件与硬件系统结合起来进行介绍。

本书特色如下:

(1)"做中学"、"学中做"。采用项目实施、任务驱动模式,每一个项目都由不同任务组成,在任务完成、项目实施过程中,穿插相关理论知识,边动手边学习,使得理论学习更有针对性。

(2)本书实例全部来源于实际工程案例,选取循环灯控制、多种液体混合控制、电梯运行控制、机械手控制、锅炉温度控制、恒压变频供水等,工程实例丰富。

(3)内容安排上,实践为主、理论为辅,突出"够用、会用"原则。考虑到大多数读者朋友为组态软件初学者,本书在内容组织与安排上,打破传统的先学后做思路,以读者动手实践为主,在做的过程中进行理论知识的穿插学习,巩固相应知识。

本书项目一由河南工业职业技术学院王兴举编写,项目二、项目四由河南工业职业技术学院届保中编写,项目三、项目六由河南工业职业技术学院周伟编写,项目五由河南工业职业技术学院曲令晋编写,项目七的任务1及任务2由南阳理工学院赵淑君编写,项目七的任务3及任务4由河南工业职业技术学院魏允编写,附录部分由河南工业职业技术学院李诗泉编写。本书由届保中、周伟任主编,王兴举、曲令晋任副主编。

限于作者水平,书中错漏之处在所难免,恳请相关专家及读者朋友批评指正,以便进一步修订、改正。

编 者

2011 年 8 月

本书可以作为大中专院校相关专业教学用书、职业培训用书、工程技术人员自学用书或参考资料。

目 录

MULU

项目一

循环灯控制监控系统设计

一、项目目标

1. 了解组态基本知识,掌握组态王软件的安装方法与步骤。
2. 掌握组态工程建立的步骤及方法。

二、项目任务

通过设计一个循环灯控制演示监控项目,学习组态王基本知识的应用。项目要求如下:

1. 循环灯监控系统模拟演示设计就是通过组态模拟演示实施 PLC 对指示灯的变化控制。要求按下启动按钮后第一只指示灯亮 3 s 后熄灭,然后接着第二只灯亮 3 s 后熄灭,再接着第三只灯亮 3 s 后熄灭,如此循环。当按下停止按钮后,四只灯均熄灭。

2. 运用组态王软件 Kingview 6.52 创建新项目,建立变量,与 PLC 进行通讯连接。

3. 在项目中设计新画面,组态启动按钮、停止按钮各一个,指示灯四只。要求按下启动按钮时,实现四只指示灯的循环点亮;按下停止按钮时,实现四只指示灯的熄灭。

4. 实现系统监控画面的运行及调试,并能实现与 PLC 的在线运行。

5. 项目参考画面如图 1-1 所示。

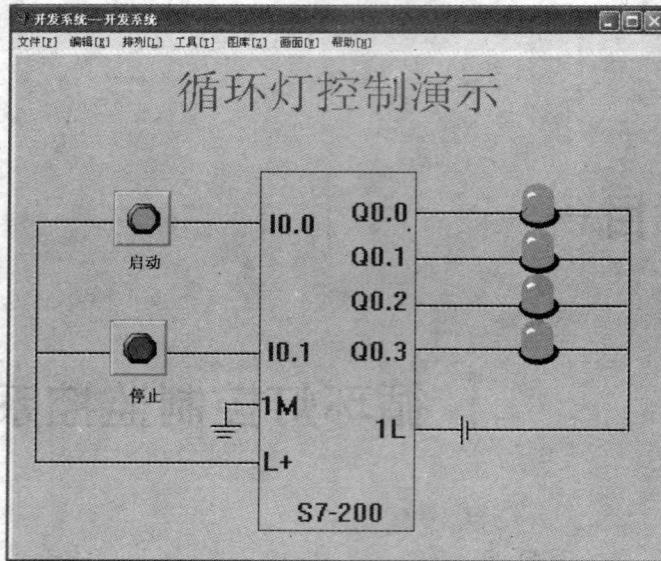

图 1-1　循环灯控制演示

任务 1　系统工程建立

一、任务实施

点击"开始"\"程序"\"组态王 6.52"\"组态王 6.52"（或直接双击桌面上组态王的快捷方式图标），启动工程管理窗口。

点击工程管理器上的 新建 快捷键，弹出"新建工程向导之一"对话框，如图 1-2 所示。

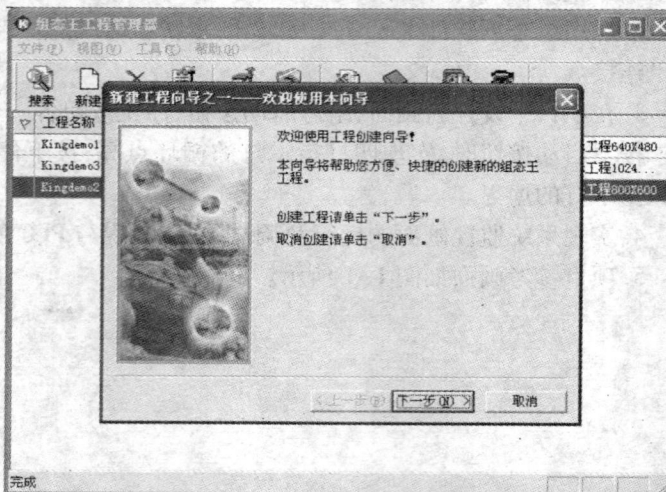

图 1-2　新建工程向导之一

点击"下一步"弹出"新建工程向导之二"对话框,画面如图1-3所示。

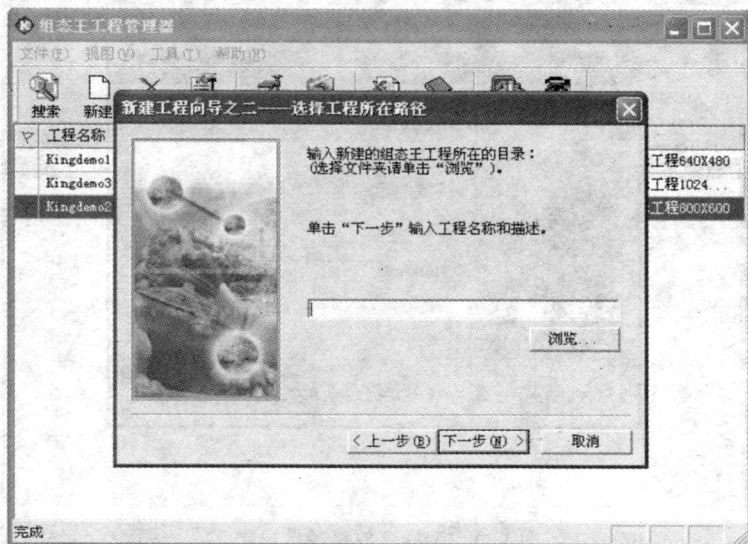

图1-3　新建工程向导之二

点击"浏览",选择新建工程所要存放的路径,如图1-4所示。

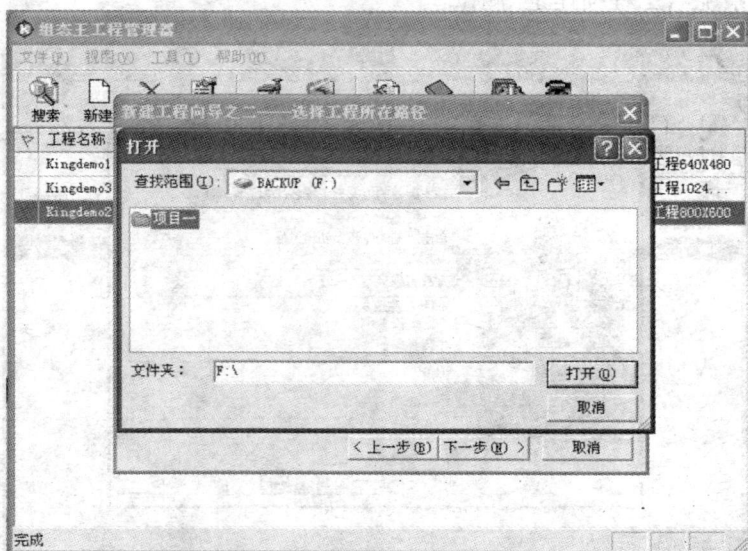

图1-4　工程存放路径选择之一

点击"打开",选择路径完成,如图1-5所示。

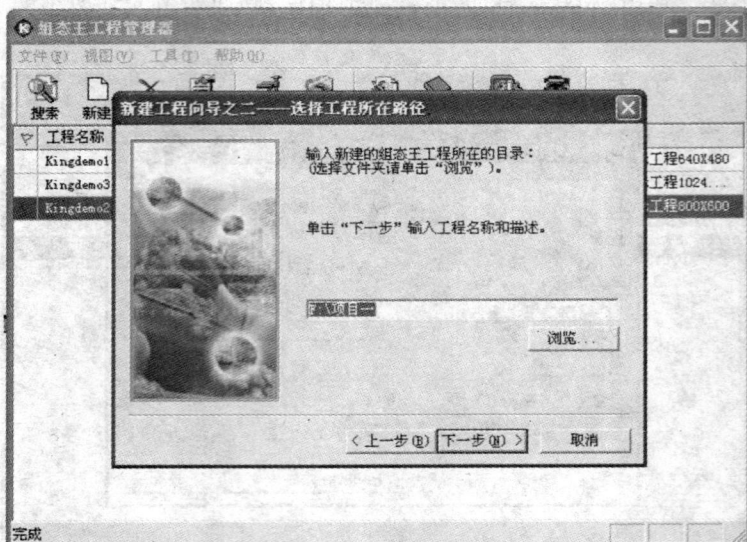

图1-5　工程存放路径选择之二

点击"下一步"进入"新建工程向导之三",如图1-6所示,在"工程名称"处写上要给工程起的名字。"工程描述"是对工程进行的详细说明(注释作用),用户的工程名称是"循环灯监控系统",工程描述是"测试"。

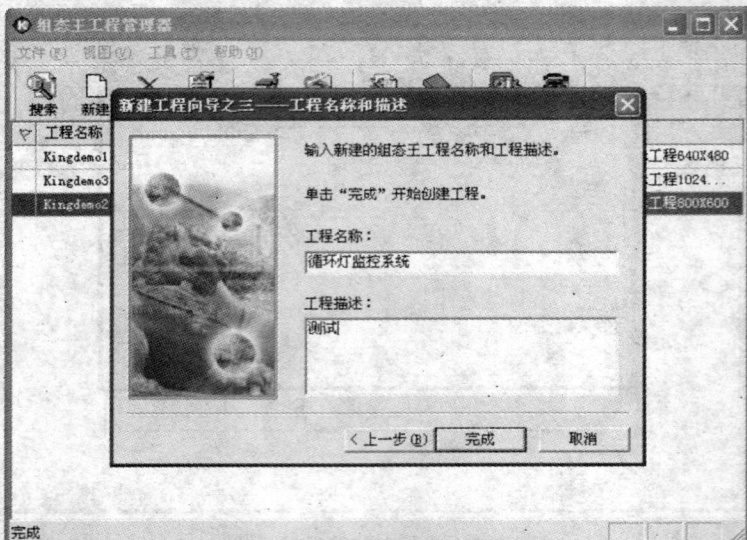

图1-6　添加工程名

点击"完成"会出现"是否将新建的工程设为组态王当前工程?"的提示,如图1-7所示。

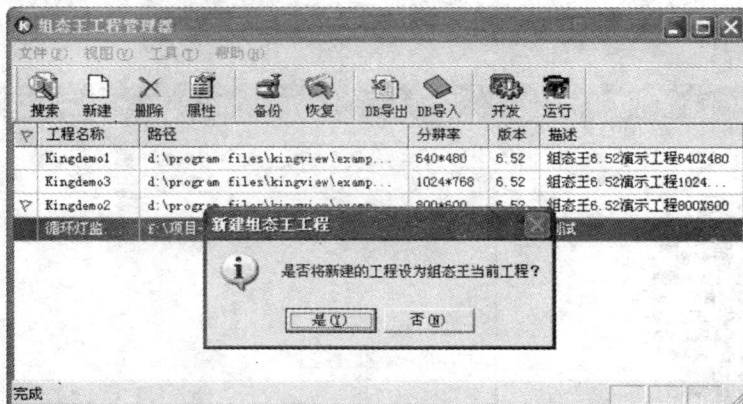

图 1-7　是否设为组态王当前工程选择

如选择"是",生成如图 1-8 所示画面。组态王软件的当前工程是指直接开发或运行所指定的工程。

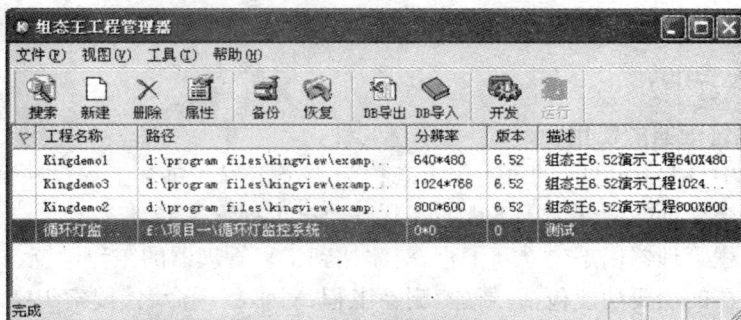

图 1-8　设为组态王当前工程

如选择"否",则首先选择要编辑的工程,点击文件菜单,选择"设为当前工程",如图 1-9 所示。

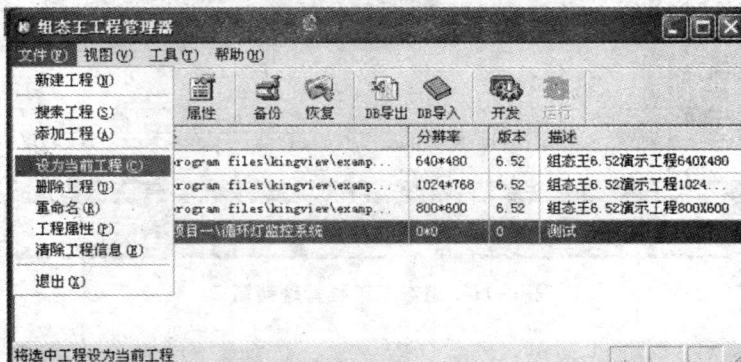

图 1-9　通过文件菜单设为当前工程

点击"开发"快捷键![开发]可以直接进入组态王工程浏览器,如图1-10所示。

图1-10 组态王工程浏览器

二、相关知识

(一)工程管理器的使用

在组态王中,用户所建立的每一个组态称为一个工程。每个工程反映到操作系统中是一个包括多个文件的文件夹。工程的建立则通过工程管理器。

组态王工程管理器用于建立新工程,对添加到工程管理器的工程做统一的管理。

工程管理器的主要功能包括:新建、删除工程,对工程重命名,搜索组态王工程,修改工程属性,工程备份、恢复,数据词典的导入、导出,切换到组态王开发或运行环境等。假设您已经正确安装了"组态王6.52",可以通过以下方式启动工程管理器:

点击"开始"\"程序"\"组态王6.52"\"组态王6.52"(或直接双击桌面上组态王的快捷方式),启动后的工程管理器窗口如图1-11所示。

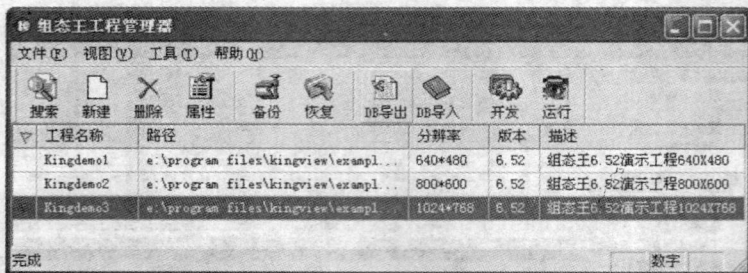

图1-11 组态王工程管理器窗口

搜索:单击此快捷键,在弹出的"浏览文件夹"对话框中选择某一驱动器或某一文件夹,系统将搜索指定目录下的组态王工程,并将搜索完毕的工程显示在工程列表区中。

"搜索工程"用于把计算机的某个路径下的所有工程一起添加到组态王的工程管理器,它能够自动识别所选路径下的组态王工程,为用户一次添加多个工程提供了方便。点击"搜索"图标,弹出"浏览文件夹"对话框,如图 1-12 所示。

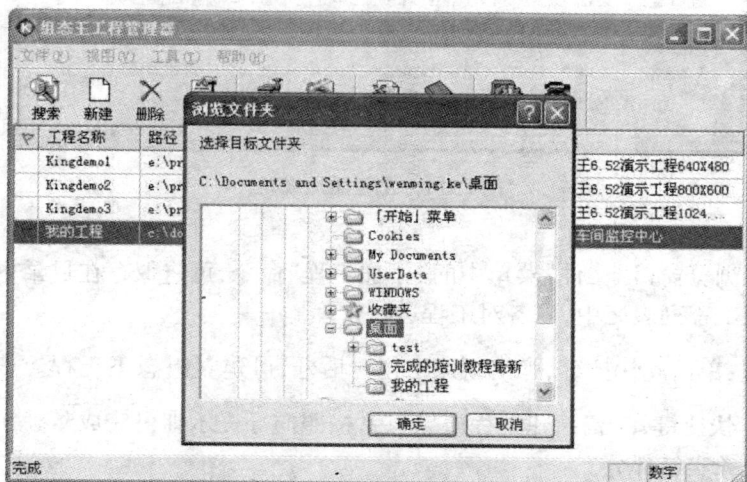

图 1-12　"浏览文件夹"对话框

选定要添加工程的路径,如图 1-13 所示。

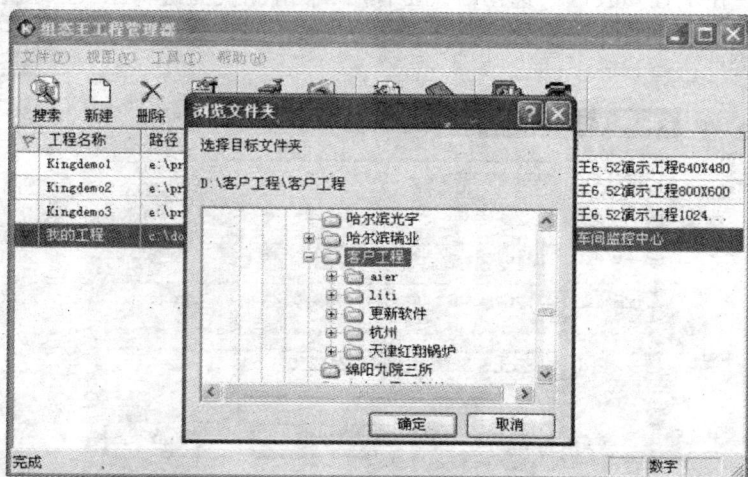

图 1-13　添加工程路径选择

将要添加的工程添加到工程管理器中,如图 1-14 所示,方便工程的集中管理。

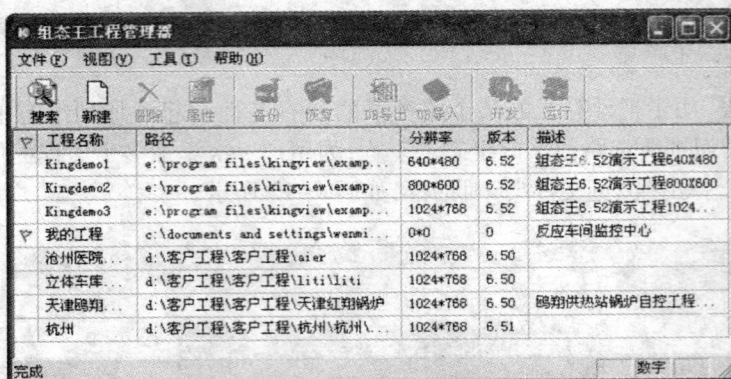

图 1-14 工程添加成功

单击工程浏览窗口"文件"菜单中的"添加工程"命令,可将保存在目录中指定的组态王工程添加到工程列表区中,以备对工程进行管理。

新建:单击此快捷键,弹出新建工程对话框,可建立组态王工程。点击工程管理器上的"新建"快捷键弹出"新建工程向导"后,按照向导提示即可完成新建工程任务。其详细步骤见任务实施部分。

点击"开发"可以直接进入组态王工程浏览器。

删除:在工程列表区中选择任一工程后,单击此快捷键删除选中的工程。

属性:在工程列表区中选择任一工程后,单击此快捷键弹出"工程属性"对话框,如图 1-15 所示。

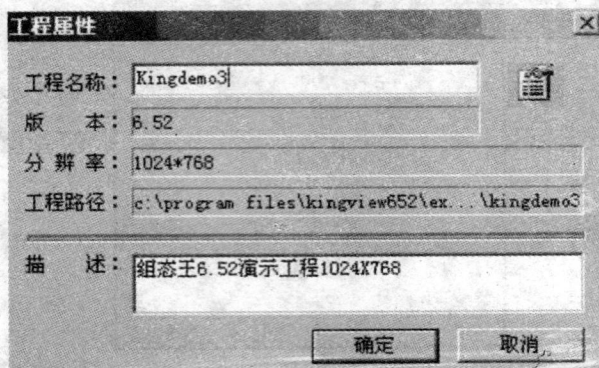

图 1-15 "工程属性"对话框

在工程属性窗口中可查看并修改工程属性。

备份：工程备份是在需要保留工程文件的时候，把组态王工程压缩成组态王自己的".cmp"文件。

备份的具体操作如下：点击"工程管理器"上的"备份"图标，弹出"备份工程"对话框，如图1-16所示。

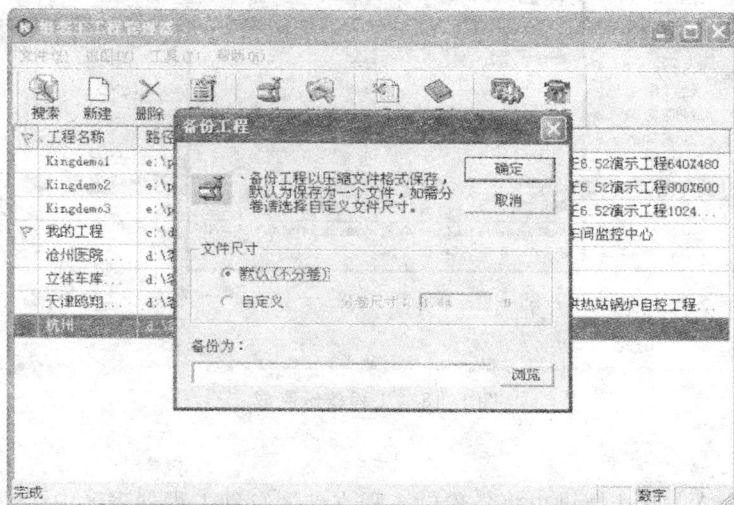

图1-16　"备份工程"对话框

选择"默认(不分卷)"，并单击"浏览"，选择备份要存放的路径，给备份文件起个名字，点击"保存"，如图1-17所示。

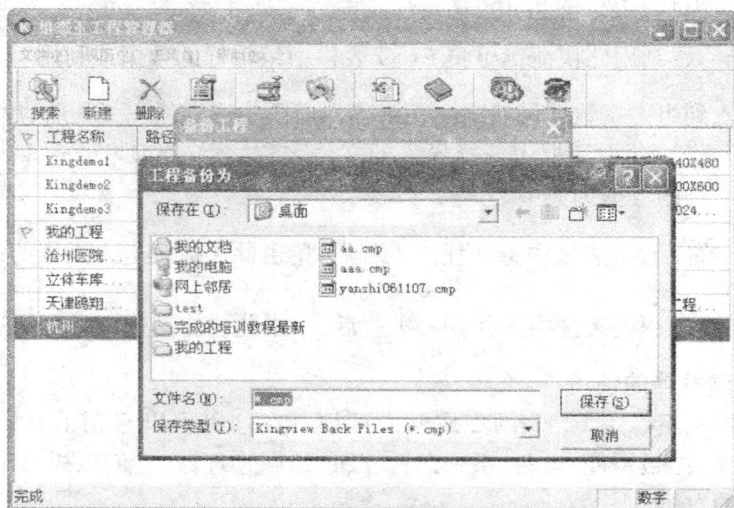

图1-17　工程备份路径选择

点击"确定"开始备份,生成备份文件,备份完成,如图1-18所示。

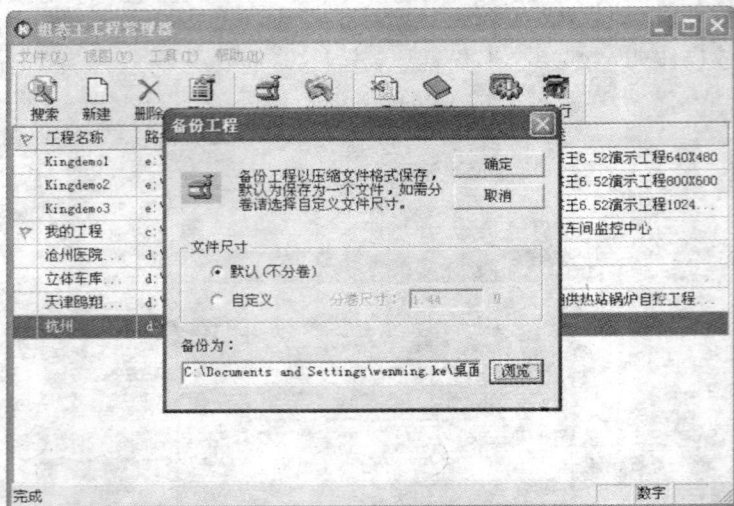

图1-18　工程备份完成

恢复:单击此快捷键可将备份的工程文件恢复到工程列表区中。

DB 导出:利用此快捷键可将组态王工程数据词典中的变量导出到 Excel 表格中,用户可在 Excel 表格中查看或修改变量的属性。在工程列表区中选择任一工程后,单击此快捷键,在弹出的"浏览文件夹"对话框中输入保存文件的名称,系统自动将选中工程的所有变量导出到 Excel 表格中。

DB 导入:利用此快捷键可将 Excel 表格中编辑好的数据或利用"DB 导出"命令导出的变量导入到组态王数据词典中。在工程列表区中选择任一工程后,单击此快捷键,在弹出的"浏览文件夹"对话框中选择导入的文件名称,系统自动将 Excel 表格中的数据导入到组态王工程的数据词典中。

开发:在工程列表区中选择任一工程后,单击此快捷键进入工程的开发环境。

运行:在工程列表区中选择任一工程后,单击此快捷键进入工程的运行环境。

(二)工程浏览器的使用

工程浏览器是组态王 6.52 的集成开发环境。在这里可以看到工程的各个组成部分,包括 Web、文件、数据库、设备、系统配置、SQL 访问管理器,它们以树形结构显示在工程浏览器窗口的左侧。

工程浏览器的使用和 Windows 的资源管理器类似,如图1-19所示。

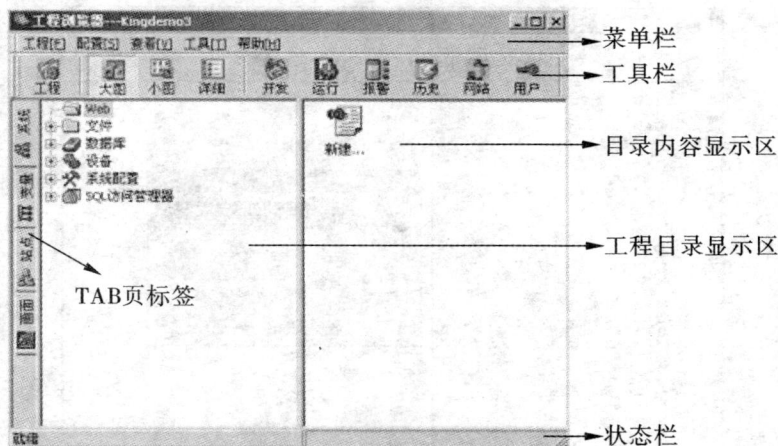

图 1-19 工程浏览器窗口

工程浏览器由菜单栏、工具栏、工程目录显示区、目录内容显示区、状态栏等组成。"工程目录显示区"以树形结构图显示大纲项节点,用户可以扩展或收缩工程浏览器中所列的大纲项。

(三) 工程加密

工程加密是为了保护工程文件不被其他人随意修改,只有设定密码的人或知道密码的人才可以对工程做编辑或修改。加密的步骤如下:

点击"工具"选择"工程加密",如图 1-20 所示。

图 1-20 工程加密选择

弹出"工程加密处理"对话框,设定密码,如图 1-21 所示。

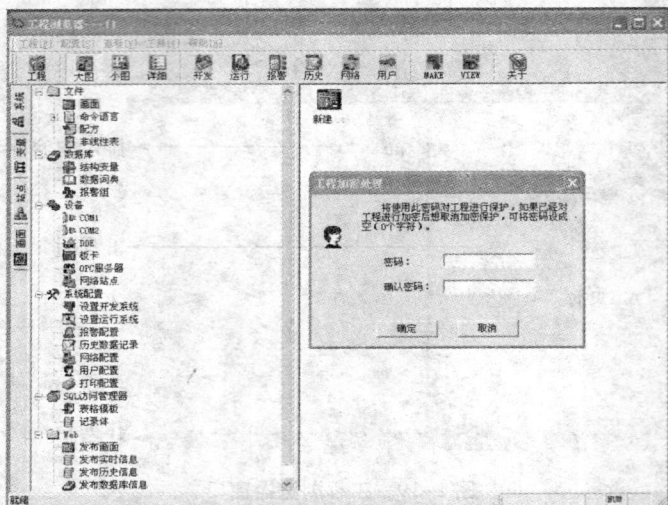

图 1-21　工程加密处理对话框

点击"确定",密码设定成功。如果退出开发系统,下次再进入的时候就会提示输入密码。

⚠注意:没有密码,就无法进入开发系统,所以工程开发人员一定要牢记密码。

任务 2　系统画面设计

一、任务实施

(一)建立新画面

为建立一个新的画面请执行以下操作。

1. 在工程浏览器左侧的"工程目录显示区"中选择"画面"选项,在右侧视图中双击"新建"图标,弹出"新画面"对话框,如图 1-22 所示。

2. 新画面属性设置如下。

画面名称:循环灯控制演示。

对应文件:pic00001. pic(自动生成,也可以用户自己定义)。

注释:循环灯控制系统——主画面。

画面风格:覆盖式。

画面位置:

　　左边:0;

　　顶边:0;

　　显示宽度:1024;

　　显示高度:768;

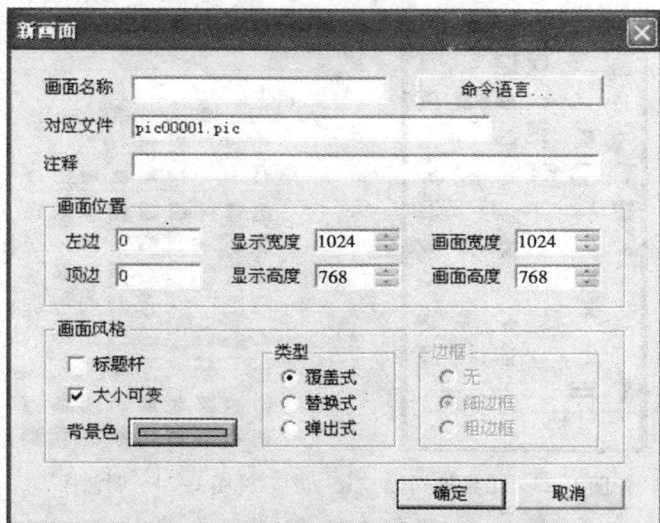

图 1-22　建立新画面

　　画面宽度:1024;

　　画面高度:768;

　　标题杆:无效;

　　大小可变:有效。

　　3. 在对话框中单击"确定",组态王软件将按照您指定的风格产生一幅名为"循环灯控制演示"的画面。

　　(二)使用工具箱

　　接下来在此画面中绘制各种图素。绘制图素的主要工具放置在图形编辑工具箱内。当画面打开时,工具箱自动显示。工具箱中的每个工具按钮都有"浮动提示",帮助您了解工具的用途。

　　1. 如果工具箱没有出现,可选择"工具"菜单中的"显示工具箱"或按 F10 键将其打开。工具箱中各种基本工具的使用方法和 Windows 中的"画笔"很类似,如图 1-23 所示。

　　2. 在工具箱中单击文本工具 **T**,在画面上输入文字"循环灯控制演示"。

　　3. 如果要改变文本的字体、颜色和字号,先选中文本对象,然后在工具箱内选择字体工具 ,在弹出的"字体"对话框中修改文本属性。

　　(三)使用调色板

　　选择"工具"菜单中的"显示调色板",或在工具箱中选择 按钮,弹出调色板画面(注意:再次单击 就会关闭调色板画面),如图 1-24 所示。

　　选中文本,在调色板上按下"对象选择按钮区"中"字符色"按钮(如图 1-24 所示),然后在"选色区"选择某种颜色,则该文本就变为相应的颜色。

图 1-23　工具箱

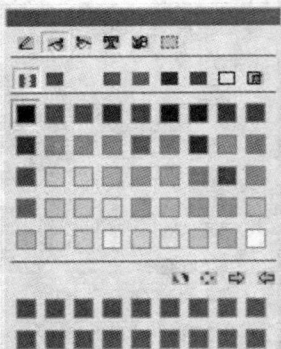

图 1-24　调色板

(四)使用图库管理器

选择"图库"菜单中"打开图库"命令或按 F2 键打开图库管理器,如图 1-25 所示。

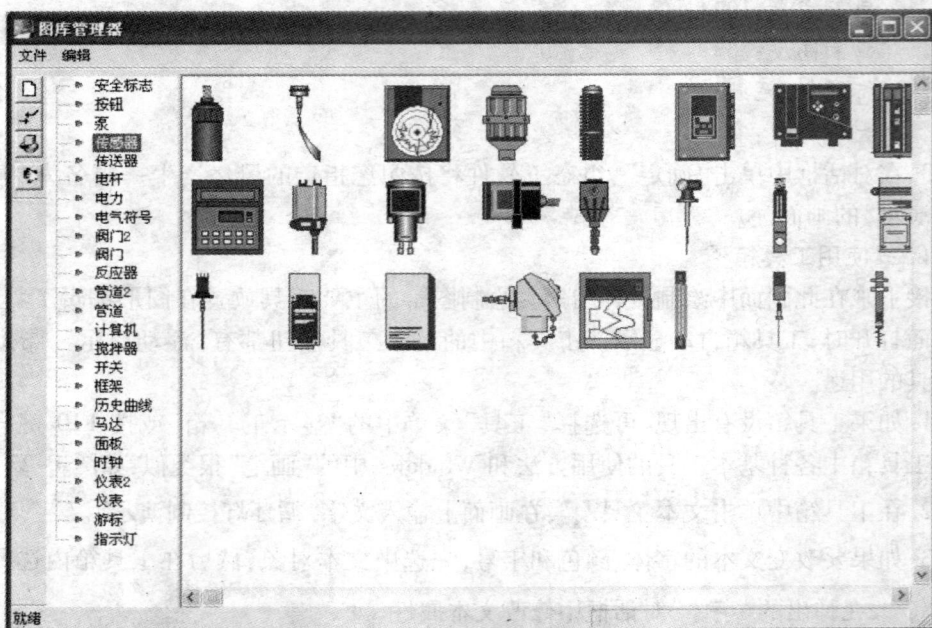

图 1-25　图库管理器

使用图库管理器降低了用户设计界面的难度,用户可更加集中精力于维护数据库和增强软件内部的逻辑控制,缩短开发周期。同时,用图库开发的软件将具有统一的外观,方便用户学习和掌握。另外,利用图库的开放性,用户可以生成自己的图库元素。

在图库管理器左侧图库名称列表中选择图库名称"按钮"，选中 ⬡ 后双击鼠标，图库管理器自动关闭，在工程画面上鼠标位置出现一"┏"标志，在画面上单击鼠标，该图素就被放置在画面上，作为启动按钮并拖动边框到适当的位置，改变其至适当的大小并利用 T 工具标注此按钮为"启动"。

重复上述操作，在图库管理器中选择不同的图素，分别作为停止按钮和相应指示灯，并进行相应标注，如图1-26所示。

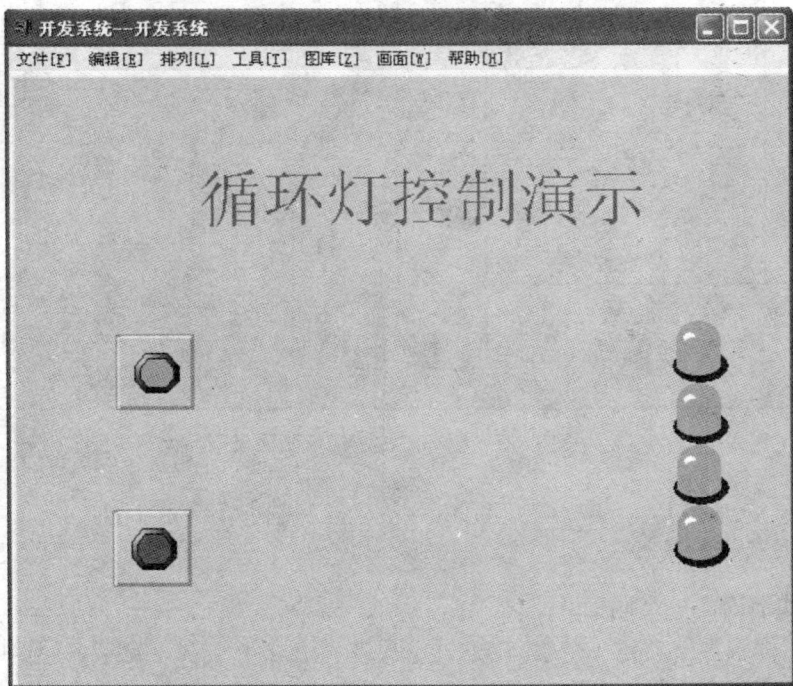

图1-26　按钮、指示灯位置摆放示意图

（五）继续生成画面

1. 选择工具箱中的直线工具 ／，在画面上鼠标图形变为"+"形状，选择适当位置作为起始位置，按住鼠标左键移动鼠标到结束位置后双击，则模拟PLC在画面上显示出来，利用直线工具 ／ 进行相应连接，并利用 T 工具进行相应信息标注，绘成画面如图1-27所示。至此，一个简单的循环灯控制演示监控画面就建立起来了。

2. 选择"文件"菜单的"全部存"命令将所完成的画面进行保存。

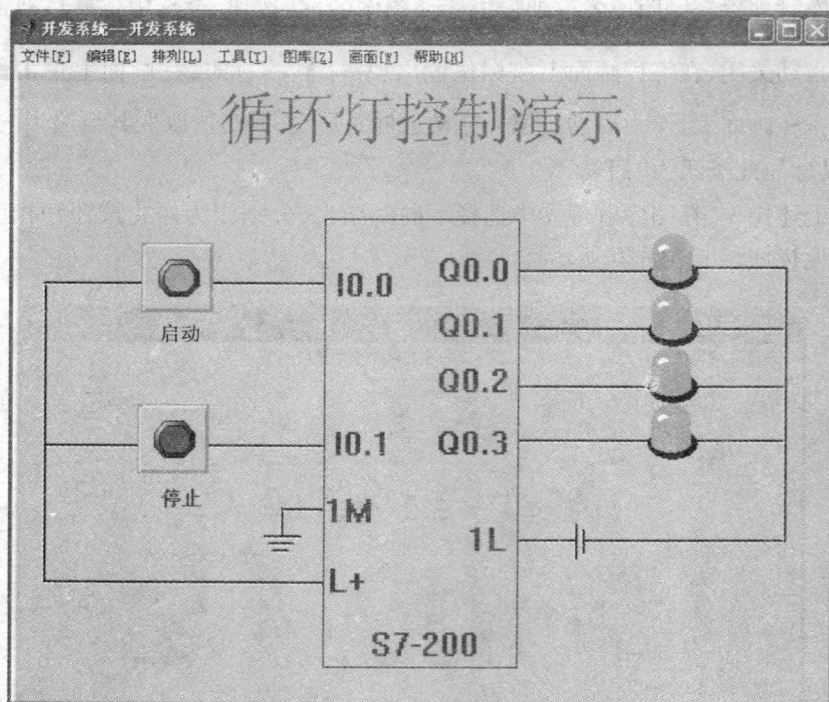

图 1-27　循环灯控制演示画面示意

二、相关知识

(一)如何新建一个画面

使用工程管理器新建一个组态王工程后,进入组态王工程浏览器,新建组态王画面。新建画面的方法有三种。

第一种:在"系统"标签页的"画面"选项下新建画面。单击工程浏览器左边"工程目录显示区"中"画面"项,右面"目录内容显示区"中显示"新建"图标,鼠标双击该图标,弹出"新画面"对话框。或者右键单击"新建"画面图标,弹出快捷菜单,选择"新建 画面"命令,弹出"新画面"对话框。

第二种:在"画面"标签页中新建画面。

第三种:单击工具条"MAKE"按钮或右键单击工程浏览器空白处从显示的快捷菜单中选择"切换到 MAKE"命令,进入组态王"开发系统"。选择"文件"\"新画面"菜单命令,弹出"新画面"对话框。

(二)如何查找画面

在工程浏览器的工具栏中,提供了"大图"、"小图"、"详细"三种控制画面在目录内容显示区中显示方式的工具。无论以哪种方式显示,画面在目录内容显示区中都是按照画面名称顺序进行排列的。可以从排好顺序的画面中直接查找所需的画面。

另外,组态王还提供了查找画面的工具。选择工程浏览器左边"工程目录显示区"中的"画面"项,在右面"目录内容显示区"中空白处单击右键显示快捷菜单,选择"查找"命令,弹出查找对话框,如图 1-28 所示。输入所要查找的画面的名称,选择查找方式——模糊查找、精确查找,然后选择是否查找到后直接编辑,选择完成后点击"确定"按钮,开始查找画面。如果查找到的话,光标将高亮显示所查找到的第一个符合条件的画面。如果没有找到,系统会提示在系统中没有找到画面。

其中,各选项的含义如下。

找到后进行编辑:查找到符合条件的画面后打开画面,进入画面开发系统。

精确查找:按照提供的画面名称字符,全字符匹配查找。

图 1-28 "查找"对话框

模糊查找:按照提供的字符,在画面名称中查找含有该字符的画面。如果查找到,将在画面列表中高亮显示该画面名称;如果选择了编辑,则直接打开画面。

(三)建立画面组

在工程浏览器窗口上放置有四个标签:"系统"、"变量"、"站点"和"画面",如图1-19所示。选择"画面"标签,进入"画面"标签页。在"画面"标签页的左侧视窗中显示"画面"文件夹,在右侧的视图区显示画面。

选择"画面"文件夹,单击鼠标右键,在弹出的右键菜单中选择"新建画面组",在"画面"文件夹下生成一个新的画面组,并且系统自动给出默认的组名。用户可以使用这个默认的组名,也可以自己输入新的组名。

在画面组下可以新建子画面组。选择某一画面组,单击鼠标右键,在弹出的右键菜单中选择"新建画面组",则在画面组下生成一个子画面组。注意,在画面组下创建的子画面组层数不能超过 9 层,画面组在每一层最多可以创建 256 个子画面组,总的画面组数不能超过 1000 个。

画面组和子画面组的名称要符合命名规则,如果输入的组名称错误,系统会弹出对话框"名称无效",提示组名称错误。

组名的命名规则:组态王新建的画面组名称不能超过 31 个字符;画面组名首字符只能是汉字或标准字符,不能是数字等非法字符,名称中间不容许有空格、算术符号等非法字符存在;同一层下的画面组不能重名,画面组名称区分大小写。

(四)在画面组中建立画面

在画面组中新建画面有两种方式:一种是选择某一画面组,在右侧的画面视图区中选择"新建…",单击鼠标右键,在弹出的右键菜单中选择"新建画面",弹出新建画面的对话框,输入画面名称,确定,新建画面完成;另一种是选择某一画面组,在右侧的画面视图区中选择任一画面,单击鼠标右键,在弹出的右键菜单中选择"新建画面"。在子画面组和"画面"文件夹下也可以新建画面,方法同上。在"画面"标签页中建立的画面,均可在"系统"标签页的画面显示区中显示。

选择"画面"标签页中的"画面"文件夹,在右侧的画面视图区中看到的画面是未进行

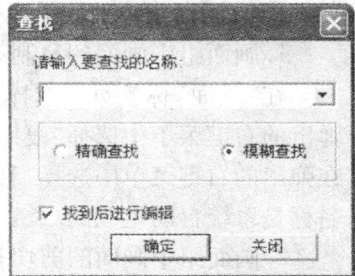

分组管理的画面。在"系统"标签页中建立的画面,也在"画面"文件夹的右侧画面视图区中显示。

(五)画面组中的相关操作

1. 画面组中画面的复制和粘贴。

在"画面"标签页中选择要复制的画面(可以是一个或多个画面),单击鼠标右键,在弹出的右键菜单中选择"复制",选择目标画面组,在右侧视图区任意位置点击鼠标右键,在弹出的右键菜单中选择"粘贴",则画面被复制到了目标画面组中。粘贴生成的新画面名称是系统自动生成的。

2. 画面组中画面的剪切和粘贴。

在"画面"标签页中选择要剪切的画面(可以是一个或多个画面),单击鼠标右键,在弹出的右键菜单中选择"剪切",选择目标画面组,在右侧视图区任意位置点击鼠标右键,在弹出的右键菜单中选择"粘贴",则画面被剪切到了目标画面组中。

3. 删除画面组下的画面。

选择画面组下的画面,单击鼠标右键,在弹出的右键菜单中选择"删除××"(××为画面名称),则画面组中的画面被删除。

4. 删除画面组。

组态王可以删除不包含子画面组的画面组。当画面组下有子画面组存在时,删除该画面组,系统会提示"画面组下包含有画面组,不能删除"。必须先删除画面组下的子画面组,该画面组才能被删除。

当画面组下有画面存在时,删除该画面组,系统会弹出如图1-29所示的对话框,提示选择是否删除画面。

图1-29　画面删除与否选择对话框

如果选择"是",删除画面组和画面组下的画面;如果选择"否",画面移到上一级目录下,画面组被删除。

注意:"画面"标签页中的"画面"文件夹不能进行更名和删除操作;对画面的复制、剪切操作只能在"画面"标签页中完成,在"系统"标签页中不能对画面进行复制、剪切和粘贴操作;不能在工程之间进行画面的复制和剪切操作。

(六)画面中的图素对象

组态王开发系统中的图形对象又称图素。"组态王"系统提供了矩形(圆角矩形)、直线、折线、椭圆(圆)、扇形(弧形)、点位图、多边形(多边线)、立体管道、文本等简单图素对象,利用这些简单图素对象可以构造复杂的图形画面。

组态王画面制作系统除了可以用上面的简单图素对象组成复杂的图素以外,系统还提供了按钮、实时(历史)趋势曲线窗口、报警窗口、报表窗口等特殊的复杂图素对象。这些特殊的复杂图素把设计人员从重复的图形编程中解放出来,使他们能更专注于对象的控制。

绘制图素的主要工具放置在图形编辑工具箱内。当画面打开时,工具箱自动显示,如图 1-23 所示。工具箱中的每个工具按钮都有"浮动提示",帮助您了解工具的用途。

(七)组态王画面开发系统菜单使用

组态王画面开发系统内嵌于组态王工程浏览器中,又称为界面开发系统,是应用程序的集成开发环境,用户在这个环境里进行系统开发。

单击工程浏览器工具条"MAKE"按钮或右键单击工程浏览器空白处从显示的快捷菜单中选择"切换到 MAKE"命令,进入组态王"开发系统"界面,如图 1-30 所示。

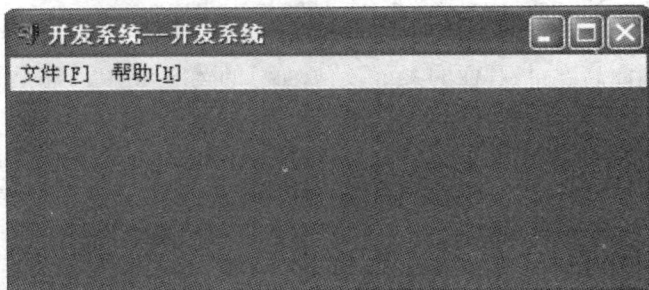

图 1-30　组态王界面开发系统

此时开发系统没有画面打开,菜单栏只有"文件"和"帮助"两栏。当打开或新建一个画面时,开发系统菜单与图 1-30 显示不同,如图 1-31 所示。

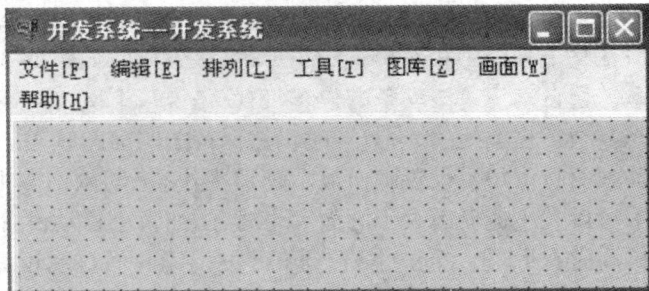

图 1-31　组态王界面开发系统菜单

1. 文件菜单。

文件菜单各命令用于对画面进行建立、打开、保存、删除等操作。若某一菜单条为灰色,表明此菜单命令当前无效,其他菜单命令为灰色时,意义相同。用鼠标单击"文件"菜单,弹出下拉式菜单。

（1）文件\新画面。此菜单命令用于新建画面，单击"文件"\"新画面"菜单，则弹出"新画面"对话框。在对话框中可定义画面的名称、大小、位置、风格以及画面在磁盘上对应的文件名。该文件名可由"组态王"自动生成，用户可以根据自己的需要进行修改。输入完成后单击"确定"按钮使当前操作有效，或单击"取消"按钮放弃当前操作。

画面名称：在此编辑框内输入新画面的名称，画面名称最长为 20 bit。如果在画面风格里选中"标题杆"选择框，此名称将出现在新画面的标题栏中。

对应文件：此编辑框输入本画面在磁盘上对应的文件名，也可由"组态王"自动生成缺省文件名。用户也可根据自己的需要输入。对应文件名称最长为 8 bit。画面文件的扩展名必须为". pic"。

注释：此编辑框用于输入与本画面有关的注释信息。注释最长为 49 bit。

画面位置：输入六个数值决定画面显示窗口位置、大小和画面大小。

左边、顶边：左边和顶边位置形成画面左上角坐标。

显示宽度、显示高度：指显示窗口的宽度和高度，以像素为单位计算。

画面宽度、画面高度：指画面的大小，是画面总的宽度和高度，总是大于或等于显示窗口的宽度和高度。

可以通过对画面属性中显示窗口大小和画面大小的设置来实现组态王的大画面漫游功能。大画面漫游功能也就是组态王制作的画面不再局限于屏幕大小，可以绘制任意大小的画面，通过拖动滚动条来查看，并且在开发和运行状态都提供画面移动和导航功能。

画面的最大宽度和高度为 8000 像素×8000 像素，最小宽度和高度为 50 像素×50 像素。如指定的画面宽度或高度小于显示窗口的大小，则自动设置画面大小为显示窗口大小。画面的显示高度和显示宽度设置分别不能大于画面的高度和宽度设置。

当定义画面的大小小于或者等于显示窗口大小时，不显示窗口滚动条；当画面宽度大于显示窗口宽度时显示水平滚动条；当画面高度大于显示窗口高度时，显示垂直滚动条。可用鼠标拖动滚动条，拖动滚动条时画面也随之滚动。当画面滚动时，如选择"工具"\"显示导航图"命令，则在画面的右上方有一个小窗口出现，此窗口为导航图，在导航图中标志当前显示窗口在整个画面中相对位置的矩形也随之移动，如图 1-32 所示。

组态王开发系统会自动记录滚动条的位置，也就是说当下次再切换到此画面时，仍然是上次编辑的状态。当工程关闭后，再打开时仍然保持关闭前的状态。

通过鼠标拖动画面右下角可设置画面显示窗口大小，拖动画面左上角可设置显示窗口的位置。当显示窗口大小拖动后大于画面大小时，画面大小自动设置为显示窗口大小。

通过鼠标拖拉画面右下角，并同时按下 Ctrl 键可设置画面显示窗口和画面实际大小相等，以显示窗口的大小为准。

画面风格 标题杆：此选择用于决定画面是否有标题杆。若有标题杆，选中此选项在其前面的小方框中有"✔"号显示，开发系统画面标题杆上将显示画面名称。

画面风格 大小可变：此选择用于决定画面在开发系统（TouchExplorer）中是否能由用户改变大小。改变画面大小的操作与改变 Windows 窗口相同。鼠标挪动到画面边界时，鼠标箭头变为双向箭头，拖动鼠标，可以修改画面的大小。

🔔 注意：修改画面大小时，如果不按下 Ctrl 键，则画面只改变显示大小，不改变画面

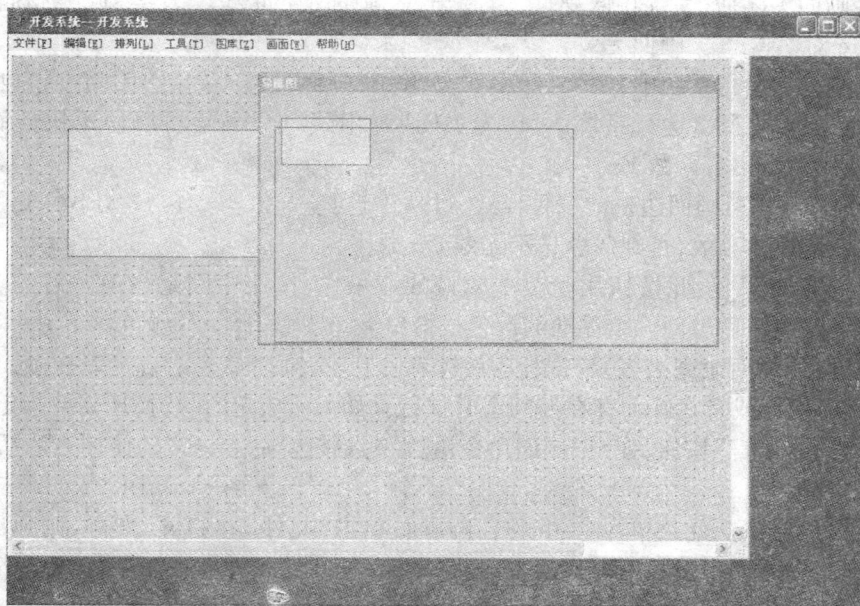

图1-32 大画面漫游功能

本身的大小。如果同时按下 Ctrl 键,则同时保持画面显示大小与画面被拖动后的大小一致。

<u>画面风格</u> 类型:主要指在运行系统中,有以下三种画面类型可供选择。

"覆盖式":新画面出现时,它重叠在当前画面之上。关闭新画面后被覆盖的画面又可见。

"替换式":新画面出现时,所有与之相交的画面自动从屏幕上和内存中删除,即所有画面被关闭。建议使用"替换式"画面以节约内存。

"弹出式":"弹出式"画面被打开后,始终显示为当前画面,只有关闭该画面后才能对其他组态王画面进行操作。

"弹出式"画面的使用注意事项:

1)画面类型选择"弹出式"时,"画面风格"下的"标题杆"选项只对开发系统起作用,也就是说,无论是否选择该项,组态王运行系统都显示标题杆。

2)一个组态王工程中可以包含多个"弹出式"画面,但是在组态王开发系统下进行运行系统主画面配置时最多只能选择一个"弹出式"画面。在组态王运行系统中最多也只能打开一个"弹出式"画面。

3)如果运行系统打开的画面中包含"弹出式"画面,那么该"弹出式"画面始终显示为当前画面。

4)在组态王运行系统中,如果打开了"弹出式"画面,那么运行系统的所有系统菜单都变为不可用状态,不能通过菜单或命令语言来关闭、打开、隐藏其他组态王画面。可以通过点击"弹出式"画面标题栏上的关闭按钮或使用命令语言函数来关闭"弹出式"画面。

"弹出式"画面关闭后,系统将恢复打开"弹出式"画面前的状态。注意:隐藏画面的函数 HidePicture 对"弹出式"画面无效。

5)在组态王运行系统中,如果打开了"弹出式"画面,运行系统的关闭按钮也处于不可用状态。如果想退出运行系统,可以先关闭"弹出式"画面,也可以使用快捷键 ALT+F4,或者使用命令语言函数 Exit(0)。

画面风格 边框:画面边框的三种样式,可从中选择一种。只有当"大小可变"选项没被选中时该选项才有效,否则灰色显示无效。

画面风格 背景色:此按钮用于改变窗口的背景色,按钮中间是当前缺省的背景色。用鼠标按下此按钮后出现一个浮动的调色板窗口,可从中选择一种颜色。

命令语言(画面命令语言)根据程序设计者的要求,画面命令语言可以在画面显示时执行、隐含时执行或者在画面存在期间定时执行。如果希望定时执行,还需要指定时间间隔。单击"命令语言"按钮,弹出"画面命令语言"对话框。命令语言的使用方法后面章节中会详细介绍。

(2)文件\打开。此菜单命令用于打开画面,单击"文件"\"打开"菜单,则弹出"打开画面"画面。在画面中显示所有当前工程路径没有打开的画面。可用鼠标或空格键选择一个或多个画面,或单击"全选"按钮选中所有画面,选中的画面加亮显示。"清除"按钮用于撤销所有选中画面。然后单击"确定"打开所有选中的画面。单击"取消"放弃当前操作。

(3)文件\关闭。此菜单命令用于关闭画面。如果用户改变了画面内容而没有存入,关闭画面时将弹出对话框对用户选择是否存入画面进行提示。

其他如"存入、全部存、删除、切换到 View、切换到 Explorer、退出"等菜单命令不再详细介绍,大家可通过实践操作熟悉它们的应用。

2. 编辑菜单。

编辑菜单各命令用于对图形对象进行编辑。用鼠标单击"编辑"菜单,弹出下拉式菜单。为了使用这些命令,应首先选中要编辑的图形对象(对象周围出现 8 个小矩形),然后选择编辑菜单中合适的命令。菜单命令变成灰色表示此命令对当前图形对象无效。

编辑\取消:此菜单命令用于取消以前执行过的命令,从最后一次操作开始。

编辑\重做:此菜单命令用于恢复取消的命令,从最后一次操作开始。

编辑\剪切:此菜单命令将选中的一个或多个图形对象从画面中删除,并复制到粘贴缓冲区中。

编辑\拷贝:此菜单命令将当前选中的一个或多个图形对象拷贝到粘贴缓冲区中。当选中一个或多个图形对象时,灰色的拷贝命令将变为正常的显示颜色,表示此命令可对当前选中的所有图形对象进行拷贝操作。执行该命令,将把选中的图形对象拷贝到粘贴缓冲区中。

⚠ 注意:组态王开发系统此时使用的粘贴缓冲区不是 Windows 系统的裁剪板,所以图形对象的复制只能在组态王开发系统画面制作内进行。

编辑\粘贴:此菜单命令将当前粘贴缓冲区中的一个或多个图形对象复制到指定位置。

　　编辑\删除：此菜单命令用于删除一个或多个选中的图形对象。

　　编辑\复制：此菜单命令将当前选中的一个或多个图形对象直接在画面上进行复制，而不需要送到粘贴缓冲区中。

　　编辑\锁定：此菜单命令用于锁定、解锁图素。当图素锁定时，不能对图素的位置和大小进行操作，而复制、粘贴、删除、图素前移后移等操作不会受到影响。

　　图素锁定有以下两种方法。

　　方法1：打开开发系统，首先选中要锁定的图素，然后选择菜单栏的编辑/锁定。

　　方法2：打开开发系统，首先选中要锁定的图素，点击右键，弹出浮动菜单，选择锁定，画面中的图素锁定后其位置和大小将不能改变。

　　图素解锁：在图素锁定后，菜单栏锁定前显示对勾，如果需要解锁，只需要再次点击锁定，对勾消失，图素被解锁。

　　编辑\粘贴点位图：此菜单命令用于将剪贴板中的点位图复制到当前选中的点位图对象中，并且复制的点位图将进行缩放以适应点位图对象的大小。组态王中可以嵌入各种格式的图片，如bmp、jpg、jpeg、png、gif等。图形的颜色只受显示系统的限制。向组态王点位图中加载图片有以下两种方法。

　　方法1：打开图片文件，选择所要加载的图片部分，使用"复制"命令或热键Ctrl+C将选择的图片部分复制到Windows的剪贴板中。在组态王中进入开发系统画面，单击工具箱中的"点位图"按钮，在画面上绘制图片区域，然后使用"粘贴点位图"命令，将图片粘贴到组态王画面中。

　　方法2：在组态王的开发系统画面中，单击工具箱中的"点位图"命令在画面上绘制图片区域。然后在该区域上单击鼠标右键弹出快捷菜单，从弹出的菜单中选择"从文件中加载"命令，弹出文件选择对话框。用户可以从该对话框中选择一个要加载的图片文件，单击"打开"按钮，将整个图片加载到组态王的点位图对象中。

　　这两种加载图片的方法各有缺点：第一种方法可以全部加载整个图片，也可以加载图片的某一个部分，但操作步骤较多；第二种方法只能加载整个图片，但操作简便。用户可以按照实际需要选择使用。

　　编辑\位图-原始大小：此菜单命令使选中的点位图对象中的点位图恢复到与图片本身一样的原有尺寸，而不管点位图对象矩形框的大小。点位图恢复到原有尺寸是为了避免缩放引起的图像失真。

　　编辑\拷贝点位图：此菜单命令将当前选中的点位图对象中的点位图复制到剪贴板中。只有选中点位图对象后，拷贝点位图命令才有效。

　　编辑\点位图透明：此菜单命令用于对点位图进行透明和不透明切换，在组态王开发系统中，当从Windows的剪切板中粘贴点位图时，设定点位图透明颜色，使用菜单命令"点位图透明"，则点位图中设定的颜色被透明，从而使被点位图覆盖的画面背景透明显示。

　　编辑\全选：此菜单命令使画面上所有图形对象都处于选中状态。

　　编辑\画面属性：此菜单命令用于对画面属性进行修改。

　　编辑\动画连接：此菜单命令用于弹出选中图形对象的动画连接对话框。此命令的效果与双击图形对象相同。

　　编辑\水平移动向导:此菜单命令用于使用可视化向导定义图素的水平移动的动画连接。在画面上选择图素,然后选择该命令,鼠标形状变为小"十"字形,选择图素水平移动的起始位置,单击鼠标左键,鼠标形状变为向左的箭头,表示当前定义的是运行时图素向左移动的距离,移动鼠标,箭头随之移动,并画出一条移动轨迹线。当向左移动到左边界后,单击鼠标左键,鼠标形状变为向右的箭头,表示当前定义的是运行时图素向右移动的距离,移动鼠标,箭头随之移动,并画出一条移动轨迹线,当到达水平移动的右边界时,单击鼠标左键,弹出水平移动动画连接对话框。

　　编辑\垂直移动向导:此菜单命令用于使用可视化向导定义图素的垂直移动的动画连接。具体操作与编辑\水平移动向导操作类似。

　　编辑\滑动杆水平输入向导:此菜单命令用于使用可视化向导定义图素的水平滑动杆输入的动画连接。具体操作与编辑\水平移动向导操作类似。

　　编辑\滑动杆垂直输入向导:此菜单命令用于使用可视化向导定义图素的滑动杆垂直输入的动画连接。具体操作与编辑\水平移动向导操作类似。

　　编辑\旋转连接向导:此菜单命令用于使用可视化向导定义图素的旋转的动画连接。具体操作与编辑\水平移动向导操作类似。

　　编辑\变量替换:此菜单命令用于替换画面中引用的变量名,使该变量被替换为"数据词典"中已有的同类型的变量名。单击此选项出现"变量替换"对话框。"原名称":输入想被替换的旧变量名,单击后面的"?"按钮,弹出"选择变量名"画面,进行变量名选择。"替换为":输入新的变量名,单击后面的"?"按钮,弹出"选择变量名"画面,进行变量名选择。"替换范围\选中的图素":只将当前画面中选中图素的旧变量名替换为相应的新变量名。"替换范围\当前画面":只将当前画面中的该旧变量名替换为相应的新变量名。"替换方式":选择变量的替换方式。

　　注意:报表单元格和控件里引用的变量不能自动替换,需手工完成。

　　编辑\字符串替换:此菜单命令用于将画面中的文本文字、按钮上的文字进行替换。

　　编辑\插入控件:此菜单命令用于打开控件选择窗口,创建控件。

　　编辑\插入通用控件:此菜单命令用于打开通用控件选择窗口,创建通用控件。

　　组态王支持 Active X 控件,"插入控件"对话框中的列表框中详细列出了本机上所有的 Active X 控件名称,用户可从中选择。Active X 控件包括标准的 Microsoft 的控件,包括用户自制的注册到 Windows 的 Active X 控件和专业厂家制作的 Active X 控件。

　　3. 排列菜单。

　　排列菜单各命令用于调整画面中图形对象排列方式。用鼠标单击"排列"菜单,弹出下拉式菜单。在使用这些命令之前,首先要选中需要调整排列方式的两个或两个以上的图形对象,再从"排列"菜单项的下拉式菜单中选择命令,执行相应的操作。

　　排列\图素后移:此菜单命令使一个或多个选中的图素对象移至所有其他与之相交的图素后面,作为背景。

　　排列\图素前移:此菜单命令使一个或多个选中的图素对象移至所有其他与之相交的图素对象前面,作为前景。

排列\合成单元:此菜单命令用于对所有图形元素或复杂对象进行合成,图形元素或复杂对象在合成前可以进行动画连接,合成后生成的新图形对象不能再进行动画连接。

排列\分裂单元:此菜单命令把用合成单元命令形成的图形对象分解为合成前的单元,而且保持它们的原有属性不变。

排列\合成组合图素:此菜单命令将两个或多个选中的基本图素(没有任何动画连接)对象组合成一个整体,作为构成画面的复杂元素。按钮、趋势曲线、报警窗口、有连接的对象或另一个单元不能作为基本图素来合成复杂元素单元。合成后形成的新的图形对象可以进行动画连接。

排列\分裂组合图素:此菜单命令将选中的单元分解成为原来合成组合图素前所用的两个或多个基本图素对象。执行分裂组合图素命令后原先组合图素中的动画连接会自动消失,恢复为组合前的图形对象没有任何动画连接的状态。

排列\对齐\上对齐:此菜单命令使多个被选中对象的上边界与最上面的一个对象平齐。首先选中多个图形对象,然后单击"排列\对齐\上对齐"菜单。

排列\对齐\下对齐、左对齐、右对齐、水平对齐、垂直对齐等操作及作用与排列\对齐\上对齐类似,不再详细介绍。

排列\水平方向等间隔及排列\垂直方向等间隔:这两个菜单命令分别是使多个选中对象在水平方向或垂直方向上的间隔相等。首先选中多个图形对象,然后单击相应菜单命令。

排列\水平翻转及排列\垂直翻转:把被选中的图素水平或垂直翻转,也可以翻转多个图素合成的组合图素。翻转的轴线分别是包围图素或组合图素的矩形框的垂直对称轴或水平对称轴。不能同时翻转多个图素对象。

排列\顺时针旋转90°及排列\逆时针旋转90°:把被选中的单个图素以图素中心为圆心顺时针或逆时针旋转90°,也可以旋转多个图素合成的组合图素,但是不能同时旋转多个图素对象。

排列\对齐网格:此菜单命令用于显示\隐藏画面上的网格,并且决定画面上图形对象的边界是否与栅格对齐。对齐网格后,图形对象的移动也将以栅格为距离单位。

排列\定义网格:此菜单命令定义网格是否显示,网格的大小以及是否需要对齐网格。单击"排列\定义网格",弹出相应的提示对话框。选中"显示网格"时(选择框内出现"a"号),画面背景上显示网格;选中"对齐网格"后,各图形对象的边界与栅格对齐,图形对象的移动也将以栅格为距离单位。

4.工具菜单。

工具菜单各命令用于激活绘制图素的状态,图素包括线、填充形状(封闭图形)和文本三类简单对象,以及按钮、趋势曲线、报警窗口等特殊复杂图素。每种对象都有影响其外观的属性,如线颜色、填充颜色、字体颜色等,可在绘制时定义。如果选中工具菜单中的某一命令,同时在"工具"菜单命令前面出现"✔"号。用鼠标单击"工具"菜单,弹出下拉式菜单。

工具\选中图素:此菜单命令用于图形对象的选择、拖动和重定尺寸。这是鼠标的缺省工作方式,又是其他绘图工具完成操作后的自动返回方式。

选中对象有两种方法,操作如下:①在对象所在区域单击鼠标左键可选中单个对象,此时按住 Ctrl 键,同时鼠标左键选中其他单个对象,可选中多个对象;②把鼠标置于能包围所有想选中对象的矩形的左顶点、右顶点、左下角点、右下角点,按下鼠标的左键,拖曳鼠标出现一个虚线矩形框,使这个虚线矩形框能包围所有想要选中的对象,然后释放鼠标的左键,则虚框中的所有对象被选中。

选中的图形对象周围有八个灰色的小矩形,分别位于包围此对象的矩形框的四个顶点和四条边的中点。如果选中多个对象,则每个对象的周围都有八个小矩形。当鼠标移动到被选中的对象上时,将变成"十"字形,此时按下鼠标,可拖动所有被选中的对象,到达新的位置时松开鼠标左键。当鼠标指向被选中对象周围的八个小矩形时,将变成双向箭头形,此时拖曳鼠标可改变对象的大小。

工具\改变图素形状:此菜单命令用于改变圆角矩形的圆角弧的半径、扇形或弧形的角度,以及多边形、直线或折线的各顶点的相对位置。用鼠标点中对象后,对象各顶点以小方框表示,其中较大的方框是拖动的焦点,用鼠标切换、拖动此焦点,可改变图素的形状。也可用键盘的 Tab 键切换焦点,或用光标键拖动这些焦点。操作方法如下:用鼠标单击"改变图素形状"菜单命令,此时鼠标光标变为 V 形箭头,同时在菜单"工具\改变图素形状"命令前面出现"✔"号。用鼠标单击图形对象,则对象顶点以小方框表示,共有八个方框,其中较大的方框是拖动的焦点。用鼠标切换、拖动焦点,可改变图素的形状。也可用键盘的 Tab 键切换焦点,或用光标键拖动这些焦点,直到用户满意为止。

工具\圆角矩形:此菜单命令用于绘制矩形或圆角矩形。单击"工具\圆角矩形"菜单,此时鼠标光标变为"十"字形。操作方法如下:①首先将鼠标光标置于一个起始位置,此位置就是矩形的左上角;②按下鼠标的左键并拖曳鼠标,牵拉出矩形的另一个对角顶点即可,在牵拉矩形的过程中矩形大小是以虚线框表示的。若需要画圆角矩形还需要选用"工具\改变图素形状"菜单方可完成。

工具\直线:此菜单命令用于绘制直线。单击"工具\直线"菜单,然后用鼠标牵拉出直线的两点即可。操作方法如下:①首先将鼠标光标置于一个起始位置,此位置就是直线的起点;②按下鼠标左键并拖曳鼠标到达新位置,然后松开左键。直线在两点之间画出。

工具\椭圆:此菜单命令用于绘制椭圆(圆)。单击"工具\椭圆"菜单,然后用鼠标牵拉出矩形的两对角顶点即可画出与之相切的椭圆(圆)。操作方法如下:①先将鼠标光标置于一个起始位置,此位置就是矩形的左上角(注意:此矩形是不可见的,所画的椭圆(圆)与此矩形内切);②按下鼠标的左键并拖曳鼠标,牵拉出矩形的另一个对角顶点即可。在牵拉矩形的过程中椭圆(圆)的大小是以虚线表示的。

工具\扇形(弧形):此菜单命令用于绘制扇形(弧形)。操作方法如下:①首先将鼠标光标置于一个起始位置,此位置就是扇形(弧形)的左上角;②按下鼠标的左键并拖曳鼠标,牵拉出矩形的两对角顶点,即可画出与之相切的扇形;③若要画弧形还需选择菜单"工具\填充属性",然后选择第二种填充方式;④选中"改变图素形状"菜单命令可改变扇形两边的夹角。

工具\点位图：此菜单命令用于绘制点位图对象。单击"工具\点位图"命令，此时鼠标光标变为"十"字形。操作方法如下：①首先将鼠标光标置于一个起始位置，此位置就是点位图矩形的左上角；②按下鼠标的左键并拖曳鼠标，牵拉出点位图矩形的另一个对角顶点即可，在牵拉点位图矩形的过程中点位图的大小是以虚线表示的；③使用绘图工具（如 Windows 的画笔）画出需要的点位图，再将此点位图拷贝到 Windows 的剪切板上，最后利用"组态王"的"编辑\粘贴点位图"命令将此点位图粘贴到点位图矩形内。

⚠ 注意：用"点位图"菜单命令画出的点位图矩形和用"圆角矩形"菜单命令画出的矩形是不同的（尽管在外形上相同），区别方法在于选中点位图矩形后，"编辑\粘贴点位图"命令项由灰色（禁止使用）变成亮色（允许使用），选中矩形后，"编辑\粘贴点位图"命令项则保留为灰色。

工具\多边形：此菜单命令用于绘制多边形，单击"工具\多边形"菜单，此时鼠标光标变为"十"字形。操作方法如下：①将鼠标光标置于一个起始位置，此位置就是多边形的起始点；②单击鼠标的左键并拖曳鼠标，牵拉出多边形的一条边，单击鼠标左键，则此条边固定下来；③依此方法单击鼠标左键确定多边形的各顶点，则可确定多边形的各条边；④最后双击鼠标左键完成多边形最后一个顶点的输入。

此命令除了画出多边形的每条边外，还要将多边形包围的区域填充颜色。

工具\折线：此菜单命令用于绘制折线，单击"工具\折线"菜单，此时鼠标光标变为"十"字形。操作方法如下：①将鼠标光标置于一个起始位置，此位置就是折线的起始点；②按下（或单击）鼠标的左键并拖曳鼠标，牵拉出折线的一条边，单击鼠标左键，则此条边固定下来；③依此方法单击鼠标左键确定折线的各顶点，则可确定折线的各条边；④最后双击左键完成折线最后一个顶点的输入。

此命令用于画出多条折线，对多条折线所包围的区域不进行颜色填充。

工具\文本：此菜单命令用于输入文字字符，单击"工具\文本"命令，此时鼠标光标变为"I"字形。输入文本的方法如下：①先将 I 形鼠标光标置于一个要输入文本的起始位置，单击鼠标左键，此位置就是要输入文本的起始位置；②用键盘输入文本字符串，单击鼠标左键结束文本输入。

若要改变字体及字体大小，还需选用"工具\字体"命令，或单击工具箱中的"改变字体"按钮，可以选择 Windows 系统支持的任一种字体；改变文本对象的颜色需要用调色板工具上的"文本颜色"按钮。

工具\立体管道：此菜单命令用于在画面上放置立体管道图形，单击"工具\立体管道"菜单，此时鼠标光标变为"十"字形。操作方法如下：①将鼠标光标置于一个起始位置，此位置就是立体管道的起始点；②单击鼠标的左键并拖曳鼠标，牵拉出折线的一条边，单击鼠标左键，则此条边固定下来；③依此方法单击鼠标左键确定折线的各顶点，则可确定折线的各条边；④最后双击左键，则折线变为立体管道。

工具\管道宽度：此菜单命令用于修改画面上选中的立体管道的宽度。先选中要修改的立体管道，此时菜单命令"工具\管道宽度"由灰变亮，单击"工具\管道宽度"菜单，弹出"管道宽度"对话框。

在对话框中设置管道宽度、管道内壁颜色及管道内液体流线的流动效果。只有设置了管道动画连接的"流动"属性,才能在运行系统中显示流动效果。

　　工具\填充属性:填充属性是指以何种画线方式来充满指定的封闭区域。系统提供了八种填充属性。如果要改变一个封闭图形的填充属性,请先选择这个封闭图形对象,然后选择菜单命令"工具\填充属性",从中选择一种即可。其中,第一种填充属性是实心填充,图形对象除边线以外的部分全部以填充色显示。第二种填充属性是透明模式,在此方式下填充色不起作用。以此种方式绘制的图形对象是完全透明的,只保留边线部分。比如,矩形对象选择此模式时,将只有边框出现;圆弧对象选择此模式时,只保留弧线。其他几种填充属性将以相应的图案填充选中的图形对象。

　　工具\线属性:线属性包括线型和线宽,系统提供了六种线型、五种线宽。如果要改变一条直线或折线的线属性,先选中这个图形对象,然后单击"工具\线属性"菜单,从中选择一种即可。

　　工具\字体:此菜单命令用于改变字体的缺省设置。

　　工具\按钮:此菜单命令用于绘制按钮。单击"工具\按钮"菜单,此时鼠标光标变为"十"字形。

　　按钮支持"标准"、"椭圆形"、"菱形"三种类型,同时具有"透明"、"浮动"、"位图"风格。透明:按钮透明化,使按钮的颜色与开发系统窗口的颜色保持一致。浮动:浮动只有在运行时体现。运行时按钮不显示出来,只有当鼠标移动到按钮位置时按钮才会显示出来。位图:只有选择此项后,加载按钮位图命令才有效。

　　具体操作如下。①设置按钮类型:选中按钮,在"按钮"上单击右键,选择"按钮类型"中的其中一种类型,系统默认按钮类型为矩形;②设置按钮风格:在"按钮"上单击右键,选择"按钮风格",三种按钮风格可以同时选中,或是任意选择;③加载按钮位图:选中按钮,在"按钮"上单击右键,选中加载按钮位图(其中,加载正常状态位图指运行时正常状态下的图形;加载焦点状态位图指按钮获得焦点时显示的图形,即运行时当鼠标移动到按钮位置时显示出来的图形;加载压下状态位图指运行时鼠标按下按钮时显示的图形;加载禁止状态位图指运行时没有获得操作此按钮权限时显示的图形)。

　　�注意:按钮只有定义动画连接(如按钮命令语言)后,按钮风格和按钮位图才会在系统运行时有用。

　　工具\菜单:此菜单命令允许用户将经常要调用的功能做成菜单形式,方便用户管理,并且对该菜单可以设置权限,提高系统操作的安全性。单击"工具\菜单",鼠标光标变为"十"字形。

　　操作方法如下:①首先将鼠标光标置于一个起始位置,此位置就是矩形菜单按钮的左上角;②按下鼠标的左键并拖曳鼠标,牵拉出菜单按钮的另一个对角顶点即可,在牵拉矩形菜单按钮的过程中其大小是以虚线矩形框表示的,松开鼠标左键则菜单出现并固定;③菜单定义,绘制出菜单后,更重要的是对菜单进行功能定义,即定义菜单下的各功能项及其功能。双击绘制出的菜单按钮或者在菜单按钮上单击右键,选择"动画连接",将弹出"菜单定义"对话框。

　　菜单文本:定义主菜单的名称,用户可以输入任何文本,包括空格,字符长度不能超过31个字符。

菜单项:定义各个子菜单的名称。菜单项定义为树形结构,用户可以将各个功能做成下拉菜单的形式,运行时,通过点击该下拉菜单完成用户需要的功能。

自定义菜单支持到二级菜单。每级菜单最多可定义 255 个项或子项,两级菜单名都可输入任何文本,包括空格,字符长度不能超过 31 个字符。两级菜单定义方法如下。

一级菜单:用鼠标点击"菜单项"下的编辑框,出现快捷菜单命令。

选择"新建项"命令,菜单项内出现输入子菜单名称状态,即可新建第一级子菜单。当输入完一项时,按下回车键或是单击鼠标左键即可完成新建项输入。或是直接使用快捷键 Ctrl+N,也可出现输入第一级子菜单名称。

二级菜单:用鼠标选中想要新建子菜单的一级菜单,单击右键,出现快捷菜单命令。

选择"新建子项"命令,菜单项内出现输入子菜单名称状态,即可新建第二级子菜单。当输入完一项时,按下回车键或是单击鼠标左键即可完成新建项输入。或是直接使用快捷键 Ctrl+U,也可出现输入第二级子菜单名称。

还可以对已经建立好的各个菜单进行修改。选中想要修改的菜单,单击鼠标左键弹出快捷菜单,其中有"编辑(E)"和"删除(D)"两个命令。除此之外,组态王还提供了快捷键对菜单进行修改,具体操作如下。

Ctrl+N:新建菜单项。Ctrl+U:新建子菜单项。Ctrl+E:编辑当前选中的菜单(子)项。Ctrl+D:删除当前选中的菜单(子)项。

命令语言:自定义菜单就是允许用户在运行时点击菜单各项执行已定义的功能。点击"命令语言"按钮可以调出"命令语言"界面,在编辑区书写命令语言来完成菜单各项要执行的功能。

该命令实际是执行一个系统函数 void OnMenuClick(LONG MenuIndex,LONG ChildMenuIndex)。

函数的参数为:MenuIndex 为第一级菜单项的索引号;ChildMenuInde 为第二级菜单项的索引号。当没有第二级菜单项时,在命令语言中条件应为 ChildMenuIndex==-1。

在命令语言编辑区中按照工程需要对 MenuIndex 和 ChildMenuIndex 的不同值定义不同的功能。MenuIndex 和 ChildMenuIndex 都是从等于 0 开始,MenuIndex==0 表示一级菜单中的第一个菜单,ChildMenuIndex==0 表示所属一级菜单中的第一个二级菜单。

安全性:定义菜单按钮运行时的权限,即没有授权的用户不可以操作该菜单按钮,不能执行菜单各项功能。

权限:在权限文本框中输入菜单按钮的操作优先级,范围为 1~999。

安全区:单击右侧的按钮,弹出"选择安全区"画面,选择该菜单按钮的操作安全区。安全区只允许选择,不允许直接输入,防止输入错误。

工具\按钮文本:此菜单命令用于修改按钮上的文本显示。只有选中按钮对象时,"按钮文本"菜单命令才由灰色(禁止使用)变成亮色(允许使用),表示此菜单命令有效,单击"工具\按钮文本"菜单,在相应对话框的"按钮文本"编辑框中输入文本字符串,然后单击"确定"按钮。

🐾注意:在组态王 6.52 版本中,按钮和所有基本图素都支持按钮提示信息文本。

工具\历史趋势曲线:此菜单命令用于绘制历史趋势曲线。历史趋势曲线可以把历史数据直观地显示在一张有格式的坐标图上。一个历史趋势曲线对象可同时为八个数据变量绘图,每个画面中可绘制数目不限的历史趋势曲线对象。

操作方法如下:①单击"工具\历史趋势曲线"菜单,此时鼠标光标变为"十"字形,同时此菜单左边出现"✔"号;②将鼠标光标放于一个起始位置,此位置就是历史趋势曲线矩形区域的左上角;③再用鼠标牵拉出一个矩形,历史趋势曲线就在这个矩形中绘出,以后选中此对象还可以移动或改变大小。

在生成历史趋势曲线后,双击对象可弹出"历史趋势曲线"对话框,以定义历史趋势曲线的主要属性。

🔔**注意**:这里的历史曲线为创建个性化的历史曲线,与图库中提供的系统预置的图库历史曲线不同。

工具\实时趋势曲线:此菜单命令用于绘制实时趋势曲线。实时趋势曲线可以把数据的变化情况实时地显示在一张有格式的坐标图上,每个实时趋势曲线对象可同时为四个数据变量绘图,每个画面可绘制数目不限的实时趋势曲线对象。

其操作方法与历史曲线方法类同,不再详细说明。在生成实时趋势曲线后,双击对象可弹出"实时趋势曲线"对话框,以定义实时趋势曲线的主要属性。

工具\报警窗口:此菜单命令用于创建报警窗口。其操作方法与历史曲线方法类同,不再详细说明。

在生成报警窗口后,双击对象可弹出"报警窗口配置属性页"对话框,以定义报警窗口的主要属性。

工具\报表窗口:此菜单命令用于创建报表窗口。操作方法如下:①单击"工具\报表窗口"菜单,此时鼠标光标变为"十"字形,同时此菜单左边出现"✔"号;②光标变为小"十"字形,在画面上插入报表的位置按下鼠标左键并拖动,当画出的矩形框满足所需大小时,松开鼠标键,报表便创建成功。

工具\显示工具箱:此菜单命令用于浮动的图形工具箱在可见或不可见之间切换,工具箱缺省是可见的,可见时菜单选项左边有"✔"号。单击"工具\显示工具箱"菜单,浮动的图形工具箱在画面上消失,同时菜单选项左边"✔"号也消失。再次单击该命令工具箱又变为可见。

工具\显示导航图:此菜单命令用于浮动的导航图在可见或不可见之间切换,导航图缺省是不可见的,不可见时菜单选项左边没有"✔"号显示。此菜单命令只有在画面宽度(高度)大于显示窗口宽度(高度)时才有效,即在定义了大画面功能时才会有效。

导航图中始终显示当前编辑的画面,显示器显示的画面在整个画面中的位置在导航图中为一个标志矩形。画面中的图素在导航图中为缩小的图素。但是报警窗口、报表、组态王控件、标准 Active X 控件不是真正缩小的图素,而只是一个标识符。

导航图的大小是固定的,当画面实际大小的长宽比例与导航图比例不一致时,靠左或上为有效区域。用鼠标左键单击导航图蓝色标题栏,同时拖动导航图,可以把导航图放在屏幕的任意位置上。

● 画面和导航图之间可进行如下互动操作。

(1)导航图显示时,导航图内容为当前编辑的画面。

（2）可用 Ctrl+Tab 键在当前打开的画面中切换，但已定义未打开的画面不会对该操作响应，如果导航图处于显示状态，导航图内容也随画面改变而改变。

（3）当编辑画面内容时（绘制、修改、删除、拖动图素等），如果导航图在显示状态，画面内容也相应会改变。

（4）当画面滚动时，导航图中标志画面显示内容的标志矩形也随之移动。

（5）当在导航图中鼠标单击指定的位置时，可将当前编辑画面滚动到以导航图中单击处坐标为中心的位置上。导航图中标志当前显示位置的标志矩形也随之移动，但大小不变。

（6）当在导航图中单击标志矩形内部位置时，按下鼠标左键并拖动鼠标到指定位置，放开鼠标后当前编辑画面自动滚动到相应位置。

（7）当画面没有滚动条时，显示导航图操作将不起作用。

（8）当导航图在显示状态时，下列操作会使导航图自动隐藏：在画面属性中调整了画面大小，使它等于显示窗口大小。用鼠标拖动鼠标改变显示窗口大小，使显示窗口大到和画面大小一样或大于设置的画面大小时。

● 大画面中对图素进行了一些处理，方便了画面操作：

（1）绘制大图素时，如超出画面显示部分，画面会自动滚动，但图素大小受画面大小的限制。

（2）当移动图素时，被移动的图素位置超出画面显示部分时，画面会自动移动，但移动范围受画面大小的限制。

（3）当用鼠标选择图素时，选择的区域超过画面显示部分时，画面会自动滚动，但选择区域受画面大小的限制。

（4）当进行上述操作时，如导航图处于显示状态，则在导航图中也响应相应操作。

（5）上述"图素"是一个广义的提法，指普通图素、组合图素、图库、组态王控件、标准 Active X 控件。

工具\显示调色板：此菜单命令用于浮动的图形调色板在可见或不可见之间切换，调色板缺省是可见的，可见时菜单选项左边有"✔"号。

工具\显示画刷类型：此菜单命令用于浮动的画刷类型在可见或不可见之间切换，画刷类型缺省是不可见的，不可见时菜单选项左边没有"✔"号显示。

工具\显示线形：此菜单命令用于浮动的线形类型在可见或不可见之间切换，线形类型缺省是不可见的，不可见时菜单选项左边没有"✔"号显示。

工具\全屏显示：此菜单命令的功能与工具箱中的"全屏显示"按钮的功能相同，用于将画面开发环境整屏显示。单击"工具\全屏显示"菜单，则画面开发系统的标题栏和菜单条消失，再用鼠标左键单击工具箱中的"全屏显示"按钮，则画面开发系统的标题栏和菜单条重新出现。

5. 图库菜单。

图库菜单用于打开图库、调出图库内容、创建新图库精灵、转化图素等操作。用鼠标单击"图库"菜单，弹出下拉式菜单。

图库\创建图库精灵：此菜单命令用于把图素、复杂图素、单元或它们的任意组合转化为图库精灵。在画面上选中所有需要转换成图库精灵的图形对象,然后选用此命令。在弹出的对话框中输入图库精灵的名称。

图库\转换成普通图素:此菜单命令的功能与"创建图库精灵"相反,用于把画面上的图库精灵分解为组成精灵的各个图形对象。

图库\打开图库:此菜单命令用于打开图库管理器,从而可以在画面上加载各种图库精灵。单击"图库\打开图库"菜单,弹出"图库管理器"窗口,从图库管理器中选择所需的图库精灵,用鼠标左键双击该图库精灵,此时图库管理器窗口从画面上消失,显示为开发系统画面窗口,此时鼠标变为"┝"形状,将鼠标移动到想要放置图库精灵的位置,单击鼠标左键,将图库精灵放置到指定位置上。

图库精灵中大部分都有连接向导或是精灵外观设置,可将精灵和数据词典中的变量联系起来,但是也有一些精灵没有动画连接,只能作为普通图片使用。将图库精灵加载到画面上之后,双击精灵可弹出连接向导,每种精灵有各自的连接向导,一般是将组态王的变量连接到精灵中,还有对精灵外观的设置。向导简单易用。

图库\生成精灵描述文本:此菜单命令用于对画面中选中的要制作图库精灵的图素生成 C 语言程序段的描述文本文件。该段描述文本将有助于用户用编程的方式来自制组态王图库精灵。

6. 画面菜单。

在画面菜单下方列出已经打开的画面名称,选取其中的一项可激活相应的画面,使之显示在屏幕上。当前画面的左边有"✔"号。

7. 帮助菜单。

此菜单命令用于查看组态王帮助文件。

帮助\目录:查看组态王的帮助目录,包括 TouchVew(运行系统)的菜单帮助。

帮助\查找:弹出组态王帮助中"搜索关键词"对话框,用户可按关键词查找帮助的内容。

帮助\索引:弹出组态王帮助中"索引关键词"对话框,用户可按关键词查找帮助的内容。

任务3　通讯设备的连接

任务实施

1. 单击工程浏览器中的"设备",出现下拉菜单,单击 COM1,右边出现"新建"对话框,如图 1-33 所示。

2. 双击"新建",在下拉菜单中单击 PLC 左边的"+",弹出下拉菜单,选择"西门子",然后选择"S7-200 系列"下的"PPI"通信方式,如图 1-34 所示。

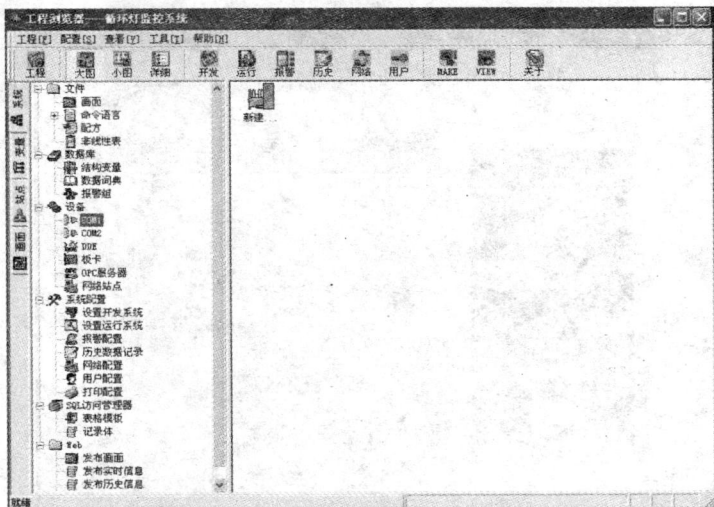

图 1-33　组态 PLC 设置

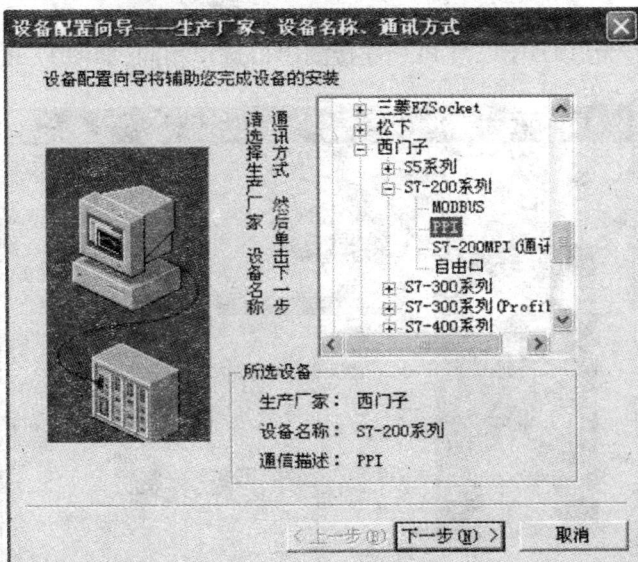

图 1-34　生产厂家、设备名称、通讯方式

3. 设置 PLC 的逻辑名称为"PLC1"或其他名称(中文也可以),如图 1-35 所示。

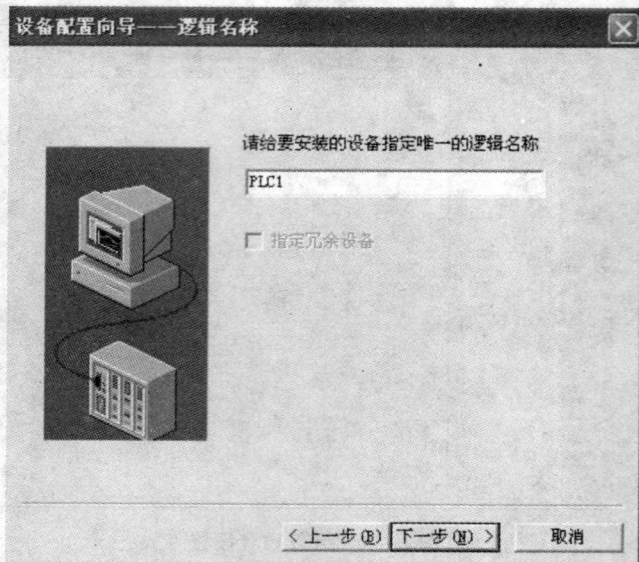

图 1-35　设置逻辑名称

4. 选择串行号为"COM1",与 PLC 连接的串口选择相同,如图 1-36 所示。

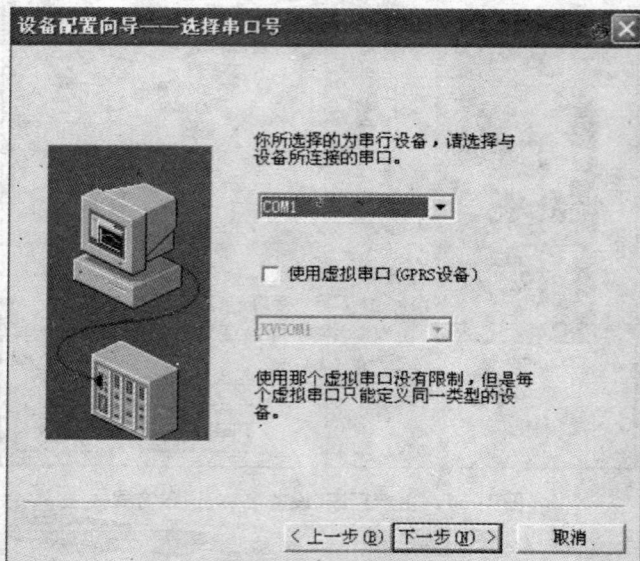

图 1-36　选择串行号

5. 设置 PLC 的地址为"2"或其他的地址,但不能设置为"0",因为主机地址为"0",如图 1-37 所示。

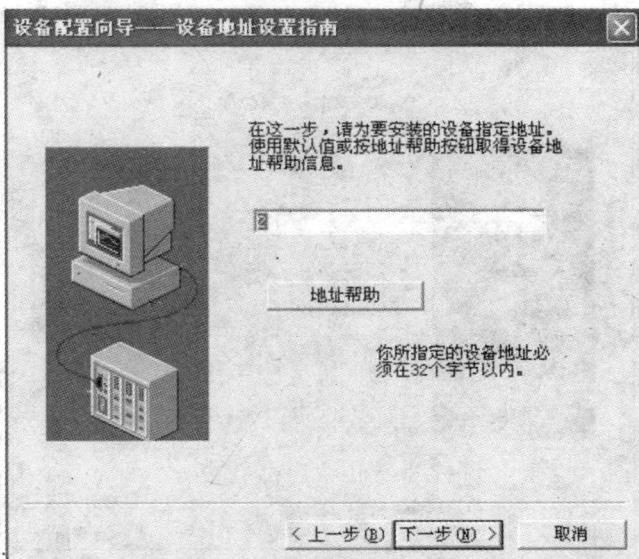

图 1-37 设置 PLC 地址

6. 通信参数如图 1-38 所示。

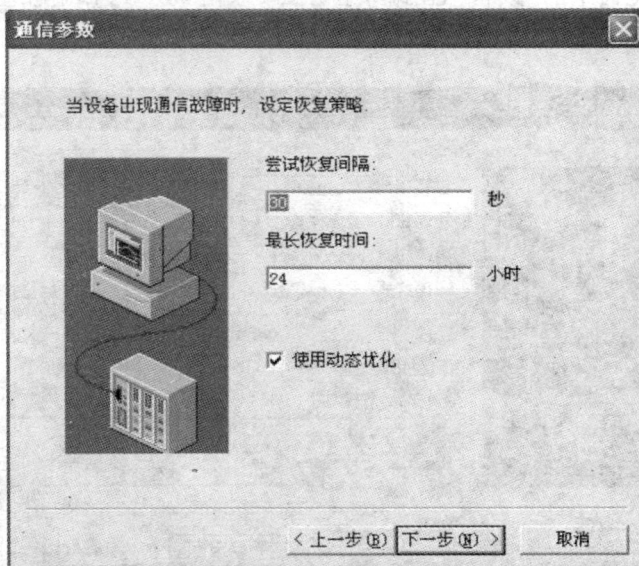

图 1-38 通信参数

7. 设置完成弹出"信息总结"界面,点击"完成"按钮,如图 1-39 所示。

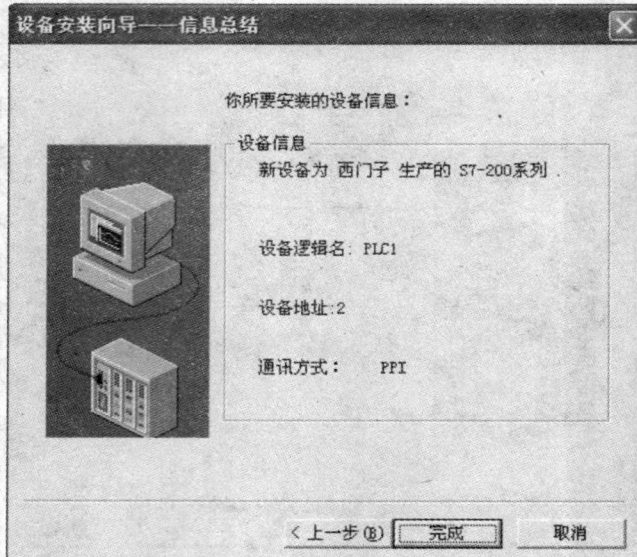

图 1-39　信息总结

8. 串口设置。

单击工程浏览器中的"设备",出现下拉菜单,双击 COM1,弹出如图 1-40 所示界面,设置波特率为 9600,数据位为 8,停止位为 1,通信方式为 RS232。

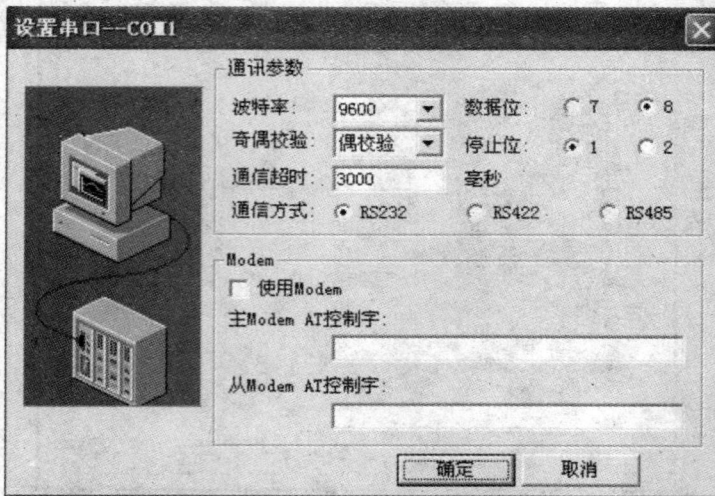

图 1-40　串口设置

任务4　变量的生成与组态

任务实施

（一）定义新变量

选择工程浏览器左侧大纲项"数据库\数据词典"，在工程浏览器右侧用鼠标左键双击"新建"图标，弹出"定义变量"对话框，如图1-41所示。

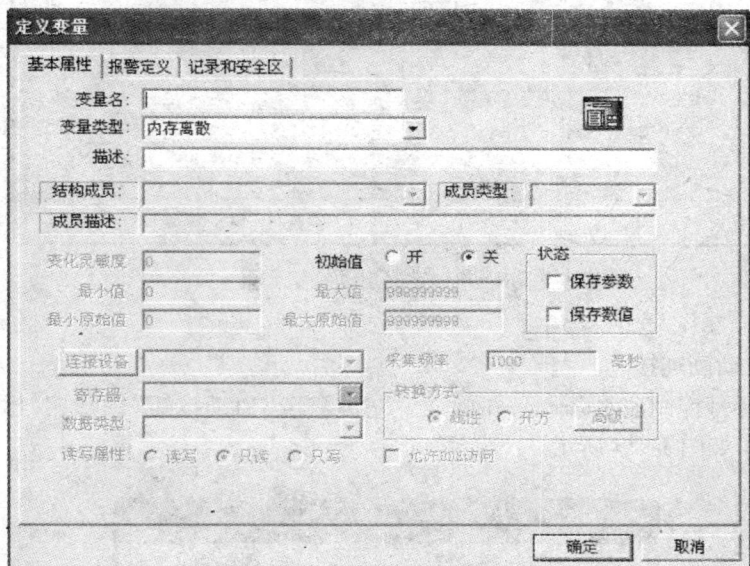

图1-41　"定义变量"对话框

此对话框可以对数据变量完成定义、修改等操作，以及数据库的管理工作。在变量名处输入变量名"启动按钮"。在变量类型处选择变量类型为"I/O离散"，连接设备选择"PLC1"，寄存器设定为"M0.0"，数据类型选择"Bit"，读写属性选择"读写"，其他属性目前不用更改，单击"确定"，完成变量"启动按钮"的定义设置，如图1-42所示。

使用同样方法进行"停止按钮"的变量定义及"指示灯1"、"指示灯2"、"指示灯3"、"指示灯4"的变量定义。

⚠注意："停止按钮"的寄存器设定为"M0.1"，4只"指示灯"的寄存器依次设定为"Q0.0"、"Q0.1"、"Q0.2"、"Q0.3"，读写属性选择"只读"，其他属性设定方法与"启动按钮"的设定方法一致。

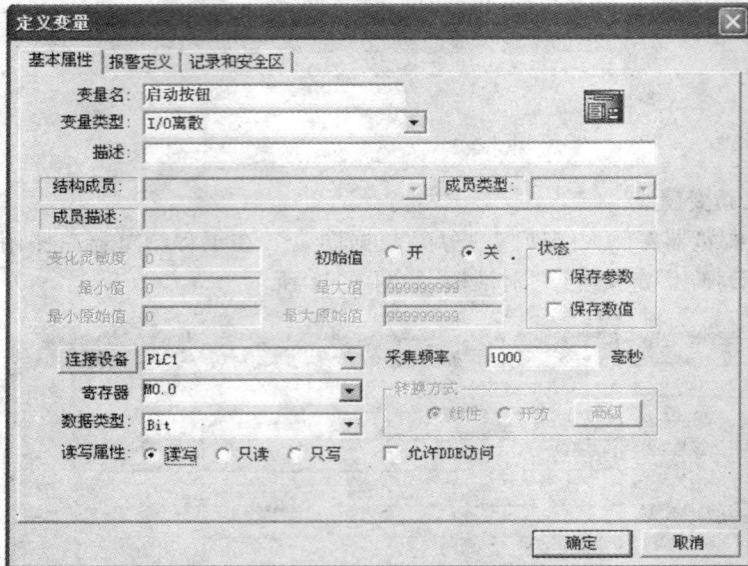

图 1-42　定义启动按钮变量

（二）建立动画连接

打开"循环灯控制演示"画面,在画面上左键双击"启动按钮"图形,弹出该图库的动画连接对话框,如图 1-43 所示。

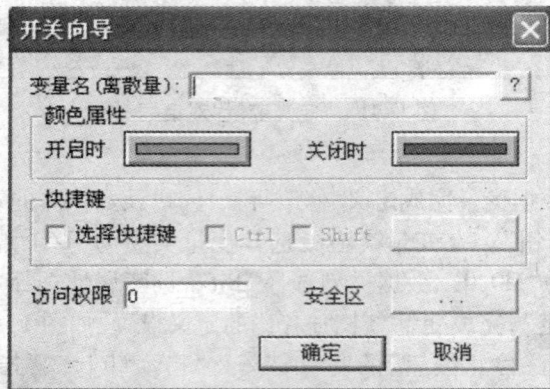

图 1-43　开关向导对话框

单击右边的" ? "按钮,打开"选择变量名"窗口,选择"启动按钮"变量,如图 1-44 所示。点击"确定",完成启动按钮图素的动画连接过程。

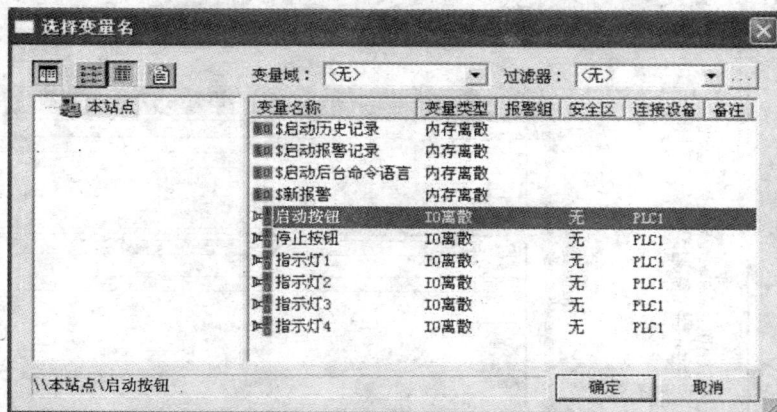

图 1-44　启动按钮变量选择

使用同样的方法建立"停止按钮"、"指示灯 1"、"指示灯 2"、"指示灯 3"、"指示灯 4"等图素与相应变量的对应动画连接关系。保存所做的画面修改。

任务 5　PLC 应用程序的设计

任务实施

(一) 组态软件的变量设置及 PLC 的 I/O 地址的分配(表 1-1)

表 1-1　组态软件的变量及 PLC 的 I/O 地址的分配

组态软件变量名	PLC 地址
启动按钮	I/O 变量,与 PLC 的 M0.0 联系
停止按钮	I/O 变量,与 PLC 的 M0.1 联系
指示灯 1	I/O 变量,与 PLC 的 Q0.0 联系
指示灯 2	I/O 变量,与 PLC 的 Q0.1 联系
指示灯 3	I/O 变量,与 PLC 的 Q0.2 联系
指示灯 4	I/O 变量,与 PLC 的 Q0.3 联系

(二) PLC 通信设置

点击图标 进入 PLC 编程环境,如图 1-45 所示。

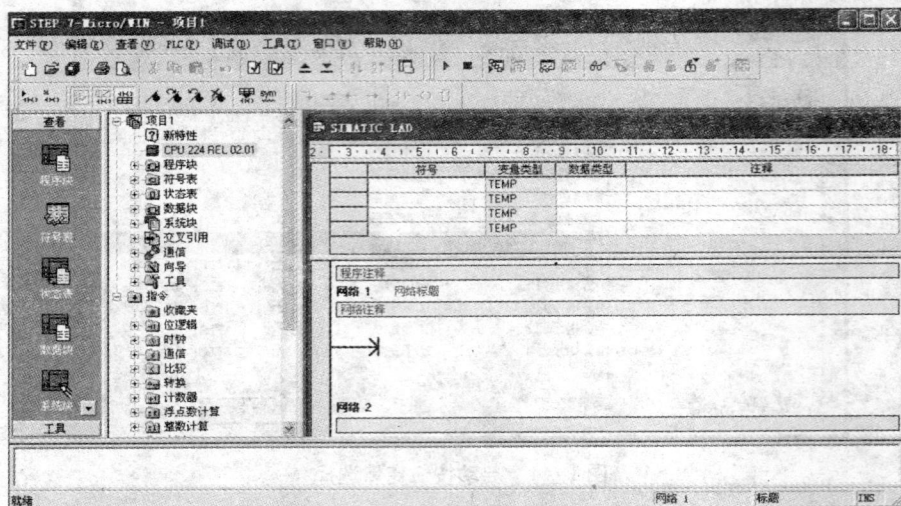

图 1-45　PLC 编程环境

右击 CPU 224 REL 02.01 弹出 PLC 类型界面,如图 1-46 所示。

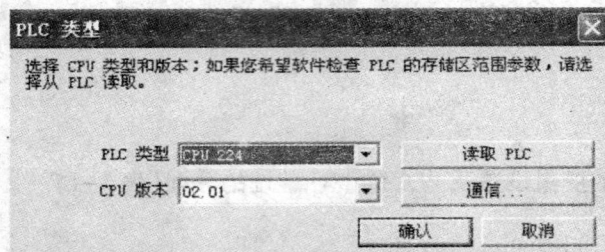

图 1-46　PLC 类型界面

点击"PLC 类型"选项,设置 PLC 型号为 CPU 224,或者通过"读取 PLC"选项自动获号,如图 1-47 所示。

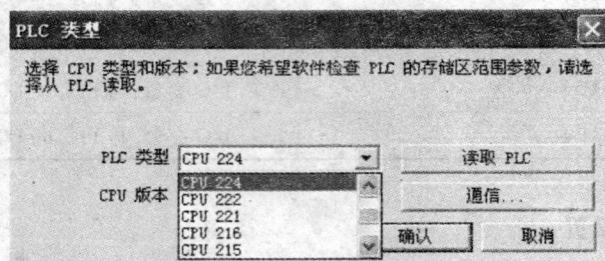

图 1-47　设置 PLC 类型

点击通信按钮,弹出通信界面,如图 1-48 所示。

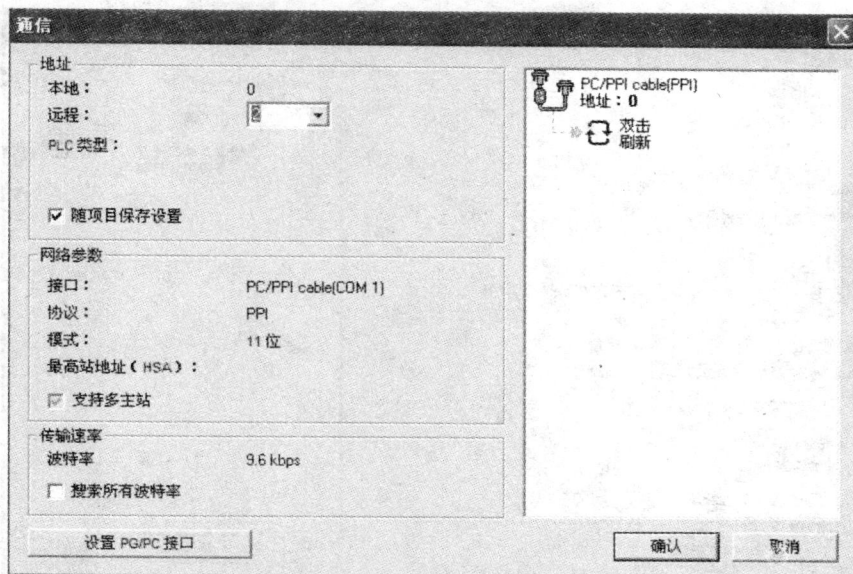

图 1-48 通信界面

双击"双击刷新"选项↻ 双击刷新, 如果通信成功, 弹出如图 1-49 所示界面。

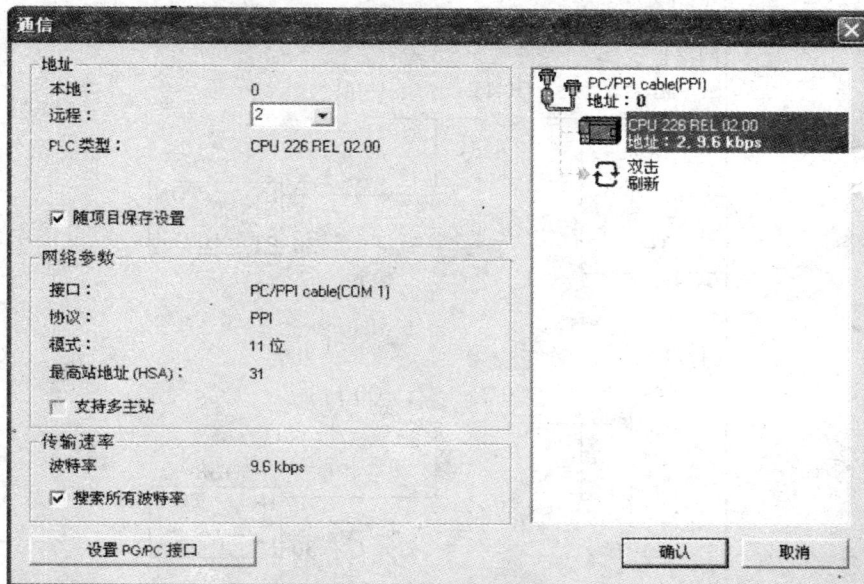

图 1-49 通信成功

如果通信不成功, 弹出如图 1-50 所示界面。

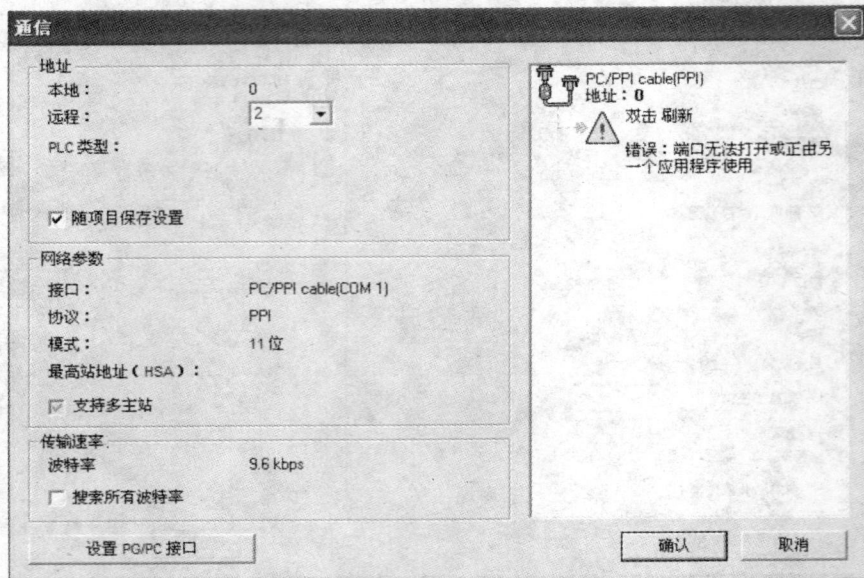

图 1-50　通信不成功

(三) PLC 编程

编写 PLC 程序, 如图 1-51 所示。

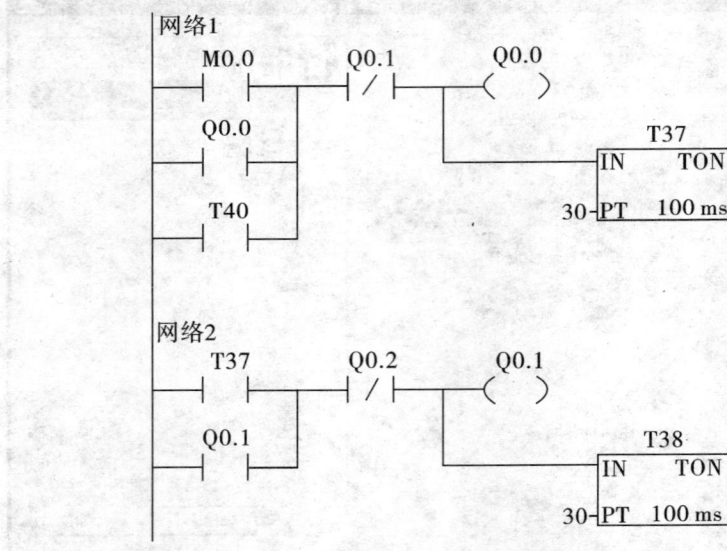

图 1-51　系统梯形图

其中 M0.0 和上位机的启动开关连接, M0.1 和上位机的停止开关连接, Q0.0、Q0.1、Q0.2、Q0.3 分别控制四只灯。此程序可以实现当 M0.0 接通一个脉冲时, Q0.0 接通 3 s

后断开,然后 Q0.1 接通 3 s 后断开,再接着 Q0.2 接通 3 s 后断开,最后 Q0.3 接通 3 s 后断开,如此循环。当 M0.1 接通一个脉冲时,Q0.0、Q0.1、Q0.2、Q0.3 都断开。

任务6　系统运行与调试

任务实施

(一)组态与 PLC 通信测试

单击工程浏览器中的"设备",出现下拉菜单,单击 COM1,右边出现"PLC1",右击,弹出下拉菜单,如图 1-52 所示。

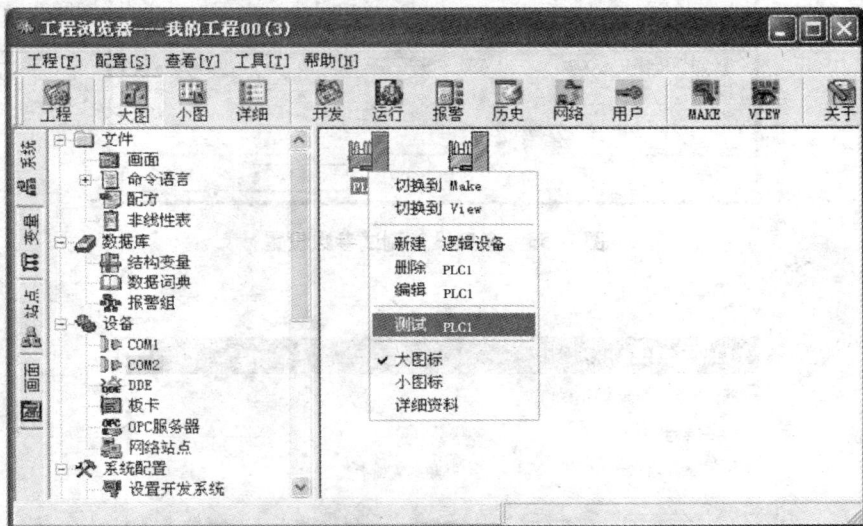

图 1-52　测试 PLC1

双击"测试 PLC1",弹出"串行设备测试"画面,如图 1-53 所示,PLC 设备默认为前面设置的"PLC1",PLC 地址设置为 2,波特率为 9600。

点击"设备测试",选择寄存器 M,添加数字 0.0,选择数据类型为 Bit,左击"添加"按钮,添加 M0.0 进入采集列表中,如图 1-54 所示。按照同样的方法对变量 M0.1、Q0.0、Q0.1、Q0.2、Q0.3 进行相应设置。

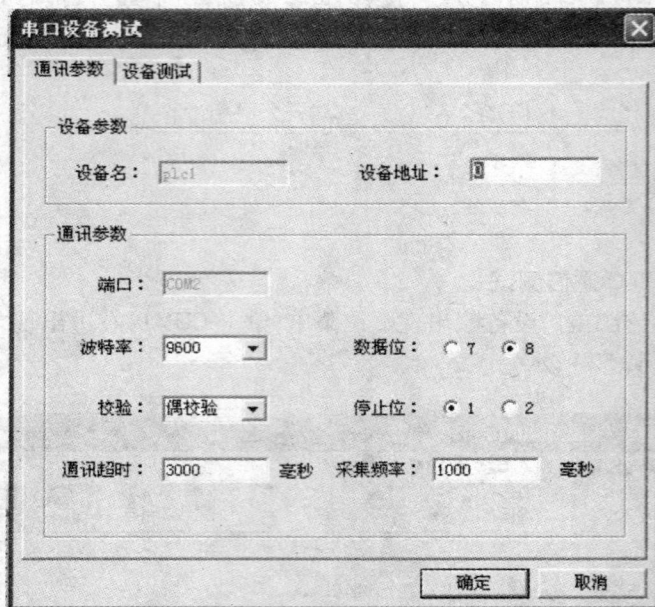

图 1-53　串口设备测试参数设置

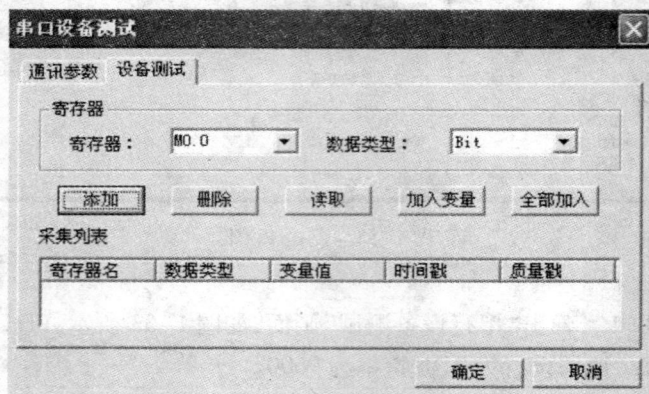

图 1-54　添加寄存器进入采集列表

如果加入变量或读取数据出错，则弹出错误提示，如图 1-55 所示。

图 1-55　错误提示对话框

在"采集列表"中单击 M0.0,单击"加入变量"按钮,弹出如图 1-56 所示画面,加入变量名 M0.0。

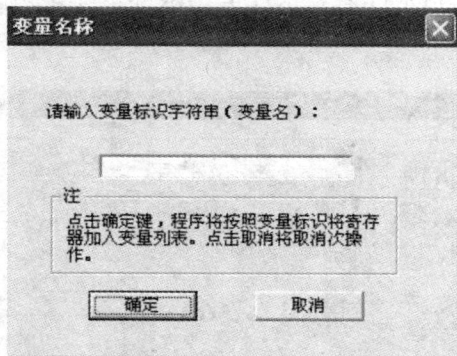

图 1-56　变量加入选择

按"确定"按钮,进入设备测试准备阶段,如图 1-57 所示。

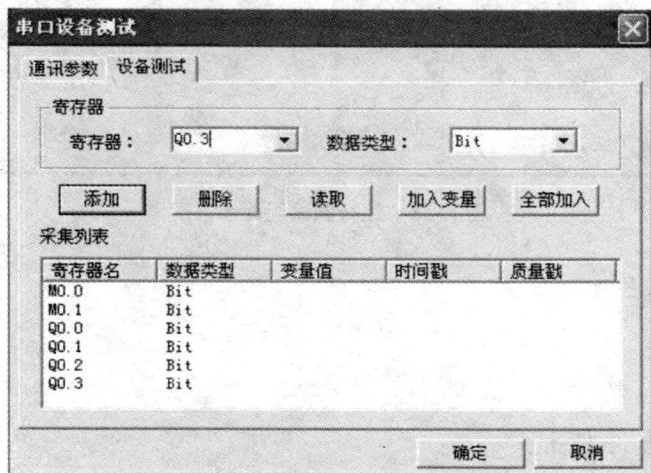

图 1-57　设备测试设置示意图

(二)循环灯控制组态与 PLC 联机调试

点击组态管理器中的图标，进入组态运行画面。点击"启动"按钮,M0.0 接通一个脉冲,PLC 输出 Q0.0 为 1,Q0.0 接通 3 s 后断开,然后接着 Q0.1 接通 3 s 后断开,再接着 Q0.2 接通 3 s 后断开,最后 Q0.3 接通 3 s 后断开,如此循环。如点击"停止"按钮,则 M0.1 接通一个脉冲,Q0.0、Q0.1、Q0.2 、Q0.3 均置 0,系统运行结束。

运行调试画面如图 1-58 所示。组态画面显示:点击"启动"按钮,指示灯 1 亮 3 s 后熄灭,接着指示灯 2 亮 3 s 后熄灭,再接着指示灯 3 亮 3 s 后熄灭,最后指示灯 4 亮 3 s 后熄灭,如此循环。循环过程中,如点击"停止"按钮,M0.1 接通一个脉冲,指示灯 1、指示灯2、指示灯 3、指示灯 4 均熄灭。

　　PLC 外接的指示灯 1、指示灯 2、指示灯 3、指示灯 4 与组态王上指示灯 1、指示灯 2、指示灯 3、指示灯 4 显示一致。

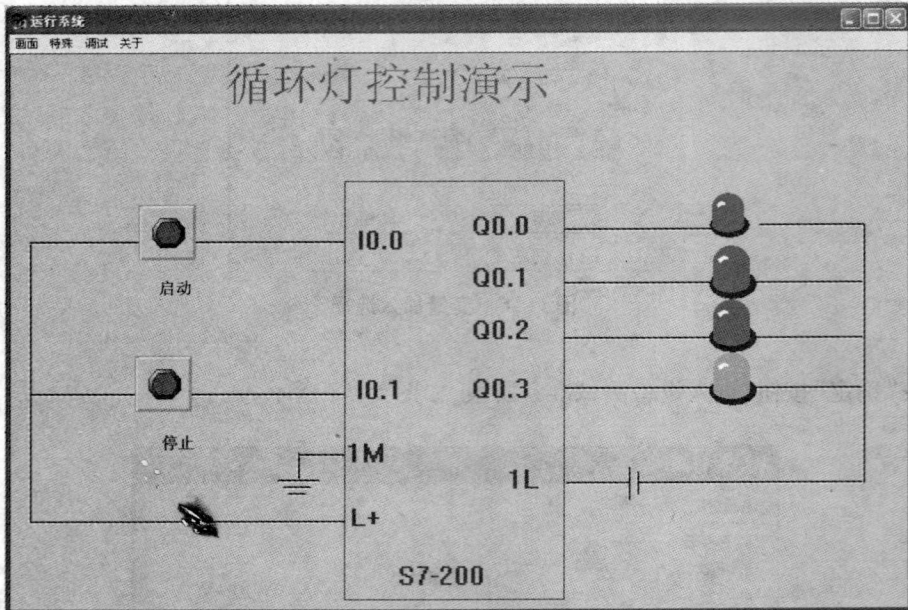

图 1-58　运行调试画面示意图

知识拓展

一、组态软件概述

(一)组态软件

　　组态软件,又称监控组态软件,译自英文 SCADA,即 Supervisory Control and Data Acquisition(数据采集与监视控制)。组态软件的应用领域很广,它可以应用于电力系统、给水系统、石油和化工等领域的数据采集与监视控制及过程控制等诸多领域。在电力系统以及电气化铁道上又称远动系统(RTU System,Remote Terminal Unit System)。

　　简单地讲,组态就是用应用软件中提供的工具、方法,完成工程中某一具体任务的过程。与硬件生产相对照,组态与组装类似。如要组装一台电脑,事先提供了各种型号的主板、机箱、电源、CPU、显示器、硬盘、光驱等,用户的工作就是用这些部件拼凑成自己需要的电脑。当然软件中的组态要比硬件的组装有更大的发挥空间,因为它一般要比硬件中的"部件"更多,而且每个"部件"都很灵活,因为软部件都有内部属性,通过改变属性可以改变其规格(如大小、性状、颜色等)。

在组态概念出现之前,要实现某一任务,都是通过编写程序(如使用 BASIC、C、FORTRAN 等)来实现的。编写程序不但工作量大、周期长,而且容易犯错误,不能保证工期。组态软件的出现解决了这个问题。对于过去需要几个月的工作,通过组态软件几天就可以完成。

组态软件是有专业性的。一种组态软件只能适合某种领域的应用。

组态的概念最早出现在工业计算机控制中,如 DCS(集散控制系统)组态、PLC(可编程控制器)梯形图组态。人机界面生成软件就叫工控组态软件。其实在其他行业也有组态的概念,人们只是不这么叫而已。如 AutoCAD、PhotoShop、办公软件(PowerPoint)都存在相似的操作,即用软件提供的工具来形成自己的作品,并以数据文件保存作品,而不是执行程序。组态形成的数据只有其制造工具或其他专用工具才能识别。但是不同之处在于,工业控制中形成的组态结果是用在实时监控的。组态工具的解释引擎,要根据这些组态结果实时运行。从表面上看,组态工具的运行程序就是执行自己特定的任务。

虽然说组态就是不需要编写程序就能完成特定的应用,但是为了提供一些灵活性,组态软件也提供了编程手段,一般都是内置编译系统,提供类 BASIC 语言,有的甚至支持 VB。

组态软件是指一些数据采集与过程控制的专用软件,它们是在自动控制系统监控层一级的软件平台和开发环境,使用灵活的组态方式,为用户提供快速构建工业自动控制系统监控功能的、通用层次的软件工具。

组态软件应该能支持各种工控设备和常见的通信协议,并且通常应提供分布式数据管理和网络功能。对应于原有的 HMI(Human Machine Interface,人机接口软件)的概念,组态软件应该是一个使用户能快速建立自己的 HMI 的软件工具或开发环境。在组态软件出现之前,工控领域的用户通过手工或委托第三方编写 HMI 应用,开发时间长,效率低,可靠性差;或者购买专用的工控系统,通常是封闭的系统,选择余地小,往往不能满足需求,很难与外界进行数据交互,升级和增加功能都受到严重的限制。组态软件的出现,把用户从这些困境中解脱出来,可以利用组态软件的功能,构建一套最适合自己的应用系统。随着它的快速发展,实时数据库、实时控制、SCADA、通讯及联网、开放数据接口、对 I/O 设备的广泛支持已经成为其主要内容。随着技术的发展,监控组态软件将会不断被赋予新的内容。

(二)国外组态软件

1. InTouch。

Wonderware 是 Invensys plc"生产管理"部的一个运营单位,是全球工业自动化软件的领先供应商。

Wonderware 的 InTouch 软件是最早进入我国的组态软件。在 20 世纪 80 年代末 90 年代初,基于 Windows 3.1 的 InTouch 软件曾让用户耳目一新,并且 InTouch 提供了丰富的图库。但是,早期的 InTouch 软件采用 DDE 方式与驱动程序通信,性能较差,最新的 InTouch 7.0 版已经完全基于 32 位的 Windows 平台,并且提供了 OPC 支持。

2. IFix。

GE Fanuc 智能设备公司由美国通用电气公司(GE)和日本 Fanuc 公司合资组建,提供自动化硬件和软件解决方案。

Intellution 公司以 Fix 组态软件起家,1995 年被爱默生收购,现在是爱默生集团的全资子公司,Fix 6. x 软件提供工控人员熟悉的概念和操作界面,并提供完备的驱动程序(需单独购买)。Intellution 将自己最新的产品系列命名为 iFiX,在 iFiX 中,Intellution 提供了强大的组态功能,但新版本与以往的 6. x 版本并不完全兼容。原有的 Script 语言改为 VBA(Visual Basic For Application),并且在内部集成了微软的 VBA 开发环境。遗憾的是,Intellution 并没有提供 6.1 版脚本语言到 VBA 的转换工具。在 iFiX 中,Intellution 的产品与 Microsoft 的操作系统、网络进行了紧密的集成。Intellution 也是 OPC(OLE for Process Control)组织的发起成员之一。iFiX 的 OPC 组件和驱动程序同样需要单独购买。

3. Citech。

悉雅特集团(Citect)是世界领先的提供工业自动化系统、设施自动化系统、实时智能信息和新一代 MES 的独立供应商。

CiT 公司的 Citech 也是较早进入中国市场的产品。Citech 具有简洁的操作方式,但其操作方式更多的是面向程序员,而不是工控用户。Citech 提供了类似 C 语言的脚本语言进行二次开发,但与 iFix 不同的是,Citech 的脚本语言并非是面向对象的,而是类似于 C 语言,这无疑为用户进行二次开发增加了难度。

4. WinCC。

西门子自动化与驱动集团(A&D)是西门子股份公司中最大的集团之一,是西门子工业领域的重要组成部分。网址:http://www. ad. siemens. com. cn。

Simens 的 WinCC 也是一套完备的组态开发环境,Simens 提供类 C 语言的脚本,包括一个调试环境。WinCC 内嵌 OPC 支持,并可对分布式系统进行组态。但 WinCC 的结构较复杂,用户最好经过 Simens 的培训以掌握 WinCC 的应用。

5. Movicon(Monitor Vision and Control)。

该软件由意大利著名自动化软件供应商 PROGEA 公司开发,是全新的第三代(Scada/HMI)工业监控软件,始终坚持简单、开放、可扩充性的标准,并且一直以简单易用、稳定可靠著称。

Movicon 可在同一个开发平台来满足不同应用的开发需要,应用程序可运行在几乎所有的工业平台:通过直接和间接的驱动,可以支持几乎所有的工业设备、PLC、现场总线和网络。很多革命性的特点使 Movicon X 成为当今世界上最现代的 Scada/HMI 软件平台。

6. ASPEN-tech。

在流程工业先进控制与优化这一行业,AspenTech(艾斯本技术)公司是全球领先的解决方案与产品供应商。20 世纪 90 年代中期 AspenTech 宣布全面进入中国内地市场。

7. TRACE MODE(TRACE MODE&reg)。

该软件由俄罗斯 AdAstrA Research Group,Ltd 公司于 1992 年开发成功。AdAstrA 科技集团(AdAstrA Research Group,Ltd)是独联体和东欧各国工业自动化实时控制软件开发方面的领先者。其基本产品是将 SCADA/HMI 和 SoftLogic 集成为一体的新一代 32 位工控组态软件——TRACEMODE,主要用于各个行业的大型分布式控制系统的开发。在俄罗斯,TRACE MODE 的实际装机量远远超过了国外同类产品。TRACE MODE&reg。适用于分布式控制系统的开发,是俄罗斯最畅销的工业控制组态软件,在市场上占有绝对垄断地位。

(三)国内组态软件

1. 世纪星组态软件(北京世纪长秋科技有限公司)。

北京世纪长秋科技有限公司是专业从事工业自动化软件开发、销售、服务及工业自动化系统集成的高新技术企业。公司拥有自主产权的软件产品——世纪星通用工业自动化监控组态软件,本产品自1999年开始销售,10年内已有两万多套软件应用于相关行业,如电力变电配电自动化、电厂监控、石油、化工、冶金、矿山、工业民用水处理、环保污水处理、储备粮库、铁路隧道信号监控、交通信号监控、食品及饮料自动化监控等。

2. 三维力控 ForceControl(北京三维力控科技有限公司)。

北京三维力控科技有限公司是专业从事监控组态软件研发与服务的高新技术企业,核心软件产品初创于1992年,公司以自主创新为动力,逐渐奠定了在国内市场的领先地位。

3. 组态王 Kingview(北京亚控科技发展有限公司)。

北京亚控科技发展有限公司正式成立于1997年,公司着眼于自动化软件领域的尖端技术,基于工业网络平台,为用户提供专业客制化应用解决方案和自动化软件产品和服务。作为国产 SCADA 软件,其创始人早在1993年就开始研发组态王产品,并迅速应用到了国内用户的系统中。当时的目标是为用户建立集易用性强、动画功能丰富、技术性能卓越、稳定可靠且价格低廉于一身的工业自动化软件平台。

4. 紫金桥 Realinfo(紫金桥软件技术有限公司)。

紫金桥软件技术有限公司是由中石油大庆石化总厂出资成立的专门从事计算机软件产品开发的高新技术企业,是中国石油天然气集团的软件开发基地。公司专注于自主知识产权软件产品"实时数据库系统"和"监控组态软件"的开发与推广工作。

5. MCGS(北京昆仑通态自动化软件科技有限公司,昆仑工控)。

昆仑工控为大型专业工控企业联盟集团,以雄厚的资金为后盾,以高、新、尖技术力量为核心,专门从事设计、生产、销售各种类型的传感器、变送器、热工仪表、现场控制器、计算机控制系统、数据采集系统、组态软件、专用现场控制软件等。

此外,国内组态软件还有 Controx(开物)、易控等。

(四)组态软件的特点

随着工业自动化水平的迅速提高及计算机在工业领域的广泛应用,人们对工业自动化的要求越来越高,种类繁多的控制设备和过程监控装置在工业领域的应用,使得传统的工业控制软件已无法满足用户的各种需求。在开发传统的工业控制软件时,工业被控对象一旦有变动,就必须修改其控制系统的源程序,导致其开发周期长;已开发成功的工控软件又由于每个控制项目的不同而使其重复使用率很低,导致它的价格非常昂贵;在修改工控软件的源程序时,倘若原来的编程人员因工作变动而离去,则必须同其他人员或新手进行源程序的修改,因而更是相当困难。通用工业自动化组态软件的出现为解决上述实际工程问题提供了一种崭新的方法,因为它能够很好地解决传统工业控制软件存在的种种问题,使用户能根据自己的控制对象和控制目的的任意组态,完成最终的自动化控制工程。

组态(Configuration)为模块化任意组合。通用组态软件主要特点如下所述。

1. 延续性和可扩充性。用通用组态软件开发的应用程序,当现场(包括硬件设备或系统结构)或用户需求发生改变时,不需作很多修改即可方便地完成软件的更新和升级。

2. 封装性(易学易用)。通用组态软件所能完成的功能都用一种方便用户使用的方法包装起来,对于用户,不需掌握太多的编程语言技术(甚至不需要编程技术),就能很好地完成一个复杂工程所要求的所有功能。

3. 通用性。每个用户根据工程实际情况,利用通用组态软件提供的底层设备(PLC、智能仪表、智能模块、板卡、变频器等)的 I/O Driver、开放式的数据库和画面制作工具,就能完成一个具有动画效果、实时数据处理、历史数据和曲线并存、具有多媒体功能和网络功能的工程,不受行业限制。

从以上可以看出,组态软件具有实时多任务、接口开放、使用灵活、功能多样、运行可靠的特点。

二、组态王软件概述

组态王软件是一种通用的工业监控软件,它融过程控制设计、现场操作以及工厂资源管理于一体,将一个企业内部的各种生产系统和应用以及信息交流汇集在一起,实现最优化管理。它基于 Microsoft Windows XP/NT/2000 操作系统,用户可以在企业网络的所有层次的各个位置上都可以及时获得系统的实时信息。采用组态王软件开发工业监控工程,可以极大地增强用户生产控制能力,提高工厂的生产力和效率,提高产品的质量,减少成本及原材料的消耗。它适用于从单一设备的生产运营管理和故障诊断,到网络结构分布式大型集中监控管理系统的开发。

组态王软件结构由工程管理器、工程浏览器及运行系统三部分构成。

(1)工程管理器:用于新工程的创建和已有工程的管理,对已有工程进行搜索、添加、备份、恢复,以及实现数据词典的导入和导出等功能。

(2)工程浏览器:这是一个工程开发设计工具,用于创建监控画面、监控的设备及相关变量、动画链接、命令语言,以及设定运行系统配置等的系统组态工具。

(3)运行系统:工程运行界面,从采集设备中获得通讯数据,并依据工程浏览器的动画设计显示动态画面,实现人与控制设备的交互操作。

(一)组态王与 I/O 设备

组态王软件作为一个开放型的通用工业监控软件,支持与国内外常见的 PLC、智能模块、智能仪表、变频器、数据采集板卡等(如西门子 PLC、莫迪康 PLC、欧姆龙 PLC、三菱PLC、研华模块等)通过常规通讯接口(如串口方式、USB 接口方式、以太网、总线、GPRS等)进行数据通讯。

组态王软件与 I/O 设备进行通讯一般是通过调用 ∗.dll 动态库来实现的,不同的设备、协议对应不同的动态库。工程开发人员无须关心复杂的动态库代码及设备通讯协议,只需使用组态王软件提供的设备定义向导,即可定义工程中使用的 I/O 设备,并通过变量的定义实现与 I/O 设备的关联,对用户来说既简单又方便。

(二)组态王的开放性

组态王支持通过 OPC、DDE 等标准传输机制和其他监控软件(如 Intouch、Ifix、Wincc 等)或其他应用程序(如 VB、VC 等)进行本机或者网络上的数据交互。

通常情况下,建立一个应用工程大致可分为以下几个步骤。

第一步:创建新工程。为工程创建一个目录用来存放与工程相关的文件。

第二步:定义硬件设备并添加工程变量。添加工程中需要的硬件设备和工程中使用的变量,包括内存变量和 I/O 变量。

第三步:制作图形画面并定义动画连接。按照实际工程的要求绘制监控画面并使静态画面随着过程控制对象产生动态效果。

第四步:编写命令语言。通过脚本程序的编写以完成较复杂的操作上位控制。

第五步:进行运行系统的配置。对运行系统、报警、历史数据记录、网络、用户等进行设置,是系统完成用于现场前的必备工作。

第六步:保存工程并运行。

完成以上步骤后,一个可以拿到现场运行的工程就制作完成了。

(三)如何得到组态王的帮助

组态王帮助文档分组态王产品帮助文档和 I/O 驱动帮助文档两部分,可以通过如下几种方法打开。

方法一:单击桌面"开始"\"所有程序"\"组态王 6.52"\"组态王文档",此选项中包括组态王帮助文档、I/O 驱动帮助文档和使用手册电子版、函数手册电子版。

方法二:在工程浏览器中单击"帮助"菜单中的"目录"命令,此帮助文档中只包含组态王软件帮助文档。

方法三:在工程浏览器中任何时候通过"F1"快捷键弹出组态王软件帮助文档。

三、组态王软件的安装

"组态王"软件存于一张光盘上。光盘上的安装程序 Install. exe 会自动运行,启动组态王安装过程向导。

"组态王"的安装步骤如下(以 Windows 2000 下的安装为例,Windows XP 下的安装与 Windows 2000 下相同)。

第一步:启动计算机系统。

第二步:在光盘驱动器中插入"组态王"软件的安装盘,系统自动启动 Install. exe 安装程序,如图 1-59 所示。(用户也可通过光盘中的 Install. exe 启动安装程序)

该安装界面左面有一列按钮,将鼠标移动到按钮各个位置上时,会在右边图片位置上显示各按钮安装内容提示,如图 1-59 所示。左边各个按钮的作用分别如下。

"安装阅读"按钮:安装前阅读,用户可以获取到关于版本更新信息、授权信息、服务和支持信息等。

"安装组态王程序"按钮:安装组态王程序。

"安装组态王驱动程序"按钮:安装组态王 I/O 设备驱动程序。

"安装加密锁驱动程序"按钮：安装授权加密锁驱动程序。

"盘中珍品介绍"按钮：阅读组态王安装光盘中提供的价值包的内容列表及介绍。

"多媒体教程"按钮：浏览组态王使用入门多媒体教程及产品功能简介。

"浏览 CD 内容"按钮：浏览光盘的内容，查看典型技术信息及文档。

"退出"按钮：退出安装程序。

图 1-59　启动组态王安装程序

第三步：开始安装。点击"安装组态王程序"按钮，将自动安装"组态王"软件到用户的硬盘目录，并建立应用程序组。首先弹出对话框，如图 1-60 所示。

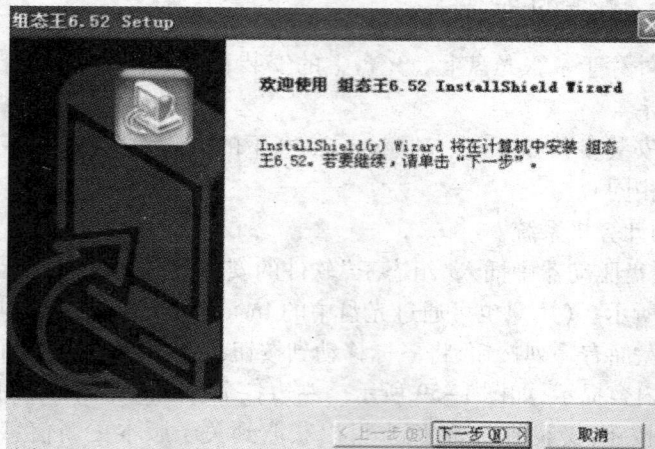

图 1-60　开始安装组态王

继续安装请单击"下一步"按钮,弹出软件"许可证协议"对话框,如图 1-61 所示。该对话框的内容为北京亚控科技发展有限公司与"组态王"软件用户之间的法律约定,请用户认真阅读。如果用户同意"协议"中的条款,单击"是"继续安装;如果不同意,单击"否"退出安装。单击"后退",返回上一个对话框。

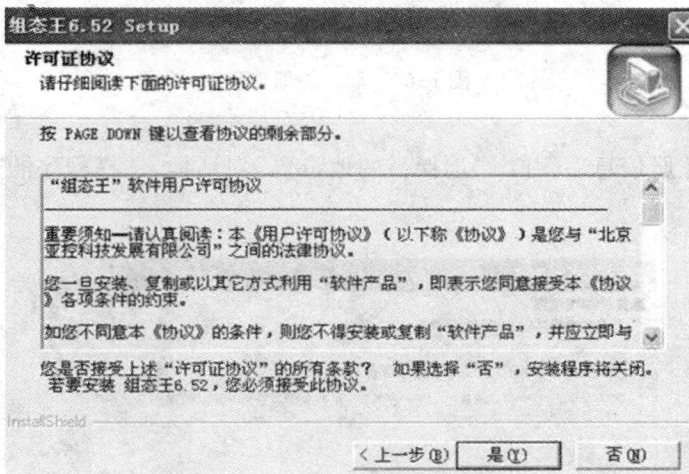

图 1-61 软件许可证协议

单击"是",弹出"请填写注册信息"对话框,如图 1-62 所示。

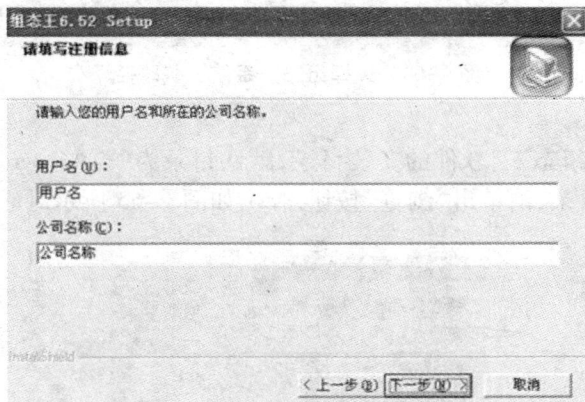

图 1-62 填写注册信息

请输入"姓名"和"公司名称"。单击"后退"返回上一个对话框;单击"取消"退出安装程序;单击"下一步"弹出"确认注册信息"对话框,如图 1-63 所示。

如果对话框中的用户注册错误的话,单击"否"返回"用户信息"对话框。如果正确,单击"是",进入程序安装阶段。

第四步:选择组态王软件安装路径。

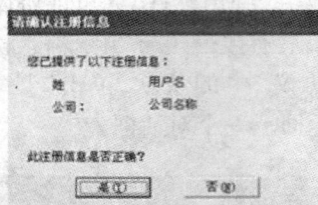

图 1-63　确认注册信息

确认用户注册信息后,弹出"选择目的地位置"对话框,选择程序的安装路径,如图 1-64所示。

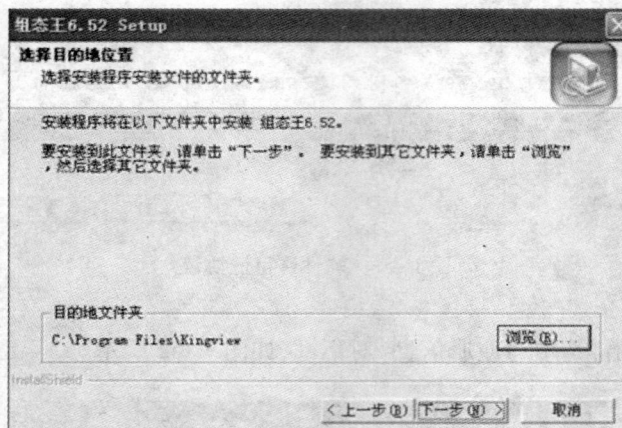

图 1-64　选择组态王系统安装路径

由对话框确认"组态王"软件的安装目录,默认目录为"C:\Program Files\Kingview"。若希望安装到其他目录,请单击"浏览"按钮,弹出如图 1-65 所示对话框。

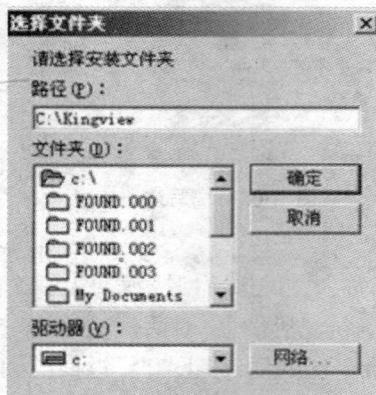

图 1-65　另建组态王安装路径

　　在对话框的"路径"中输入新的安装目录。如"C：\Kingview",输入正确后,单击"确定"按钮,出现如图1-66所示对话框。

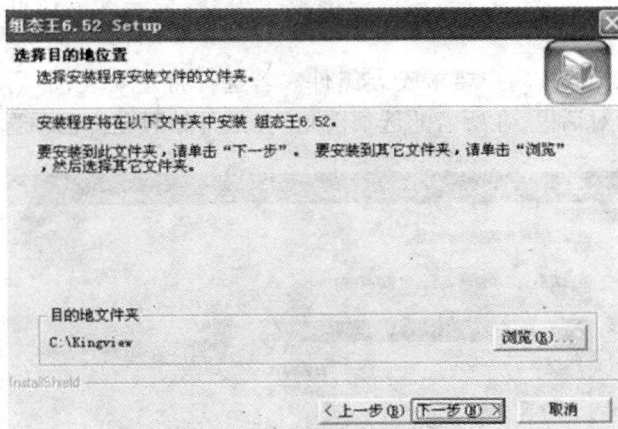

图1-66　确定组态王安装路径

安装程序会按用户的要求创建目标文件夹,目标文件夹变为刚才输入的文件夹。

第五步：选择安装类型。

单击"下一步"按钮,出现如图1-67所示对话框,此对话框确定安装类型。

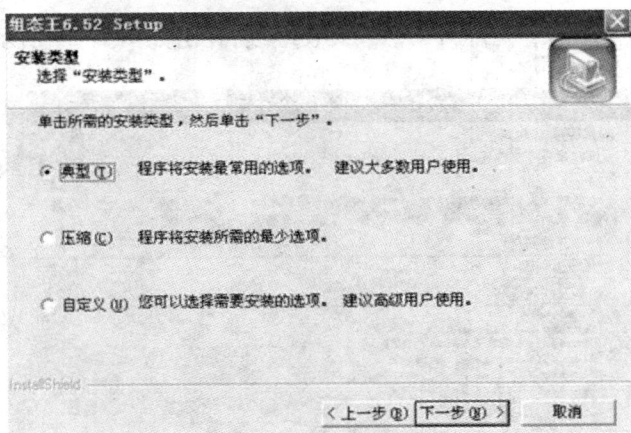

图1-67　选择安装类型

安装类型共三种：典型安装、压缩安装和自定义安装。

1. 典型安装。将安装"组态王"的大部分组件,这些组件包括：

(1)"组态王系统文件",包括组态王开发环境和运行环境。

(2)"OPC文件",组态王作为OPC服务器时的支持文件。

(3)"图库文件","图库"中拥有许多精美实用的图库精灵(它将使用户创建的工程更具有专业效果,而且更加简捷方便)。

（4）"组态王组件"，包括组态王和驱动的"联机帮助"、"组态王电子手册"、"组态王演示工程"。

2.压缩安装。将安装"组态王"所需的最小组件，不会安装帮助文件、示例文件和图库。

3.自定义安装。将按用户要求安装组件。若选择特定安装，然后单击"下一步"，将出现如图1-68所示对话框，在所需的选项前画钩（最开始时全都已预选）。

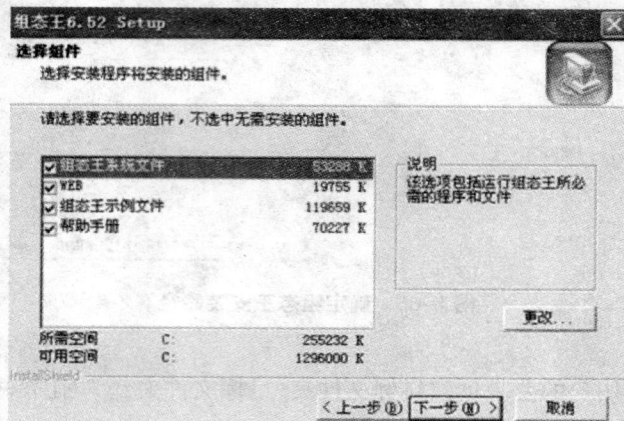

图1-68　自定义安装选项

第六步：创建程序组。单击"下一步"安装继续，弹出如图1-69所示对话框。

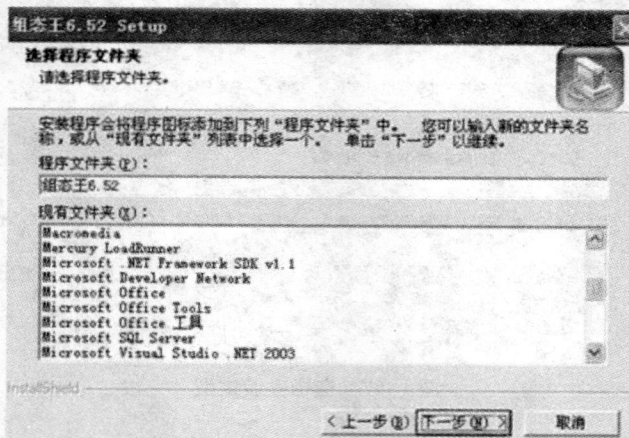

图1-69　创建程序组

该对话框确认"组态王"系统的程序组名称，也可选择其他名称，如图1-70所示。

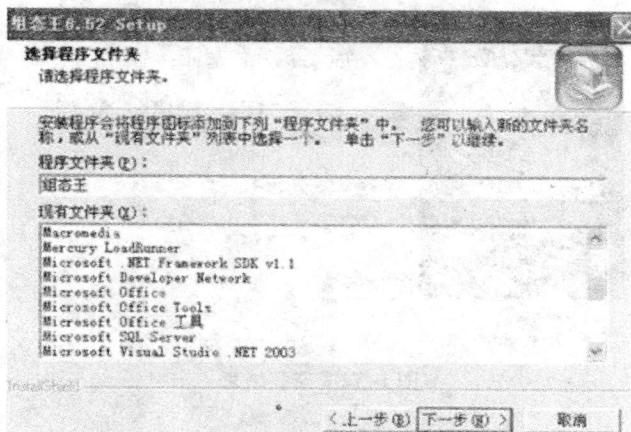

图 1-70　创建程序组——选择程序文件夹

单击"下一步",将出现如图 1-71 所示对话框。

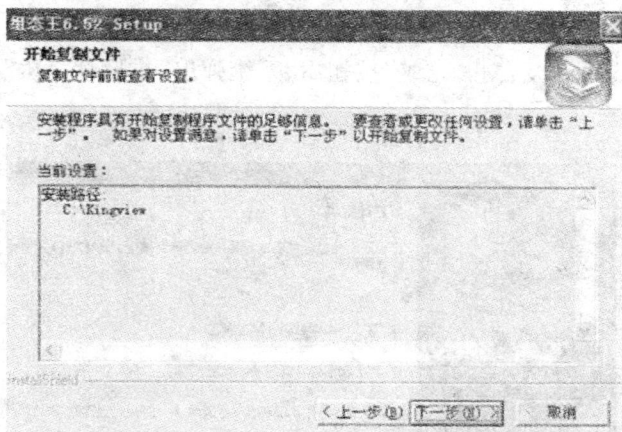

图 1-71　安装程序信息汇总

如果有什么问题,单击"后退"可修改前面有问题的地方;如果没有问题,单击"下一步",将开始安装;如安装过程中觉得前面有问题,可单击"取消"停止安装。

第七步:开始安装。安装程序将光盘上的压缩文件解压缩并拷贝到默认或指定目录下,解压缩过程中有显示进度提示。

第八步:安装结束。弹出如图 1-72 所示对话框。在该对话框中有两个选项。

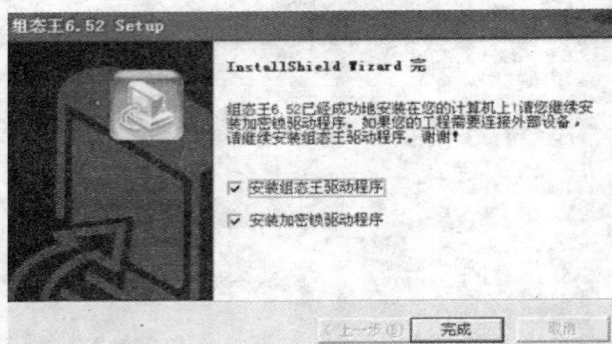

图 1-72　安装结束

安装组态王驱动程序：选中该项，点击"完成"按钮系统会自动按照组态王的安装路径安装组态王的 I/O 设备驱动程序，具体安装过程参照系统程序安装步骤；如果不选该项点击结束，可以以后再安装。

安装加密锁驱动程序：选择该项，点击"完成"按钮后系统会自动启动加密锁驱动安装程序。

如果不选择上述两项，点击"完成"按钮后，系统弹出"重启计算机"对话框，如图1-73所示。

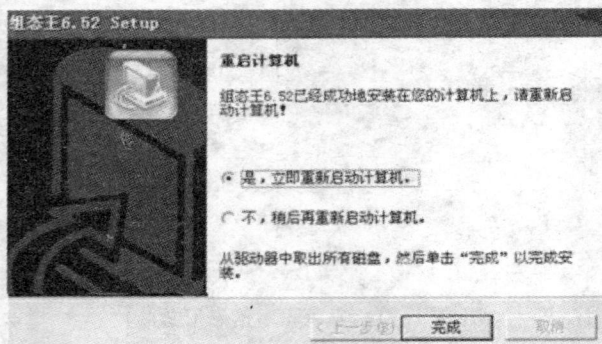

图 1-73　"重启计算机"对话框

选中"是"选项，再点击"完成"，将会重新启动计算机；选中"不"选项，再点击"完成"，将不会重新启动计算机。为了使系统更好地运行，建议最好选择"是"重新启动计算机。

单击"完成"将完成此次安装，弹出安装后在 Windows 的开始菜单中存在的项目，如图 1-74 所示。

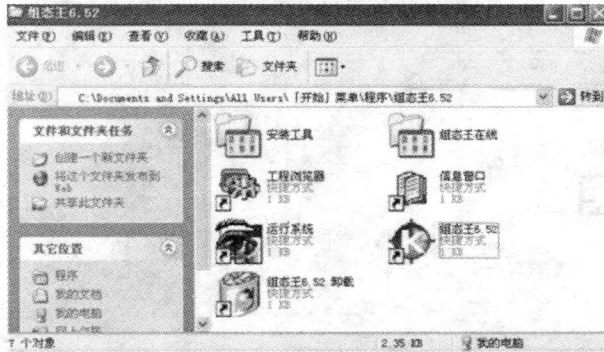

图 1-74　安装后开始菜单中存在的项目

　　在系统"开始"\"程序组"中创建的组态王 6.52 文件夹中生成四个文件快捷方式和三个文件夹。

项目二

多种液体混合控制监控系统设计

一、项目目标

1.进一步熟悉组态工程建立的方法及步骤。

2.掌握常用组态画面设计的方法与技巧,完成数据对象定义及动画连接。

3.掌握模拟设备的通讯设置及连接方法。

二、项目任务

通过设计一个多种液体混合控制演示监控项目,进一步熟悉组态王基本知识的应用(本例中使用仿真 PLC 进行设备连接,与实际运行项目有区别,特此说明)。项目要求如下:

1.多种液体混合控制系统设计就是通过仿真 PLC 实现对两种液体的混合控制演示。要求按下启动按钮后,开始进行液体混合控制,否则无效。按下原料出料阀后,原料出料阀打开,开始注入原料液体;按下添加剂出料阀后,添加剂出料阀打开,开始注入液体添加剂;按下成品出料阀,成品出料阀打开,成品液体开始流出;按下停止按钮,所有操作都停止。

要求管道能够有液体流动效果演示。

2.运用组态王软件 Kingview 6.52 创建新项目,建立变量,与仿真 PLC 进行通讯连接。

3.在项目中设计新画面,反应罐 3 个,对应连接管道及相应阀门 3 个,按钮 2 个。

4.实现系统监控画面的运行及调试,并能实现与 PLC 的在线运行。

5.项目参考画面如图 2-1 所示。

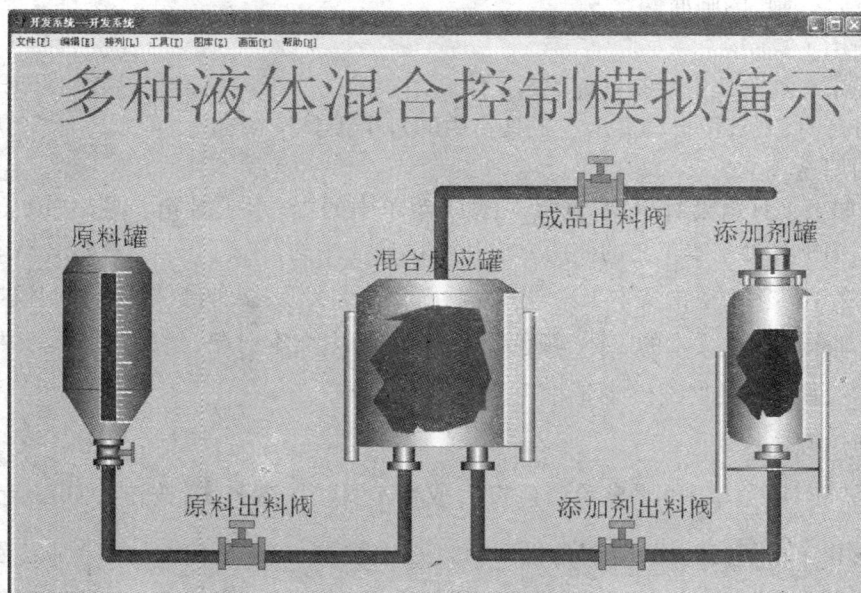

图 2-1　主画面

任务 1　系统工程建立及画面设计

任务实施

（一）工程建立

点击"开始"\"程序"\"组态王 6.52"\"组态王 6.52"（或直接双击桌面上组态王的快捷方式图标），显示工程管理器窗口，点击工程管理器上的　新建　快捷键，弹出"新建工程向导之一"对话框，点击"下一步"弹出"新建工程向导之二"，点击"浏览"，选择新建工程所要存放的路径。点击"打开"，选择路径完成，点击"下一步"进入"新建工程向导之三"，在"工程名称"处写上要给工程起的名字。"工程描述"是要对工程进行详细说明（注释作用），用户的工程名称是"多种液体混合控制系统"，工程描述是"测试"。点击"完成"会出现"是否将新建的工程设为组态王当前工程"的提示，选择"是"，组态王的当前工程的意义是指直接进入开发或运行所指定的工程；如选择"否"，则首先选择要编辑的工程，点击文件菜单，选择"设为当前工程"，点击"开发"可以直接进入组态王工程浏览器。

（二）画面设计

1. 建立新画面。

为建立一个新的画面，请执行以下操作：在工程浏览器左侧的"工程目录显示区"中选择"画面"选项，在右侧视图中双击"新建"图标，建立新画面，画面起名"多种液体混合控制"，并进行相应画面属性设置。组态王软件将按照您指定的风格产生出一幅名为"多种液体混合控制"的画面。

2. 使用工具箱。

接下来在此画面中绘制各种图素。绘制图素的主要工具放置在图形编辑工具箱内。当画面打开时,工具箱自动显示。工具箱中的每个工具按钮都有"浮动提示",帮助您了解工具的用途。

(1)如果工具箱没有出现,选择"工具"菜单中的"显示工具箱"或按 F10 键将其打开。工具箱中各种基本工具的使用方法和 Windows 中的"画笔"很类似,如图 1-23 所示。

(2)在工具箱中单击文本工具 T,在画面上输入文字:多种液体混合控制模拟演示。

(3)如果要改变文本的字体、颜色和字号,先选中文本对象,然后在工具箱内选择字体工具 ,在弹出的"字体"对话框中修改文本属性。

3. 使用调色板。

选择"工具"菜单中的"显示调色板",或在工具箱中选择 按钮,弹出调色板画面(注意,再次单击 就会关闭调色板画面),选中文本,在调色板上按下"对象选择按钮区"中"字符色"按钮,然后在"选色区"选择某种颜色,则该文本就变为相应的颜色。

(三)使用图库管理器

选择"图库"菜单中"打开图库"命令或按 F2 键打开图库管理器,根据需要在图库中选择相应图素,放置与画面上,并进行相应大小及位置设置,同时加以相应标注。

(四)继续生成画面

重复以上操作,直至生成如图 2-1 所示画面,选择"文件"菜单的"全部存"命令将所完成的画面进行保存。

任务 2　通讯设备的连接

一、任务实施

1. 在组态王工程浏览器树型目录中,选择设备,在右边的工作区中出现"新建"图标,双击此"新建"图标,弹出"设备配置向导"对话框。

2. 在上述对话框选择亚控提供的"仿真 PLC"的"串行"项后单击"下一步"弹出对话框,为仿真 PLC 设备取一个名称,如:PLC1。

3. 单击"下一步"弹出连接串口对话框,为设备选择连接的串口为 COM1,单击"下一步"弹出设备地址对话框。

4. 在连接现场设备时,设备地址处填写的地址要和实际设备地址完全一致。此处填写设备地址为 0,单击"下一步",弹出通讯参数对话框。

5. 设置通信故障恢复参数(一般情况下使用系统默认设置即可)。

6. 检查各项设置是否正确,确认无误后,单击"完成"。设备定义完成后,相应可以在 COM1 项下看到新建的设备"PLC1"。

7. 双击 COM1 口,弹出串口通信参数设置对话框。

由于我们定义的是一个仿真设备,所以串口通信参数可以不必设置,但在工程中连接实际的 I/O 设备时,必须对串口通信参数进行设置且设置项要与实际设备中的设置项完全一致(包括波特率、数据位、停止位、奇偶校验选项的设置),否则会导致通讯失败。

二、相关知识

组态王软件提供的模拟设备——仿真 PLC。

程序在实际运行中是通过 I/O 设备和下位机交换数据的,当程序在调试时,可以使用仿真 I/O 设备模拟下位机向画面程序提供数据,为画面程序的调试提供方便。组态王提供一个仿真 PLC 设备,用来模拟实际设备向程序提供数据,供用户调试。

(一)仿真 PLC 的定义

在使用仿真 PLC 设备前,首先要定义它。实际 PLC 设备都是通过计算机的串口向组态王提供数据,所以仿真 PLC 设备也是模拟安装到串口 COM 上。定义过程和步骤为:

1. 在组态王的工程浏览器中,从左边的工程目录显示区中选择大纲项设备下的成员名 COM1 或 COM2,然后在右边的目录内容显示区中用左键双击"新建"图标,则弹出"设备配置向导——生产厂家、设备名称、通讯方式"对话框,如图 2-2 所示。

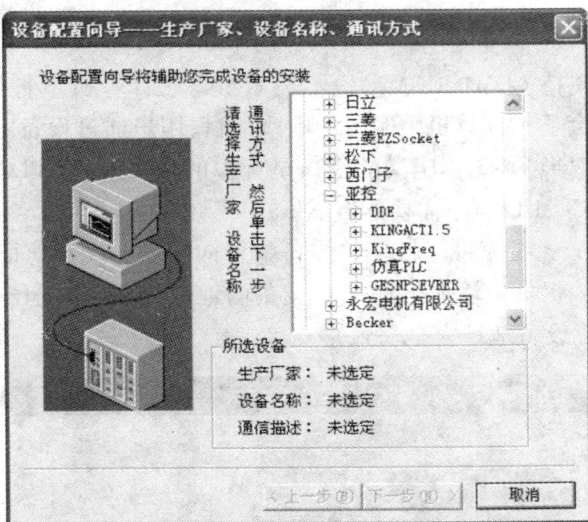

图 2-2 设备配置向导

在 I/O 设备列表显示区中,选中 PLC 设备,单击符号"+"将该节点展开,再选中"亚控",单击符号"+"将该节点展开,选中"仿真 PLC"设备,再单击符号"+"将该节点展开,选中"串行"。

2. 单击"下一步"按钮,则弹出"设备配置向导——逻辑名称"对话框,如图 2-3 所示,在编辑框输入一个仿真 PLC 设备的逻辑名称,例如设定为"PLC1"。

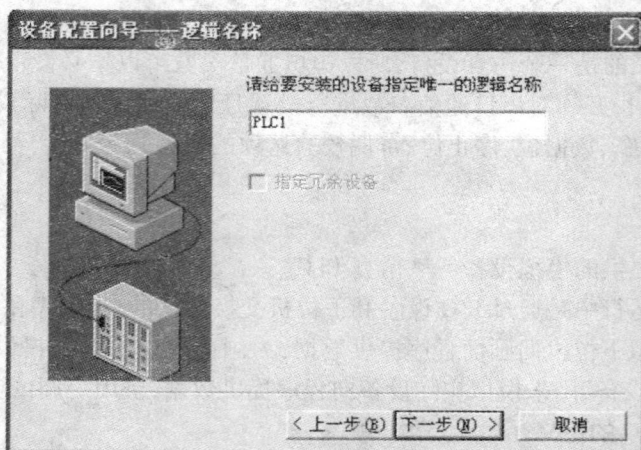

图 2-3　输入逻辑名称

3.继续单击"下一步"按钮,则弹出"设备配置向导——选择串口号"对话框,在下拉式列表框中列出了 32 个串口设备(COM1 ~ COM32)供用户选择,例如从下拉式列表框中选中 COM2 串口。

注意:标准的计算机都有两个串口,所以此处作为一种固定显示形式,这种形式并不表示组态王只支持 COM1 、COM2,也不表示组态王计算机上肯定有两个串口;并且"设备"项下面也不会显示计算机中实际的串口数目,用户通过设备定义向导选择实际设备所连接的 PC 串口即可。这里定义的串口是虚拟的,实际仿真 PLC 设备并不使用计算机的 COM 口,而且 COM 口也不需要配置。

4.继续单击"下一步"按钮,则弹出"设备配置向导——设备地址设置指南"对话框,如图 2-4 所示。在编辑框中输入仿真 PLC 设备的地址(在连接现场设备时,设备地址处填写的地址要和实际设备地址完全一致)。

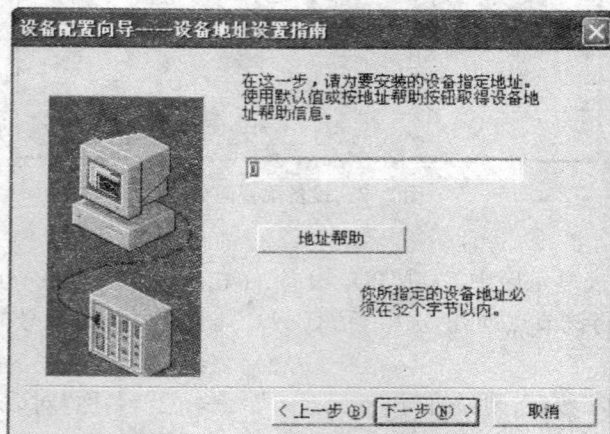

图 2-4　设备地址设置

注意： 组态王对所支持的设备及软件都提供了相应的联机帮助，指导用户进行设备的定义，用户在实际定义相关的设备时点击图2-4中所显示的"地址帮助"按钮即可获取相关帮助信息。

5. 继续单击"下一步"按钮，则弹出"通信参数"对话框，如图2-5所示。

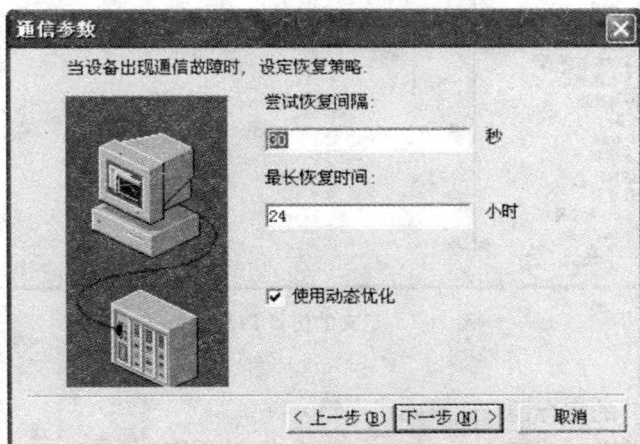

图2-5　通信参数设置

6. 继续单击"下一步"按钮，则弹出"设备安装向导——信息总结"对话框，如图2-6所示，单击"完成"按钮，则设备安装完毕，单击"上一步"，可返回上一次操作进行修改。

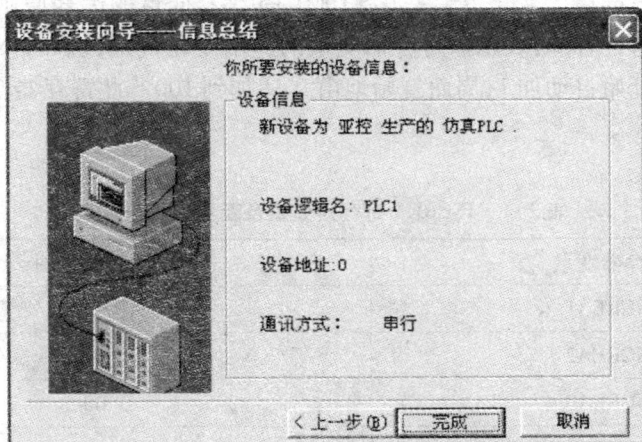

图2-6　信息总结

仿真PLC设备安装完毕后，可在工程浏览器进行查看，选择大纲项设备下的成员名COM2，则在右边的目录内容显示区显示已安装的设备，如图2-7所示。

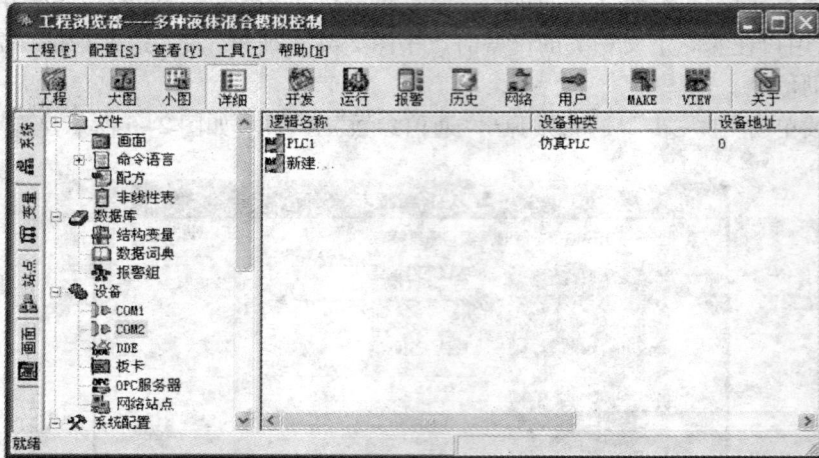

图 2-7　定义的仿真 PLC 设备

（二）仿真 PLC 的寄存器

仿真 PLC 提供六种类型的内部寄存器变量：INCREA、DECREA、RADOM、STATIC、STRING、CommErr。其中 INCREA、DECREA、RADOM、STATIC 寄存器变量的编号从 1～1000，变量的数据类型均为整型（即 SHORT）；STRING 寄存器变量的编号从 1～2。对这六类寄存器变量使用介绍如下。

1. 自动加 1 寄存器 INCREA。

该寄存器变量的最大变化范围是 0～1000，寄存器变量的编号原则是在寄存器名后加上整数值，此整数值同时表示该寄存器变量的递增变化范围，例如，INCREA100 表示该寄存器变量从 0 开始自动加 1，周而复始地由 0 递加到 100。此寄存器变量的编号及变化范围如表 2-1 所示。

表 2-1　INCREA 寄存器变量及变化范围一览表

寄存器变量	变化范围
INCREA1	0～1
INCREA2	0～2
INCREA3	0～3
⋮	⋮
INCREA1000	0～1000

2. 自动减 1 寄存器 DECREA。

该寄存器变量的最大变化范围是 0～1000，寄存器变量的编号原则是在寄存器名后加上整数值，此整数值同时表示该寄存器变量的递减变化范围，例如，DECREA100 表示该寄存器变量从 100 开始自动减 1,周而复始地由 100 递减到 0。此寄存器变量的编号及变化范围如表 2-2 所示。

表 2-2　DECREA 寄存器变量及变化范围一览表

寄存器变量	变化范围
DECREA1	0 ~ 1
DECREA2	0 ~ 2
DECREA3	0 ~ 3
⋮	⋮
DECREA1000	0 ~ 1000

3. 静态寄存器 STATIC。

该寄存器变量是一个静态变量,可保存用户下发的数据,当用户写入数据后就保存下来,并可供用户读出,直到用户再一次写入新的数据,此寄存器变量的编号原则是在寄存器名后加上整数值,此整数值同时表示该寄存器变量能存储的最大数据范围,例如,STATIC100 表示该寄存器变量能接收 0 ~ 100 中的任意一个整数。此寄存器变量的编号及接收数据范围如表 2-3 所示。

表 2-3　STATIC 寄存器变量及变化范围一览表

寄存器变量	变化范围
STATIC1	0 ~ 1
STATIC2	0 ~ 2
STATIC3	0 ~ 3
⋮	⋮
STATIC1000	0 ~ 1000

4. 随机寄存器 RADOM。

该寄存器变量的值是一个随机值,可供用户读出。此变量是一个只读型,用户写入的数据无效。此寄存器变量的编号原则是在寄存器名后加上整数值,此整数值同时表示该寄存器变量产生数据的最大范围,例如,RADOM100 表示随机值的范围是 0 ~ 100,寄存器的值在 0 到 100 之间随机地变动。此寄存器变量的编号及随机值的范围如表 2-4 所示。

表2-4　RADOM 寄存器变量及变化范围一览表

寄存器变量	变化范围
RADOM1	0 ~ 1
RADOM2	0 ~ 2
RADOM3	0 ~ 3
⋮	⋮
RADOM1000	0 ~ 1000

5. STRING 寄存器。

该寄存器变量的值是一字符串,只读类型。该寄存器的编号范围为 1 ~ 2。字符串值形式为"hello:数字-数字","数字"值自动加1。

6. CommErr 寄存器。

该寄存器变量为可读写的离散变量,用来表示组态王与设备之间的通讯状态。CommErr = 0 表示通讯正常,CommErr = 1 表示通讯故障。用户通过控制 CommErr 寄存器状态来控制运行系统与仿真 PLC 通讯,将 CommErr 寄存器置为打开状态时中断通讯,置为关闭状态后恢复运行系统与仿真 PLC 之间的通讯。

（三）仿真 PLC 使用举例

下面以对常量寄存器 STATIC100 读写操作为例来说明如何使用仿真 PLC 设备。

1. 参照前面仿真 PLC 的定义所将内容进行 PLC 定义,假定定义以后的设备信息如图 2-6 所示。

2. 定义一个 I/O 型变量 old_static,用于读写常量寄存器 STATIC100 中的数据,示意如图 2-8 所示。

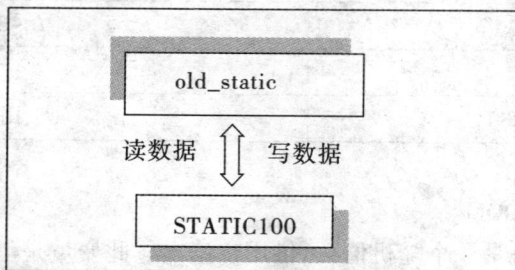

图 2-8　读写常量寄存器示意

定义变量 old_static 的过程如下：

在工程浏览器中,从左边的工程目录显示区中选择大纲项数据库下的成员数据词典,然后在右边的目录内容显示区中用左键双击"新建"图标,弹出"定义变量"对话框,如图 2-9 所示。

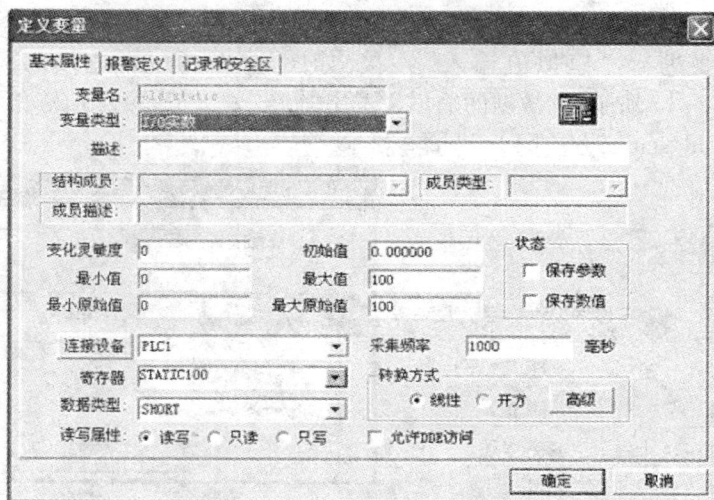

图 2-9　定义变量

在此对话框中,变量名定义为 old_static,变量类型为 I/O 实数,连接设备选择 PLC1,寄存器定为 STATIC100,寄存器的数据类型定为 SHORT,读写属性为读写(根据寄存器类型定义),其他的定义见对话框,单击"确定"按钮,则 old_static 变量定义结束。

⚠️注意:对于不同的外围设备,有不同的寄存器类型,每种寄存器类型又可分为只读、只写、读写三种属性,在使用时要根据需要进行相应选择。

3. 制作画面。

在工程浏览器中,单击菜单命令"工程\切换到 Make",进入到组态王开发系统,制作的画面如图 2-10 所示。

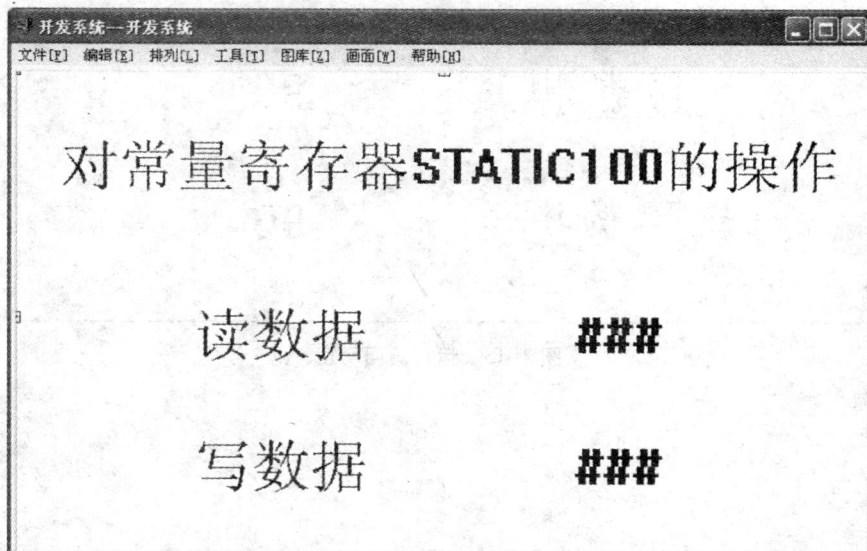

图 2-10　定义动画连接

　　对读数据和写数据的两个输出文本串"###"分别进行动画连接。其中写数据的输出文本串"###"要进行"模拟值输入"连接,如图 2-11 所示,连接的表达式是变量 old_static,如图 2-12 所示;读数据的输出文本串"###"要进行"模拟值输出"连接,连接的表达式是变量 old_static,方法同上(图略)。

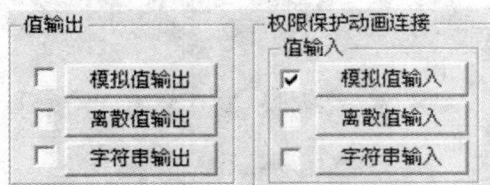

图 2-11　模拟值输入连接

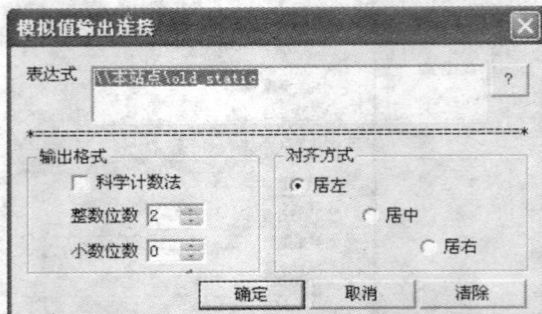

图 2-12　模拟值输出连接

4. 运行画面程序。

　　运行组态王运行程序,打开画面,如图 2-13 所示。对常量寄存器 STATIC100 写入数据 90,则可看到读出的数据值也是 90。

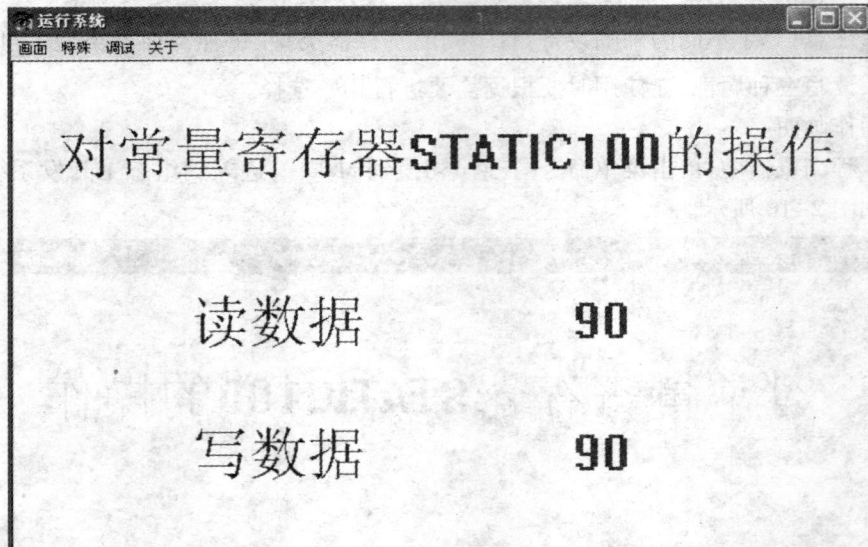

图 2-13　运行画面示意

任务3　变量的生成与组态

一、任务实施

(一)定义新变量

对于将要建立的演示工程,需要从下位机采集原料液体液位、添加剂液位和成品液体液位,所以需要在数据库中定义这三个变量。因为这些数据是通过驱动程序采集来的,所以三个变量的类型都是 I/O 实型变量。变量定义方法及步骤如下。

在工程浏览器树型目录中选择"数据词典",在右侧双击"新建"图标,弹出"定义变量"对话框,如图 2-14 所示。

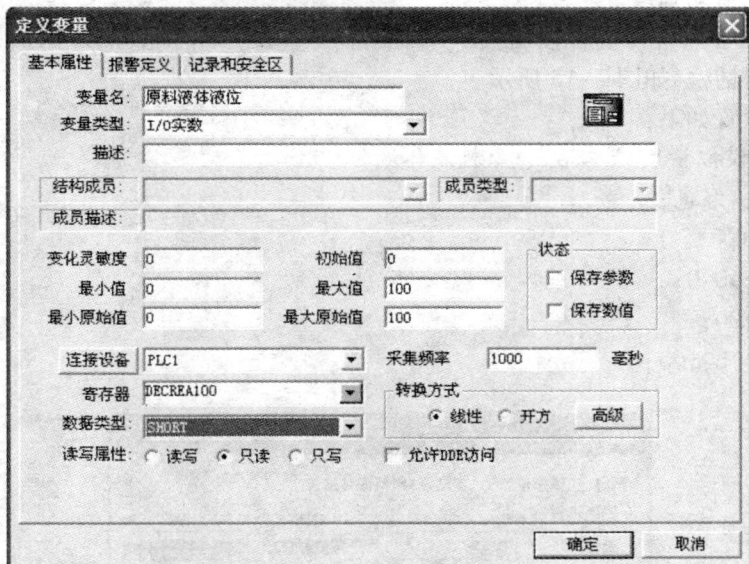

图 2-14　定义变量

在对话框中添加变量,内容设置如下(或如图 2-14 所示):

变量名:原料液体液位;

变量类型:I/O 实数;

变化灵敏度:0;

初始值:0;

最小值:0;

最大值:100;

最小原始值:0;

最大原始值:100;

转换方式:线性;

连接设备：PLC1；

寄存器：DECREA100；

数据类型：SHORT；

采集频率：1000 毫秒；

读写属性：只读。

设置完成后单击"确定"。

用类似的方法建立另外两个变量：添加剂液体液位和成品液体液位。

此外，由于演示工程的需要，还须建立三个离散型内存变量：原料出料阀、添加剂出料阀和成品出料阀，方法同上。

(二)建立动画连接

所谓"动画连接"就是建立画面的图素与数据库变量的对应关系。

1. 液位示值动画设置。

(1)打开"多种液体混合控制演示"画面，在画面上双击"原料罐"图形，弹出该图库的动画连接对话框，如图 2-15 所示。

对话框设置如下：

变量名(模拟量)：\\本站点\原料液体液位；

填充颜色：绿色；

最小值：0；

占据百分比：0；

最大值：100；

占据百分比：100。

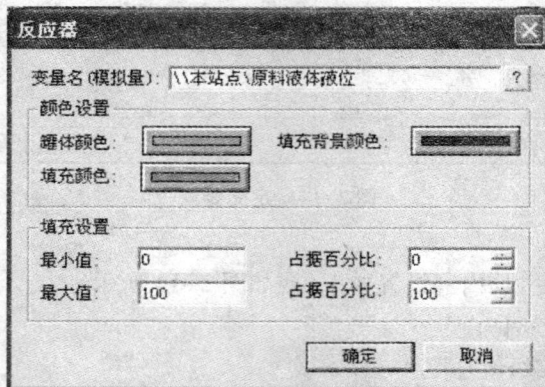

图 2-15 原料罐动画连接

(2)单击"确定"按钮，完成原料罐的动画连接。这样建立连接后原料罐液位的高度随着变量"原料液体液位"的值变化而变化。

用同样的方法设置添加剂罐和混合反应罐的动画连接，连接变量分别为\\本站点\添加剂液体液位和\\本站点\成品液体液位。

作为一个实际可用的监控程序,操作者可能需要知道罐液面的准确高度而不仅是形象的表示,这个功能由"模拟值动画连接"来实现。

(3)在工具箱中选择文本 **T** 工具,在原料罐旁边输入字符串"####"。这个字符串是任意的,当工程运行时,字符串的内容将被您需要输出的模拟值所取代。

(4)双击文本对象"####",弹出动画连接对话框,在此对话框中选择"模拟量输出"选项,弹出模拟量输出动画连接对话框,如图2-16所示。

对话框设置如下:

表达式:\\本站点\原料液体液位;

整数位数:2;

小数位数:0;

对齐方式:居左。

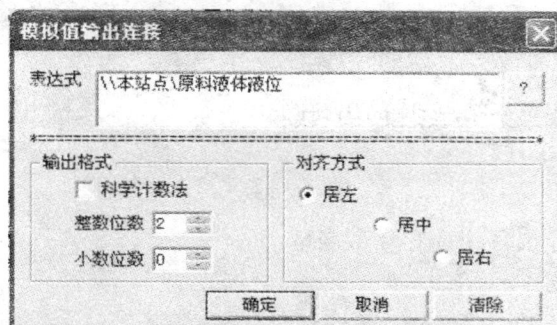

图2-16　原料液体液位模拟值输出连接

(5)单击"确定"按钮完成动画连接的设置。当系统处于运行状态时在文本框"####"中将显示原料罐的实际液位值。

用同样方法设置添加剂罐和混合反应罐动画连接,连接变量分别为\\本站点\添加剂液体液位和\\本站点\成品液体液位。

2.阀门动画设置。

(1)在画面上双击"原料出料阀"图形,弹出该图库对象的动画连接对话框,如图2-17所示。

对话框设置如下:

变量名(离散量):\\本站点\原料出料阀;

关闭时颜色:红色;

打开时颜色:绿色。

(2)单击"确定"按钮后原料出料阀动画设置完毕,当系统进入运行环境时鼠标单击此阀门,其变成绿色,表示阀门已被打开,再次单击关闭阀门,从而达到了控制阀门的目的。

(3)用同样方法设置催化剂出料阀和成品出料阀的动画连接,连接变量分别为\\本

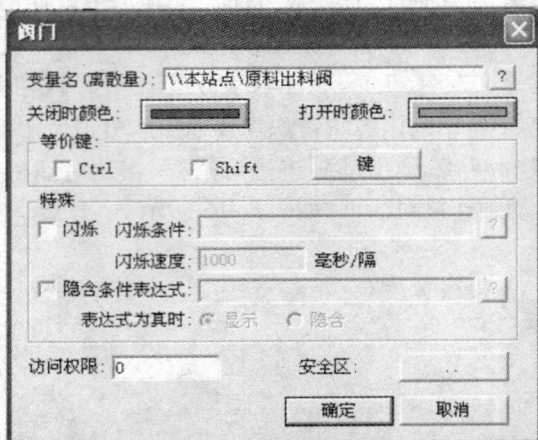

图 2-17　阀门动画设置

站点\添加剂出料阀和\\本站点\成品出料阀。

3. 液体流动动画设置。

方法 1

(1) 数据词典中定义一个内存整型变量:

变量名:控制水流;

变量类型:内存整型;

初始值:0;

最小值:0;

最大值:100。

(2) 选择工具箱中的"立体管道"工具,在画面上画一管道,如图 2-18 所示。

图 2-18　画一管道

(3) 在画面上双击管道弹出动画连接对话框,在对话框中单击"流动"选项,弹出"管道流动连接"对话框,如图 2-19 所示。

对话框设置如下:

流动条件:\\本站点\控制水流。

单击"确定"按钮完成动画连接的设置。

(4) 在"表达式"中连接的\\本站点\控制水流变量是一个内存变量,在画面上放一文本,双击该文本,在弹出的动画连接对话框中选择"模拟值输出"按钮,弹出"管道模拟值输出连接"对话框,点击"?"选择控制水流变量,如图 2-20 所示。

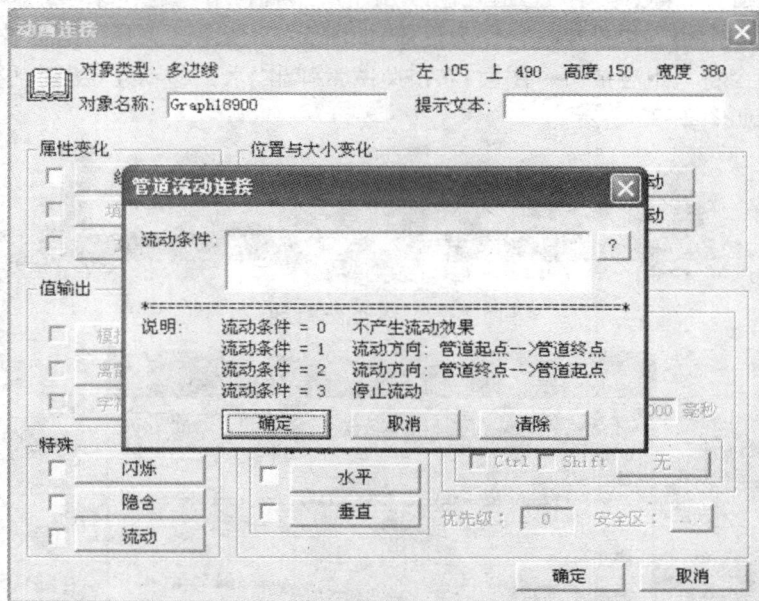

图2-19　管道流动对话连接

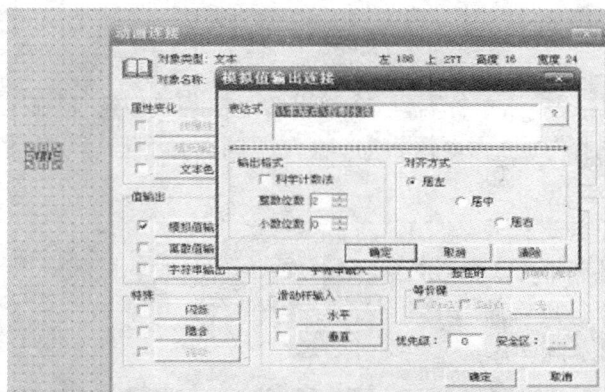

图2-20　管道模拟值输出连接

同样把模拟值输入也连接上,单击"确定"按钮完成文本动画连接的设置。

(5)全部保存,切换到运行画面。修改文本的值,可以看到管道中水流的效果,如图2-21所示。

图2-21　管道中水流的效果

方法2

重复方法1的(1)、(2)步骤,然后选择工具箱中的"矩形"工具,在管道上画一个小方块,宽度与管道相匹配(最好与管道颜色区分开),然后利用"编辑"菜单中的"拷贝"、"粘贴"命令复制多个小方块排成一行作为液体,如图 2-22 所示。选择所有方块,使用"合成组合图素"命令将其组合成一个图素,右击此图素弹出"水平移动连接"对话框,进行相应参数的设置,如图 2-23 所示。

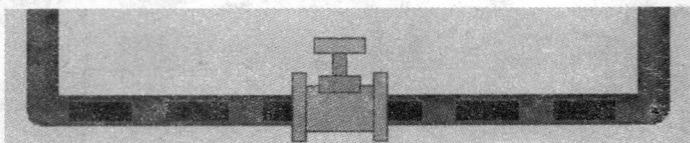

图 2-22　移动液体绘制

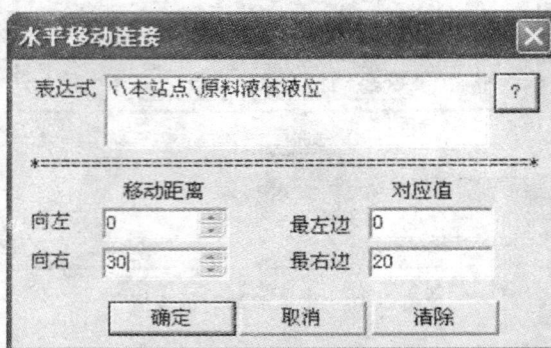

图 2-23　水平移动连接

在画面的任意位置单击鼠标右键,在弹出的下拉菜单中选择"画面属性"命令,在"画面属性"对话框中选择"画面命令语言"选项,在"画面命令语言"对话框中输入如下命令语言(如图 2-24 所示):

if(\\本站点\原料出料阀==1)

\\本站点\控制水流=\\本站点\控制水流+5;

if(\\本站点\原料出料阀>20)

\\本站点\控制水流=0;

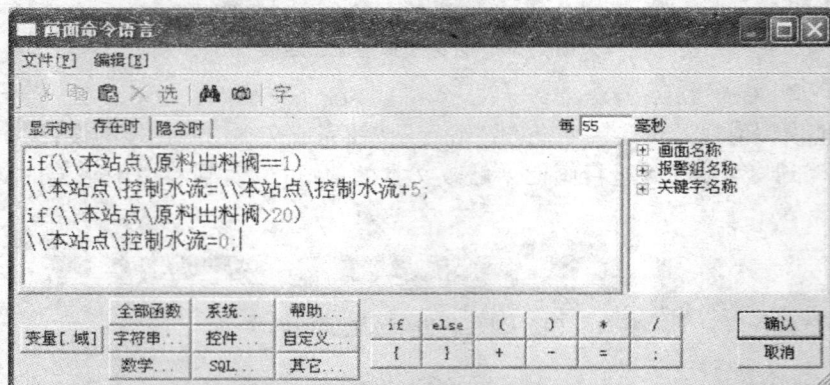

图 2-24　水流效果命令语言

单击"确认"按钮关闭对话框,全部保存,切换到运行画面。

⚠ **注意:**在方法1中定义的"控制水流"变量是一个内存变量,在运行状态下如果不改变其值的话,它的值永远为初始值(即0),为了改变其数值,使变量能够实现控制液体流动的效果,可使用命令语言改变数值的方法。

方法3

如果说想让阀门和对应的管道建立一种对应关系,即按下原料出料阀时,能看到相应液体流动的效果,可以在画面上双击管道弹出动画连接对话框,在对话框中单击"流动"选项,弹出管道流动连接设置对话框,对话框设置如下:

流动条件:\\本站点\原料出料阀。

单击"确定"按钮完成动画连接的设置。

同样方法完成添加剂阀门连接管道和成品出料阀连接管道的管道流动动画连接设置。全部保存,切换到运行画面。点击相应阀门时,就可以看到对应管道中水流的效果。

⚠ **注意:**用方法3时,必须注意在画相对应管道时,搞清楚管道的起点和终点。因为我们在建立对应阀门变量时,选取的数据类型为内存离散型变量,仅有0和1两种状态,改变不了水流方向。如何设置能接近实际,请大家自行摸索。

(二)动画模拟演示

按照以上步骤完成各项任务后,全部保存,然后切换到View(画面运行系统),进行模拟演示,如图2-25所示。

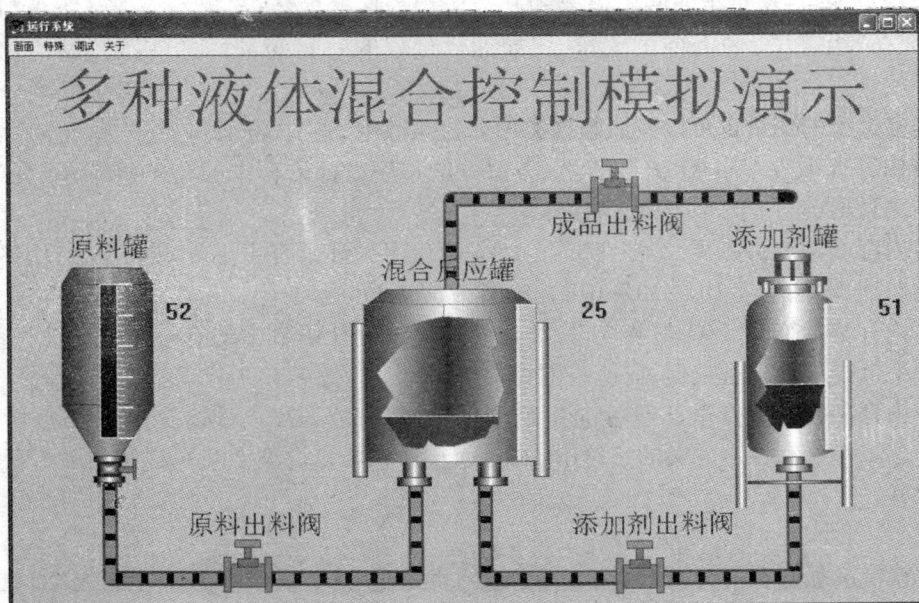

图2-25　动画模拟演示图

二、相关知识

（一）构建数据库

1. 数据库的作用（详细内容可参考组态王设备帮助）。

数据库是"组态王软件"最核心的部分。在 TouchView 运行时，工业现场的生产状况要以动画的形式反映在屏幕上，操作者在计算机前发布的指令也要迅速送达生产现场，所有这一切都是以实时数据库为核心的，所以说数据库是联系上位机和下位机的桥梁。

数据库中变量的集合形象地称为"数据词典"，数据词典记录了所有用户可使用的数据变量的详细信息。

2. 数据词典中变量的类型。

数据词典中存放的是应用工程中定义的变量以及系统变量。变量可以分为基本类型和特殊类型两大类，基本类型的变量又分为 I/O 变量和内存变量两种。

（1）基本类型变量。

1）I/O 变量：这是指可与外部数据采集程序直接进行数据交换的变量，如下位机数据采集设备（如 PLC、仪表等）或其他应用程序（如 DDE、OPC 服务器等）。这种数据交换是双向的、动态的，也就是说：在"组态王"系统运行过程中，每当 I/O 变量的值改变时，该值就会自动写入下位机或其他应用程序；每当下位机或应用程序中的值改变时，"组态王"系统中的变量值也会自动更新。所以，那些从下位机采集来的数据、发送给下位机的指令，比如"反应罐液位"、"电源开关"等变量，都需要设置成"I/O 变量"。

2）内存变量：这是指那些不需要和其他应用程序交换数据，也不需要从下位机得到数据，只在"组态王"内需要的变量，比如计算过程的中间变量，就可以设置成"内存变量"。

基本类型的变量也可以按照数据类型分为离散型、实型、整型和字符串型。

1）内存离散变量、I/O 离散变量：类似一般程序设计语言中的布尔（BOOL）变量，只有 0、1 两种取值，用于表示一些开关量。

2）内存实型变量、I/O 实型变量：类似一般程序设计语言中的浮点型变量，用于表示浮点数据，取值范围为 10E-38 ~ 10E+38，有效值 7 位。

3）内存整数变量、I/O 整数变量：类似一般程序设计语言中的有符号长整数型变量，用于表示带符号的整型数据，取值范围为 2147483648 ~ 2147483647。

4）内存字符串型变量、I/O 字符串型变量：类似一般程序设计语言中的字符串变量，可用于记录一些有特定含义的字符串，如名称、密码等，该类型变量可以进行比较运算和赋值运算。

（2）特殊类型变量。

特殊变量类型有报警窗口变量、历史趋势曲线变量、系统预设变量三种。这几种特殊类型的变量正是体现了"组态王"系统面向工控软件、自动生成人机接口的特色。

1）报警窗口变量：这是工程人员在制作画面时通过定义报警窗口生成的，在报警窗口定义对话框中有一选项为"报警窗口名"，工程人员在此处键入的内容即为报警窗口变量。此变量在数据词典中是找不到的，是组态王内部定义的特殊变量。可用命令语言编制程序来设置或改变报警窗口的一些特性,如改变报警组名或优先级、在窗口内上下翻页等。

2)历史趋势曲线变量:这是工程人员在制作画面时通过定义历史趋势曲线时生成的,在历史趋势曲线定义对话框中有一选项为"历史趋势曲线名",工程人员在此处键入的内容即为历史趋势曲线变量(区分大小写)。此变量在数据词典中是找不到的,是组态王内部定义的特殊变量。工程人员可用命令语言编制程序来设置或改变历史趋势曲线的一些特性,如改变历史趋势曲线的起始时间或显示的时间长度等。

3)系统预设变量:预设变量中有以下 8 个时间变量是系统已经在数据库中定义的,用户可以直接使用。

$年:返回系统当前日期的年份。

$月:返回 1 到 12 之间的整数,表示当前日期的月份。

$日:返回 1 到 31 之间的整数,表示当前日期的日。

$时:返回 0 到 23 之间的整数,表示当前时间的时。

$分:返回 0 到 59 之间的整数,表示当前时间的分。

$秒:返回 0 到 59 之间的整数,表示当前时间的秒。

$日期:返回系统当前日期字符串。

$时间:返回系统当前时间字符串。

以上变量由系统自动更新,工程人员只能读取时间变量,而不能改变它们的值。

另外,还有以下预设变量。

$用户名:在程序运行时记录当前登录的用户的名字。

$访问权限:在程序运行时记录当前登录的用户的访问权限。

$启动历史记录:表明历史记录是否启动(1=启动,0=未启动)。工程人员在开发程序时,可通过按钮弹起命令预先设置该变量为1;在程序运行时可由用户控制,按下按钮启动历史记录。

$启动报警记录:表明报警记录是否启动(1=启动,0=未启动)。工程人员在开发程序时,可通过按钮弹起命令预先设置该变量为1;在程序运行时可由工程人员控制,按下按钮启动报警记录。

$新报警:每当报警发生时,"$新报警"被系统自动设置为1。由工程人员负责把该值恢复到0。工程人员在开发程序时,可通过数据变化命令语言设置,当报警发生时,产生声音报警(用 PlaySound( )函数);在程序运行时可由工程人员控制,听到报警后,将该变量置0,确认报警。

$启动后台命令:表明后台命令是否启动(1=启动,0=未启动)。工程人员在开发程序时,可通过按钮弹起命令预先设置该变量为1;在程序运行时可由工程人员控制,按下按钮启动后台命令。

$双机热备状态:表明双机热备中主从计算机所处的状态。整型(1=主机工作正常,2=主机工作不正常,-1=从机工作正常,-2=从机工作不正常,0=无双机热备)主从机初始工作状态是由组态王中的网络配置决定的。该变量的值只能由主机进行修改,从机只能进行监视,不能修改该变量的值。

　　$毫秒:返回当前系统的毫秒数。(6.51 版本中暂不支持)

　　$网络状态:用户通过引用网络上计算机的 $网络状态的变量得到网络通信的状态。显示的数据是从 0 到 5 的数据,0 代表人为地将网络中断,1 到 4 代表网络在通过可能存在的 4 块网卡中的某一块进行通讯,5 代表通讯故障。当此数字为 1 到 5 时用户只能将此数字改为 0,中断网络通信,其他的数字,变量不接受。但此数字为 0 时,用户任意输入数据,寄存器的数值将变成 5,网络通信进入尝试恢复的状态。

　　(3)变量基本属性说明。

　　1)变化灵敏度:数据类型为实数型或整数型时此项有效,只有当该数据变量的值变化幅度超过设置的"变化灵敏度"时,组态王才更新与之相连接的图素(缺省为 0)。

　　2)保存参数:选择此项后,在系统运行时,如果您修改了此变量的域值(可读可写型),系统将自动保存修改后的域值。当系统退出后再次启动时,变量的域值保持为最后一次修改的域值,无需用户再去重新设置。

　　3)保存数值:选择此项后,在系统运行时,当变量的值发生变化后,系统将自动保存该值。当系统退出后再次启动时,变量的值保持为最后一次变化的值。

　　4)最小原始值:针对 I/O 整型、实型变量,为组态王直接从外部设备中读取到的最小值。

　　5)最大原始值:针对 I/O 整型、实型变量,为组态王直接从外部设备中读取到的最大值。

　　6)最小值:用于在组态王中将读取到的原始值转化为具有实际工程意义的工程值,并在画面中显示,与最小原始值对应。

　　7)最大值:用于在组态王中将读取到的原始值转化为具有实际工程意义的工程值,并在画面中显示,与最大原始值对应。

　　最小原始值、最大原始值和最小值、最大值这四个数值是用来确定原始值与工程值之间的转换比例(当最小值和最小原始值一样,最大值和最大原始值一样时,组态王中显示的值和外部设备中对应寄存器的值一样)。原始值到工程值之间的转换方式有线性和平方根两种,线性方式是把最小原始值到最大原始值之间的原始值,线性转换到最小值至最大值之间。

　　工程中比较常用的转换方式是线性转换,下面将以具体的实例进行讲解。

　　🔑示例:以 ISA 板卡的模拟量输入信号(AD)为例进行讲解。

　　最小原始值、最大原始值为组态王 ISA 总线上获取到模拟信号转换值。当板卡的 A/D 转换分辨率为 12 位时,经过板卡的 AD 转换器传送到 ISA 总线上的二进制数据为 0～4095。所以最小原始值定为 0,最大原始值为 4095,如果用户希望在画面中显示板卡模拟通道实际输入的电压,则可以将最小值和最大值分别定义为板卡该通道的允许电压和电流的输入范围,例如板卡输入范围 0～5 V,则最大值是 5,最小值是 0。

　　8)数据类型:只对 I/O 类型的变量起作用,共有 9 种类型。

bit:1 位;范围是 0 或 1。

Byte:8 位,1 个字节;范围是 0～55。

SHORT：2 个字节；范围是−32768 ~ 32767。

UNSHORT：16 位，2 个字节；范围是 0 ~ 65535。

BCD：16 位，2 个字节；范围是 0 ~ 9999。

LONG：32 位 ，4 个字节 ；范围是−2147483648 ~ 2147483647。

LONGBCD：32 位，4 个字节；范围是 0 ~ 4294967295。

FLOAT：32 位，4 个字节；范围是 10E−38 ~ 10E38，有效位 7 位。

String：128 个字符长度。

（二）进行动画连接

1. 动画连接的作用。

所谓"动画连接"就是建立画面的图素与数据库变量的对应关系。

组态过程其实就是"动画连接"过程。所谓"动画连接"就是建立一种画面图素与数据库变量的对应关系，当变量的值改变时，在画面上以画面图素的动画效果表示出来，或者由软件使用者通过图形对象改变数据变量的值。组态王软件提供了 21 种动画连接方式，如表 2−5 所示。

表 2−5　动画连接方式

动画连接对象	动画连接方式选择
属性变化	线属性变化、填充属性变化、文本色变化
位置与大小变化	填充、缩放、旋转、水平移动、垂直移动
值输出	模拟值输出、离散值输出、字符串输出
值输入	模拟值输入、离散值输入、字符串输入
特殊	闪烁、隐含、流动（仅适用于立体管道）
滑动杆输入	水平、垂直
命令语言	按下时、弹起时、按住时

一个图形对象可以同时定义多个连接，组合成复杂的效果，以便满足实际中任意的动画显示需要。

2. 动画属性介绍。

（1）隐含连接。隐含连接是使被连接对象根据条件表达式的值而显示或隐含。建立一个表示危险状态的文本对象"液位过高"，使其能够在变量"液位"的值大于 100 时显示出来。图 2−26 是在组态王开发系统中的设计状态。

双击红色的圆圈，在"动画连接"对话框中单击"隐含"按钮，弹出"隐含连接"对话框（如图 2−27 所示）。输入显示或隐含的条件表达式，单击"?"可以查看已定义的变量名和变量域，选择当条件表达式的值为 1（TRUE）时被连接对象是显示还是隐含。

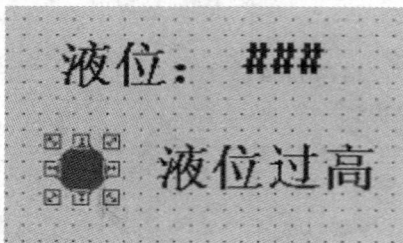

图 2-26　隐含连接画面示意图

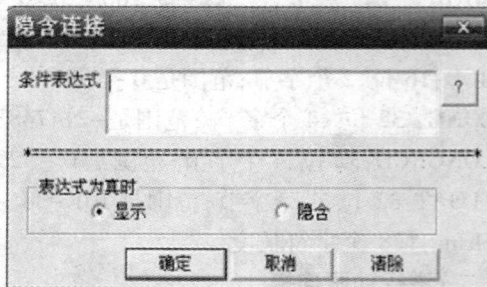

图 2-27　"隐含连接"对话框

（2）闪烁连接。闪烁连接是使被连接对象在条件表达式的值为真时闪烁。闪烁效果易于引起注意，故常用于出现非正常状态时的报警。

建立一个表示报警状态的红色圆形对象，使其能够在变量"液位"的值大于 100 时闪烁。图 2-28 是在组态王开发系统中的设计状态。运行中当变量"液位"的值大于 100 时，红色对象开始闪烁。

闪烁连接的设置方法是：在"动画连接"对话框中单击"闪烁"按钮，弹出对话框（如图 2-29 所示），输入闪烁的条件表达式，当此条件表达式的值为真时，图形对象开始闪烁；表达式的值为假时闪烁自动停止。单击"?"按钮可以查看已定义的变量名和变量域。

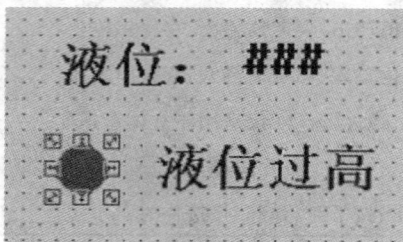

图 2-28　闪烁连接画面示意图

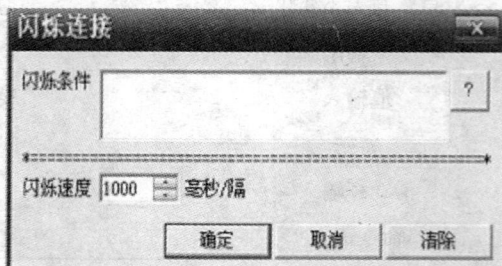

图 2-29　"闪烁连接"对话框

（3）缩放连接。缩放连接是使被连接对象的大小随连接表达式的值而变化，比如建立一个温度计，用一矩形表示水银柱（将其设置"缩放连接"动画连接属性），以反映变量"温度"的变化。在"动画连接"对话框中单击"缩放连接"按钮，弹出"缩放连接"对话框，如图 2-30 所示。

在表达式编辑框内输入合法的连接表达式，单击"?"按钮可以查看已定义的变量名和变量域。

表达式：\\本站点\温度。

最小时：对应值为 0，占据百分比为 0。

最大时：对应值为 100，占据百分比为 100。

选择缩放变化的方向。变化方向共有五种，用"方向选择"按钮旁边的指示器来形象

图 2-30　"缩放连接"对话框

地表示。箭头是变化的方向,蓝点是参考点。单击"方向选择"按钮,可选择五种变化方向之一。单击"确定",保存,切换到运行画面,可以看到温度计的缩放效果。

(4)旋转连接。旋转连接是使对象在画面中的位置随连接表达式的值而旋转。比如图 2-31 建立了一个有指针仪表,以指针旋转的角度表示变量"泵速"的变化。

在"动画连接"对话框中单击"旋转连接"按钮,弹出对话框,如图 2-32 所示。在编辑框内输入合法的连接表达式,单击"?"按钮可以查看已定义的变量名和变量域。

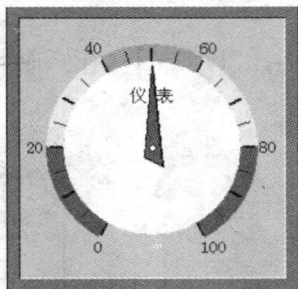

图 2-31　指针仪表

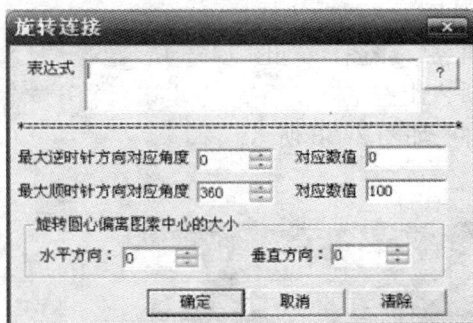

图 2-32　"旋转连接"对话框

表达式:\\本站点\泵速。

最大逆时针方向对应角度:0;对应数值:0。

最大顺时针方向对应角度:360;对应数值:100。

单击"确定"按钮,保存,切换到运行画面查看仪表的旋转情况。

(5)水平滑动杆输入连接。图 2-33 建立了一个用于改变变量"泵速"值的水平滑动杆。

在"动画连接"对话框中单击"水平滑动杆输入"按钮,弹出对话框,如图 2-34 所示。输入与图形对象相联系的变量,单击"?"可以查看已定义的变量名和变量域。

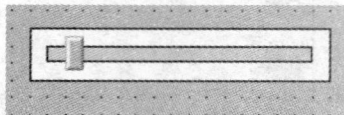

图2-33 水平滑动杆

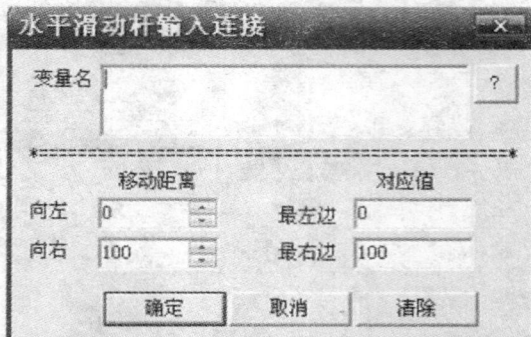

图2-34 "水平滑动竿输入连接"对话框

变量名：\\本站点\泵速。

移动距离：向左为0，向右为100。

对应值：最左边为0，最右边为100。

单击"确定"按钮，保存，切换到运行画面。当有滑动杆输入连接的图形对象被鼠标拖动时，与之连接的变量的值将会被改变。当变量的值改变时，图形对象的位置也会发生变化。

用同样的方法可以设置垂直滑动杆的动画连接。

3. 点位图。

（1）准备一张图片，如图2-35所示。

（2）进入组态王开发系统，单击工具箱中"点位图"图标，移动鼠标，在画面上画出一个矩形方框，如图2-36所示。

图2-35 备用图片

图2-36 点位图图框绘制

（3）选中该点位图对象，单击鼠标右键，弹出浮动式菜单，如图2-37所示。

（4）选择"从文件中加载"命令即可将事先准备好的图片粘贴过来，如图2-38所示。

图 2-37　点位图加载图片菜单示意

图 2-38　加载图片后的点位图示意

任务4　系统功能扩展

（一）定义热键

在实际的工业现场，为了操作的需要可能需要定义一些热键，当某键被按下时使系统执行相应的控制命令，例如当按下 F1 键时，使原料出料阀被开启或关闭。这可以使用命令语言的一种热键命令语言来实现。

1. 在工程浏览器左侧的"工程目录显示区"内选择"命令语言"下的"热键命令语言"选项，双击"目录内容显示区"的新建图标弹出"热键命令语言"对话框，如图 2-39 所示。

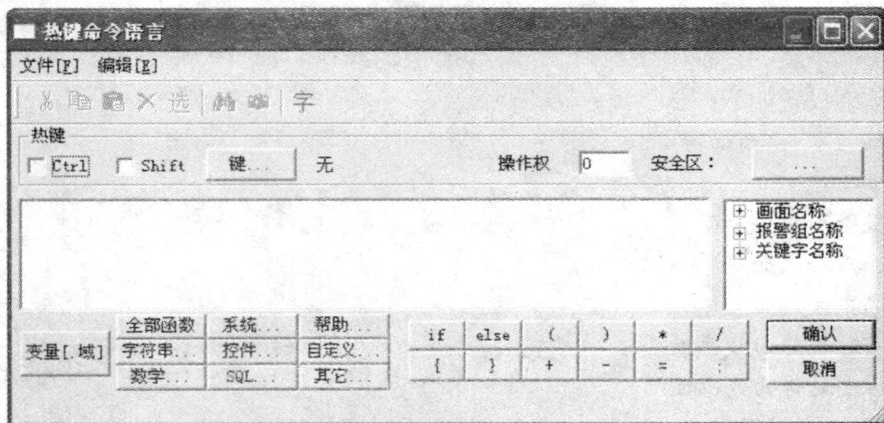
图 2-39　"热键命令语言"对话框

2. 在对话框中单击"键"按钮，在弹出的"选择键"对话框中选择"F1"键后关闭对话框。

3. 在命令语言编辑区中输入如下命令语言：

if(\\本站点\原料出料阀 ＝ ＝ 1)

\\本站点\原料出料阀 = 0；

else

\\本站点\原料出料阀 = 1；

4．单击"确认"按钮关闭对话框。当系统进入运行状态时，按下"F1"键执行上述命令语言：首先判断原料油出料阀的当前状态，如果是开启的则将其关闭，否则将其打开，从而实现按钮开和关的切换功能。

（二）实现画面切换功能

利用系统提供的"菜单"工具和 ShowPicture（）函数能够实现在主画面中切换到其他任一画面的功能。具体操作如下。

1．选择工具箱中的圖工具，将鼠标放到监控画面的任一位置并按住鼠标左键画一个按钮大小的菜单对象，双击弹出"菜单定义"对话框，如图 2-40 所示。

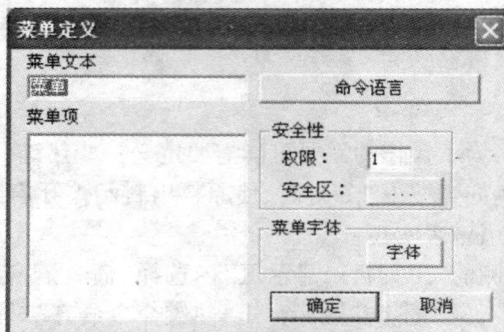

图 2-40 "菜单定义"对话框

对话框设置如下：

菜单文本：画面切换

菜单项：

报警和事件画面

报警画面

事件画面

实时趋势曲线画面

历史趋势曲线画面

XY 控件画面

日历控件画面

实时数据报表画面

实时数据报表查询画面

历史数据报表画面

1 分钟数据报表画面

数据库操作画面

注意："菜单项"的输入方法为：在"菜单项"编辑区中单击鼠标右键，在弹出的下拉菜单中执行"新建项"命令即可编辑菜单项。菜单项中的画面是在工程后面建立的。

2. 菜单项输入完毕后单击"命令语言"按钮，弹出命令语言编辑框，在编辑框中输入如下命令语言，如图 2-41 所示。

if(MenuIndex = =0&&ChildMenuIndex = =0) ShowPicture("报警画面");
if(MenuIndex = =0&&ChildMenuIndex = =1) ShowPicture("事件画面");
if(MenuIndex = =1) ShowPicture("实时趋势曲线画面");
if(MenuIndex = =2) ShowPicture("历史趋势曲线画面");
if(MenuIndex = =3) ShowPicture("XY 控件画面");
if(MenuIndex = =4) ShowPicture("日历控件画面");
if(MenuIndex = =5) ShowPicture("实时数据报表画面");
if(MenuIndex = =6) ShowPicture("实时数据报表查询画面");
if(MenuIndex = =7) ShowPicture("历史数据报表画面");
if(MenuIndex = =8&&ChildMenuIndex = =0) ShowPicture("1 分钟数据报表画面");
if(MenuIndex = =9) ShowPicture("数据库操作画面");

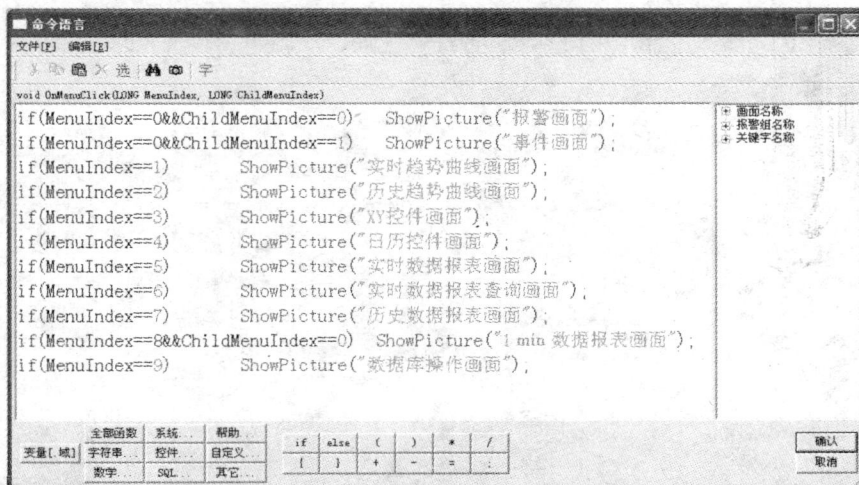

图 2-41 菜单画面切换命令语言输入

3. 单击"确认"按钮关闭对话框，当系统进入运行状态时单击菜单中的每一项，进入相应的画面中。

（三）退出系统

如何退出组态王运行系统，返回到 Windows 呢？可以通过 Exit( )函数来实现。

1. 选择工具箱中的 ▭ 工具，在画面上画一个按钮，选中按钮并单击鼠标右键，在弹出的下拉菜单中执行"字符串替换"命令，设置按钮文本为：系统退出。

2. 双击按钮，弹出动画连接对话框，在此对话框中选择"弹起时"选项弹出命令语言编辑框,在编辑框中输入如下命令语言:Exit(0)。

　　3.单击"确认"按钮关闭对话框,当系统进入运行状态时单击此按钮系统将退出组态王运行环境。

项目三

电梯运行控制监控系统设计

一、项目目标

1. 进一步熟悉组态王相关功能的应用。
2. 掌握常用命令语言的使用方法及应用技巧。

二、项目任务

通过设计一个五层单电梯控制演示监控项目,实施纯软件对电梯运行的动态画面仿真演示,掌握命令语言的使用方法及应用技巧。

所谓的纯软件仿真是指不是用硬件(PLC)和 PLC 的用户程序实现对虚拟电梯的控制,而是用组态软件的命令语言编写的用户程序来实现对虚拟电梯的控制。

该项目实现电梯的控制仿真,诸如内招、外招,电梯的自动上升和下降、自动记录或清除招梯信号,以及电梯的开关门、自动平层等功能。

在初始化程序中,对五层仿真电梯(包含地下室层站)的初始状态进行设置。有招梯信号时电梯开始工作,由基站开始先向上运行并在有招梯信号的层站停靠,同时清除相应的招梯信号,使招梯按钮复位。当电梯到达有招梯信号的最高一层时,电梯的运行方向自动由向上改为向下,开始反方向响应各层的招梯信号。直到执行完所有的任务,仿真电梯在最后招梯信号所在层待命。

项目要求如下:

1. 完成五层电梯控制系统的模拟画面设计。
2. 运用组态王软件 Kingview 6.52 创建项目,建立变量,并与 PLC 进行相关通讯连接。

3. 利用命令语言进行用户程序的编写。

4. 实现系统监控画面的运行及调试，并能实现与 PLC 的在线运行。

5. 项目参考画面如图 3-1 所示。

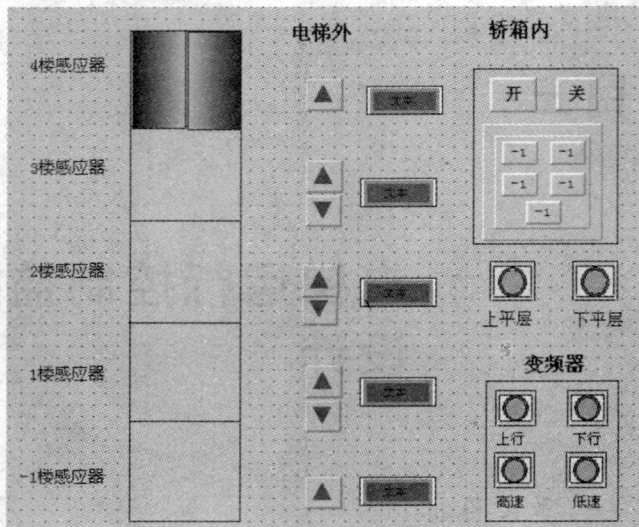

图 3-1　仿真电梯画面

任务 1　系统工程建立及画面设计

任务实施

(一) 创建工程

单击菜单栏"文件"\"新建工程"命令或工具条"新建"按钮或快捷菜单"新建工程"命令后，弹出"新建工程向导之一"对话框，如图 3-2 所示。

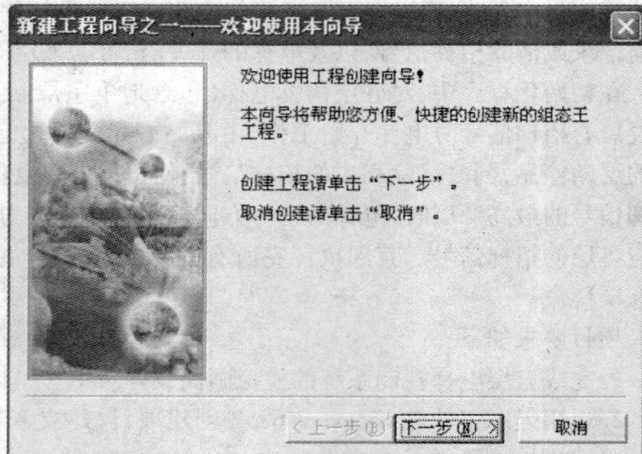

图 3-2　新建工程向导之一

单击"下一步"按钮,弹出"新建工程向导之二"对话框,如图3-3所示。

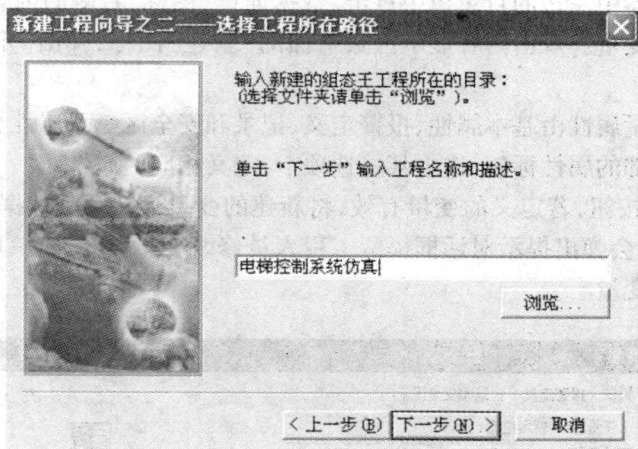

图3-3　新建工程向导之二

在对话框的文本框中输入新建工程的路径,如果输入的路径不存在,系统将自动提示用户。还可以单击"浏览"按钮,在弹出的路径选择对话框中选择工程路径,还可以在弹出的路径选择对话框中直接输入路径。

单击"下一步"按钮,进入"新建工程向导之三"对话框,如图3-4所示。

在"工程名称"文本框中输入新建工程的名称,在"工程描述"文本框中输入对新建工程的描述文本。

单击"完成"按钮,确认新建的工程,完成新建工程的操作。

此时实际上并未真正创建工程,只是在用户给定的工程路径下设置了工程信息,当用户将此工程作为当前工程并且切换到组态王开发环境时,才会真正创建工程。

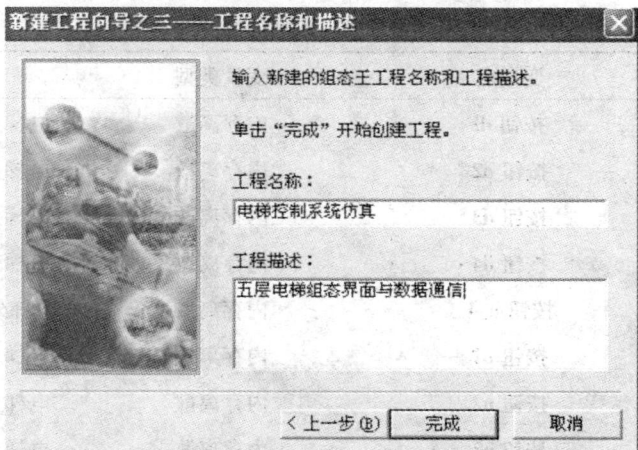

图3-4　新建工程向导之三

(二)定义变量

在工程浏览器中左边的目录树中点击"数据词典"图标,右侧的内容显示区会显示当前工程中定义的变量。双击内容显示区最下面的"新建"图标,弹出"定义变量"对话框,如图3-5所示。

组态王的变量属性由基本属性、报警定义、记录和安全区三个属性页组成。可以用鼠标单击选项卡顶部的属性标签,选中某一选项卡,定义相应的属性。

单击"确定"按钮,若定义的变量有效,将新建的变量名保存到数据库的数据词典中。若变量名不合法,会弹出提示对话框提醒工程人员修改变量名。表3-1中是定义的五层电梯控制系统的变量。

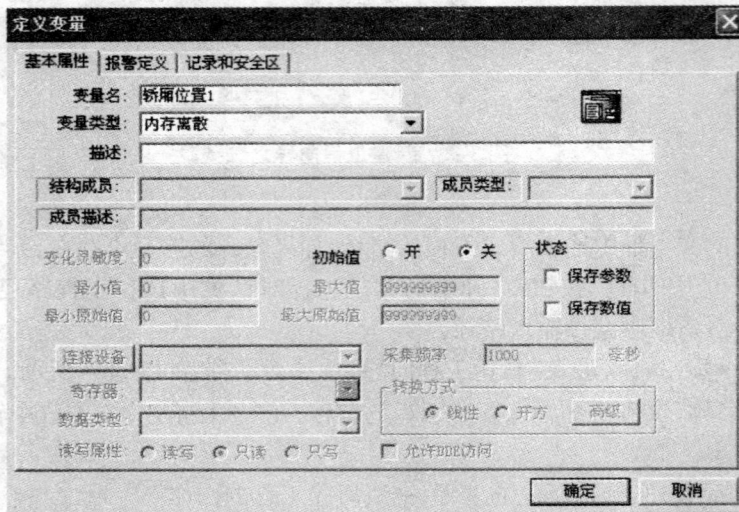

图3-5 "定义变量"对话框

表3-1 数据词典

序号	变量名	变量类型	注释
1	按钮 dl	内存离散	电梯外1楼的下行按钮
2	按钮 d2	内存离散	电梯外2楼的下行按钮
3	按钮 d3	内存离散	电梯外3楼的下行按钮
4	按钮 d4	内存离散	电梯外4楼的下行按钮
5	按钮 u_1	内存离散	电梯外-1楼的上行按钮
6	按钮 u1	内存离散	电梯外1楼的上行按钮
7	按钮 u2	内存离散	电梯外2楼的上行按钮
8	按钮 u3	内存离散	电梯外3楼的上行按钮
9	低速	内存离散	

续表 3-1

序号	变量名	变量类型	注释
10	高速	内存离散	
11	轿厢位置_1	内存离散	
12	轿厢位置1	内存离散	
13	轿厢位置2	内存离散	
14	轿厢位置3	内存离散	
15	轿厢位置4	内存离散	
16	开关门完成标志	内存离散	
17	开门标志	内存离散	
18	楼键_1	内存离散	轿箱内-1楼按键
19	楼键1	内存离散	轿箱内1楼按键
20	楼键2	内存离散	轿箱内2楼按键
21	楼键3	内存离散	轿箱内3楼按键
22	楼键4	内存离散	轿箱内4楼按键
23	上平层	内存离散	
24	上行	内存离散	
25	下平层	内存离散	
26	下行	内存离散	
27	消防状态	内存离散	
28	实际楼位	内存实型	
29	轿箱位置	内存整型	
30	当前楼位	内存整型	
31	顶层	内存整型	
32	底层	内存整型	
33	门位置	内存整型	
34	temp	内存整型	暂存用
35	当前运行状态	内存字符串	
36	先前运行状态	内存字符串	

(三)画面设计

依据项目一、二所学内容,设计如图3-1所示画面,此处不再详细描述画面设计过程。

仿真电梯的画面如图3-1所示,仿真电梯的井道被分成五部分(五层)。轿箱的垂直坐标小于楼层交接处的坐标时,采用下一层的楼位值。轿箱的垂直坐标大于楼层交接处的坐标时,楼位值加1。

任务2　电梯控制系统程序设计

一、任务实施

(一)初始化程序设计

仿真电梯控制系统的程序使用了应用程序命令语言和事件命令语言。

在应用程序命令语言对话框中,输入和调试在启动时、运行期间和程序退出时执行的命令语言程序。

初始化程序在应用程序命令语言对话框的"启动时"选项中进行输入,如图3-6所示,程序如下所示(该程序在组态王软件开始运行时被执行一次):

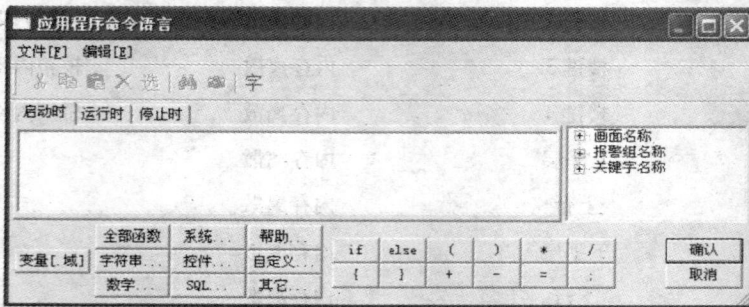

图3-6　应用程序命令语言窗口(启动时)

\\本站点\当前运行状态="停";
先前运行状态="下";
开关门完成标志=1;
开门标志=1;
\\本站点\门位置=100;
\\本站点\当前楼位=1;

上述程序设定了启动时仿真电梯的运行状态、门位置、当前楼位等信息,因为组态王支持用中文作为变量名称,所以本程序中的大部分变量名为中文。程序中引用的变量在组态王的"数据词典"中定义。

(二)主程序设计

图3-6中的"运行时"选项中的程序表示在运行系统运行期间,程序按照指定的时间间隔定时执行,相当于应用程序中的主程序,如图3-7所示。

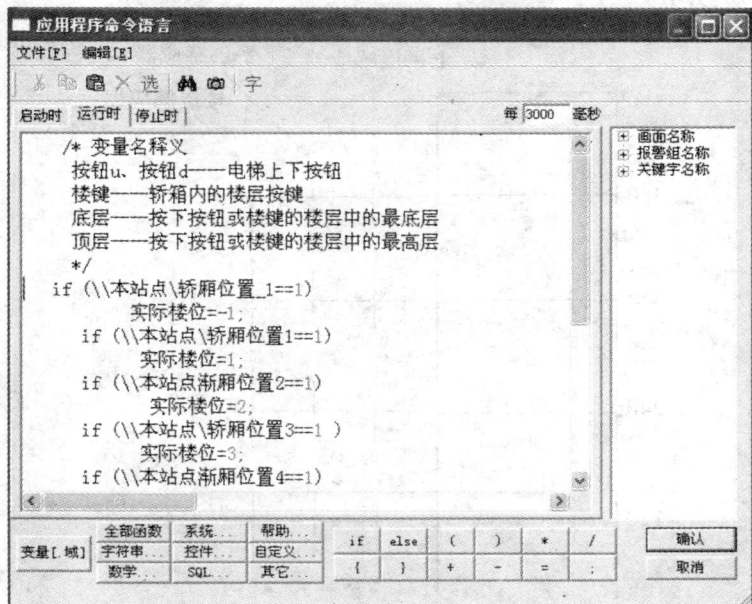

图 3-7　应用程序命令语言窗口(运行时)

执行"运行时"选项,在执行周期的编辑框"每……毫秒"输入执行周期,则组态王在切换为 View 状态时,无论打开画面与否,将按照该时间周期性地执行这段命令语言程序。在项目中,当组态王切换为 View 状态时,要实现下述功能。

1.通过调用自定义命令语言中定义的 BOTTOMFLOOR( )函数,求电梯运行时所有楼层召唤中楼层最低的召唤信号;通过调用 TOPFLOOR( )函数,求所有楼层召唤中楼层最高的召唤信号。

2.通过语句 if(轿箱位置 = = int(轿箱位置/120) * 120)　当前楼位 = (轿箱位置/120+1);使系统知道电梯运行时轿箱的实时位置。

3.通过以下语句实现电梯在有负楼层时楼层号的转换:

if (\\本站点\轿厢位置_1 = =1)

实际楼位 = -1;

if (\\本站点\轿厢位置1 = =1)

实际楼位 = 1;

if (\\本站点渐厢位置2 = =1)

实际楼位 = 2;

if (\\本站点\轿厢位置3 = =1)

实际楼位 = 3;

if (\\本站点渐厢位置4 = =1)

实际楼位 = 4;

4.在电梯的控制系统中,上平层、下平层感应器及楼层感应器在井道内为 1 状态的垂直坐标如图3-8所示。

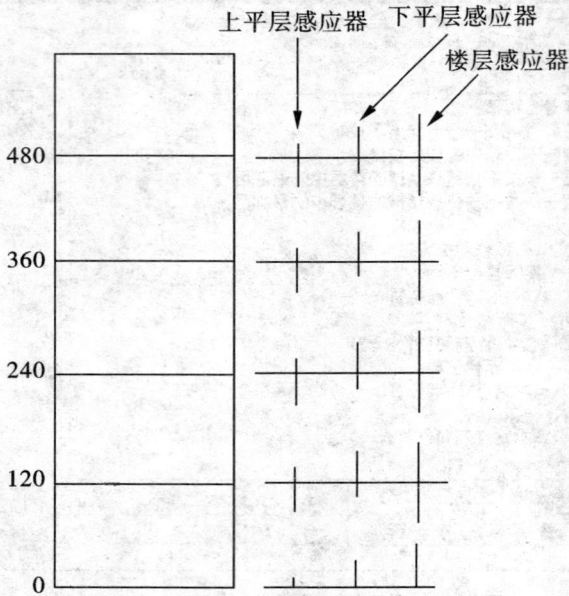

图3-8 控制器件位置示意图

用下述语句定义监控界面中上平层、下平层感应器的状态：

if(轿箱位置<=3 || （轿箱位置<=130 && 轿箱位置>=100） || （轿箱位<=250&& 轿箱位置>=220） || （轿箱位置<=370&& 轿箱位置>=340） || （轿箱位置<=490&& 轿箱位置>=460））

上平层=1;

else

上平层=0;

if((轿箱位置<=20&& 轿箱位置>=0) || (轿箱位置<=140&& 轿箱位置>=110) || (轿箱位置<=260&& 轿箱位置>=230) || （轿箱位置<=380&& 轿箱位置>=350） || (轿箱位置<=500&& 轿箱位置>=470))

下平层=1;

else

下平层=0;

用下述语句定义监控界面中楼层感应器的状态：

if(轿箱位置<=30)

轿厢位置_1=1;

else

轿厢位置_1=0;

if(轿箱位置<=150&& 轿箱位置>=90)

轿厢位置 1 = 1；

else

轿厢位置 1 = 0；

if(轿箱位置 <= 270 && 轿箱位置 >= 210)

轿厢位置 2 = 1；

else

轿厢位置 2 = 0；

if(轿箱位置 <= 390 && 轿箱位置 >= 330)

轿厢位置 3 = 1；

else

轿厢位置 3 = 0；

if(轿箱位置 <= 510 && 轿箱位置 >= 450)

轿厢位置 4 = 1；

else

轿厢位置 4 = 0；

(三)自定义函数命令语言

BOTTOMFLOOR( )与 TOPFLOOR( )两个函数为自定义函数。通过这两个函数实现求电梯运行时所有召唤信号中楼层最低和楼层最高的召唤信号。

在工程浏览器的目录显示区,选择"文件"\"命令语言"\"自定义函数命令语言",在右边的内容显示区出现"新建"图标,用左键双击此图标,将出现"自定义函数命令语言"窗口,如图 3-9 所示。

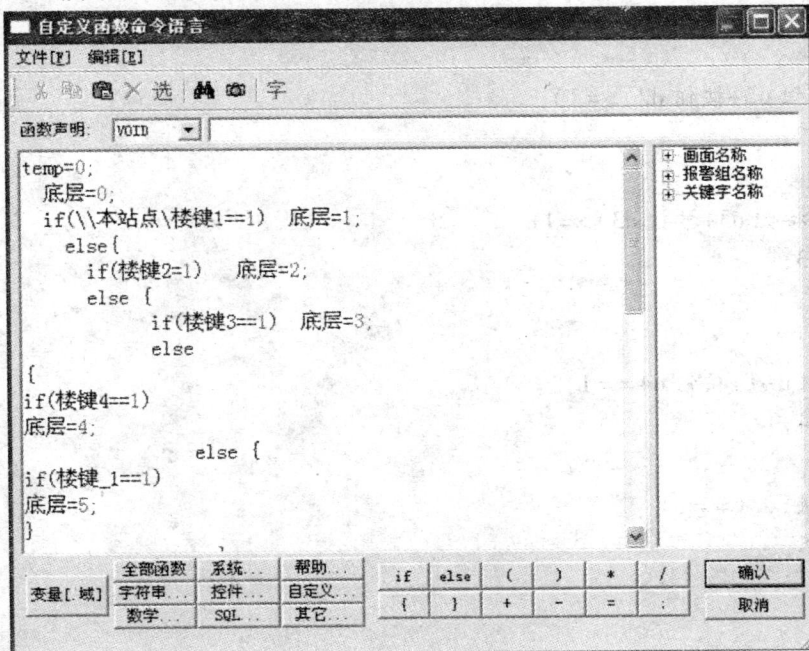

图 3-9　自定义函数命令语言窗口函数第一部分

1. 函数 BOTTOMFLOOR( )。

该函数的基本功能就是求取按下按钮或楼层键的楼层中的最低层,以便仿真电梯能正确地响应。通过下述语句实现求电梯运行时所有召唤信号中楼层最低的召唤信号:

```
temp=0;
底层=0;
if(\\本站点\楼键1==1)  底层=1;
else{
if(楼键2=1)  底层=2;
else {
if(楼键3==1)  底层=3;
else {
if(楼键4==1)
底层=4;
else {
if(楼键_1==1)
底层=5;
}
}
}
}
if(\\本站点\按钮u1==1)
temp=1;
else{
if((按钮u2+按钮d2)>=1)
temp=2;
else {
if((按钮u3+按钮d3)>=I)
temp=3;
else
{
if(按钮u-1+按钮d4==1)
temp=4;
else
{if(按钮d_1==1)
temp=5;
}
}
}
```

```
}
```
函数第二部分：
```
    if((底层+temp)! =0)
```
```
{
if(底层==0)底层=temp;
if(底层! =0&&temp! =0)
底层=Min(底层,temp);
}
```

函数的第一部分中,楼键是电梯轿厢中的内招按钮,按钮 u 则是外招上行按钮,按钮 d 是外招下行按钮,其后的数字分别代表各层楼的楼层号。定义的楼键和按钮变量的类型都是内存离散型,也就是说取值范围只有 1 和 0,分别代表按下状态和弹起状态。这部分功能是判断按钮是否被按下,用了逻辑判断的嵌套。

函数的第二部分主要是使电梯能够自动停靠有相应招梯信号的层站。

BOTTOMFLOOR( )函数在主程序中是被循环执行的,仿真电梯每到一层都会将相应层的召唤信号复位,这样通过函数第二部分的判断就能够实现自动停靠。例如,假设变量"底层"值为 2,而变量"temp"值为 3 时,根据程序判断,求得变量"底层"与变量"temp"的最小值,即 2,将其存入变量"底层",这样电梯就会先停靠在二层,然后将二层的招梯信号复位,并继续执行判断,这时变量 temp 的值为 3,则仿真电梯停靠在三层,并将三层的招梯信号复位。之后继续执行判断,这时所得的结果是没有招梯信号,所以仿真电梯停止、待命。

2. 函数 TOPFLOOR( )。这个函数的基本功能就是求取按下按钮或楼键的楼层中的最高层,通过以下语句实现电梯运行时所有召唤信号中楼层最高的召唤信号。

函数第一部分：
```
temp=0;
顶层=Max(楼键1*1,楼键2*2,楼键3*3,楼键4*4,楼键_1 *5);
```
函数第二部分：
```
if(\\本站点\按钮 d_1==1)
temp=5;
else{
if(按钮 u_1+按钮 d4==1)    temp=4;
else{
if((按钮 u3+按钮 d3)>=1)    temp=3;
else{
if((按钮 u2+按钮 d2)>=1)    temp=2;
else{
if(按钮 u1==1)temp=1;}
}
}
```

}

顶层=Max(顶层,temp);

这个求取最高层的函数编程与上面所说的求取最底层的编程相似,也分为两个部分。

函数第一部分中,所设置的楼键变量的类型为离散型,取值为 0 或 1,当一个或多个楼键被按下时,从一层到五层分别将其乘以一个系数,再取几个值之中的最大值,这样内招信号的最高层就确定了。

函数第二部分中,与 BOTTOMFLOOR( )函数的第一部分相似,也是利用逻辑判断,统计外招上行和外招下行的信号。程序运行与仿真电梯的停靠原理上面已经说明,这里就不再赘述。

(四)事件命令语言的设计

事件命令语言是指当规定的表达式的条件成立时执行的命令语言,如某个变量等于式中的给定值,某个表达式描述的条件成立。在工程浏览器中点击"命令语言"文件夹中的"事件命令语言"图标,在浏览器右侧双击"新建…",弹出"事件命令语言"窗口,如图3-10所示。

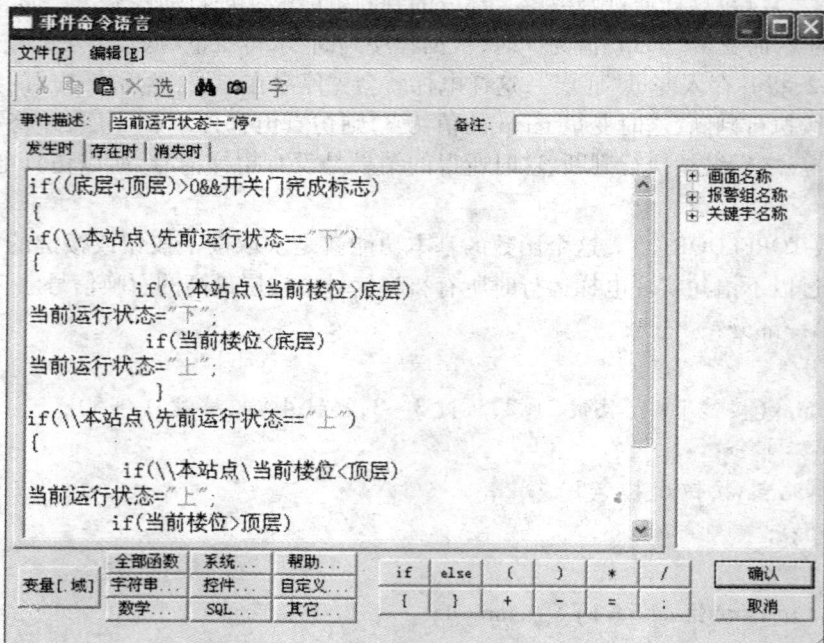

图 3-10 "事件命令语言"窗口

其中定义了当前运行状态 = = "停"、当前运行状态 = = "上"及当前运行状态 = = "下"三个事件。只是在事件存在时定时执行这些事件命令语言。

1. 当前运行状态 = = "停"。

可以说"停"状态是三个状态中最为重要的一个,因为在"停"状态时要进行开、关门的操作,还要判断顺向招梯和逆向招梯的优先级问题。"停"状态主要用来实现下述两个功能。

(1)通过以下语句实现电梯在停止状态的定向功能：

```
if((底层+顶层)>0&& 开关门完成标志)
{
if(\\本站点\先前运行状态 = = "下")
{
if(\\本站点\当前楼位>底层)
当前运行状态 = "下";
if(当前楼位<底层)
当前运行状态 = "上";
}
if(\\本站点\先前运行状态 = = "上")
{
if(\\本站点\当前楼位<顶层)
当前运行状态 = "上";
if(当前楼位>顶层)
当前运行状态 = "下";
}
}
```

(2)开门与关门控制。双击左侧轿厢门，弹出"动画连接"窗口，再单击"缩放"按钮，出现"缩放连接"窗口，将"表达式"设置为"\\本站点\门位置"，变化方向设置为"从右向左缩放"，"最小时对应值"设为 30，"占据百分比"设置为 0，"最大时对应值"设为 100，"占据百分比"设置为 100。然后再单击"确定"按钮，回到动画连接窗口。再单击"垂直移动"按钮，进入"垂直移动连接"窗口，将"表达式"设置为"轿厢位置"，"向上移动距离"设为 1000，"最上边对应值"设为 1000，"向下移动距离"设为 0，"最下边对应值"设为 0。然后单击确定按钮，返回"动画连接"窗口。再单击"确定"按钮，完成左侧门的动画连接。右侧门的动画连接设置与左侧门类似，只需改变缩放变化方向即可。

通过以下语句实现电梯在停止状态时的开关门功能：

```
if(! 开关门完成标志)
{
if(开门标志){
\\本站点\门位置 = 门位置-2;
if(门位置<=0)   开门标志=0;
}
if(! 开门标志) {
\\本站点\门位置 = 门位置+2;
if(门位置>=100)   {开门标志=1;
开关门完成标志=1;
```

```
    }
    }
    if(当前运行状态=="停"
    上行=0;
    下行=0;
    }
```

2. 当前运行状态=="上"。

（1）通过以下语句实现电梯在到达按下按钮或楼键的那一层时，实现当前运行状态、先前运行状态及开关门完成标志的状态定义：

```
    if(((轿箱位置==120)&&(楼键1==1 || 按钮u1==1))||((轿箱位置==240)
&&(楼键2==1 || 按钮u2==1))||((轿箱位置==360)&&(楼键3==1 || 按钮u3
==1))|| ((轿箱位置=480)&&(楼键4==1))|| (轿箱位置==(顶层-1)*
120)))
    {
    当前运行状态="停";
    先前运行状态="上";
    开关门完成标志=0;
    }
```

（2）通过以下语句实现定位电梯的减速点在组态界面里的位置，如果电梯到达减速点的位置并且要响应前方楼层的召唤信号时，就使电梯的运行速度定为低速，当电梯运行到平层位置时，电梯运行的速度取消。

```
    if(((轿箱位置>=90&&轿箱位置<=120)&&(楼键1==1 || 按钮u1==1))||
((轿箱位置>=210&&轿箱位置<=240)&&(楼键2==1 || 按钮u2==1))||《轿箱位
置>=330&&轿箱位置<=360)&&(楼键3==1 || 按钮u3==1))||((轿箱位置>=
450&&轿箱位置<=480)&&(楼键4=1 || 按钮d4==1))|| ((轿箱位置>=(顶层-1)
* 120-30)))
    低速=1;
    else
    高速=1;
    if(上行==1)
    {if(低速==1) 轿箱位置=轿箱位置+1;
    else 轿箱位置=轿箱位置+2;
    }
    if (低速==1)
    高速=0;
    if(下平层==1)
    低速=0;
```

3. 当前运行状态=="下"。

该事件命令语言类似当前运行状态＝＝"上"。

二、相关知识

（一）命令语言概述

组态王中命令语言（脚本语言）程序是一种在语法上类似于 C 语言的程序，工程人员可以利用这些程序来增强应用程序的灵活性，处理一些算法和操作等。用脚本语言编写的程序段由事件驱动或周期性地执行。

命令语言的句法和 C 语言非常类似，可以说是 C 的一个简化子集，具有完备的词法语法查错功能，和丰富的运算符、数学函数、字符串函数、控件函数、SQL 函数和系统函数。各种命令语言在命令语言编辑器中输入和编辑，在"组态王"运行系统中被编译执行。

命令语言都是靠事件触发执行的，如定时、数据的变化、键盘键的按下、鼠标的点击等。根据事件和功能的不同，分为应用程序命令语言、热键命令语言、事件命令语言、数据改变命令语言、自定义函数命令语言、动画连接命令语言和画面命令语言等。其中应用程序命令语言、热键命令语言、事件命令语台、数据改变命令语言称为"后台命令语言"，它们的执行不受画面打开与否的限制，只要符合条件就可以执行。另外可以使用运行系统中的菜单命令"特殊>开始执行后台任务"和"特殊>停止执行后台任务"来控制所有这些命令语言是否执行，而画面和动画连接命令语言的执行不受影响。也可以通过修改系统变量"＄启动后台命令语言"的值来实现上述控制，该变量置 0 时停止执行，置 1 时开始执行。

组态王除了在定义动画连接时支持连接表达式外，还允许用户编写命令语言来扩展应用程序的功能，极大地增强了应用程序的可用性。

命令语言有六种形式，其区别在于命令语言执行的时机或条件不同。

1. 应用程序命令语言：可以在程序启动时、关闭时或在程序运行期间周期执行。如果希望周期执行，还需要指定时间间隔。应用程序命令语言对话框的打开可通过在工程浏览器的目录显示区，选择"文件"\"命令语言"\"应用程序命令语言"，则在右边的内容显示区出现"请双击这儿进入<应用程序命令语言>对话框…"图标，点击进入即可，如图3-11所示。

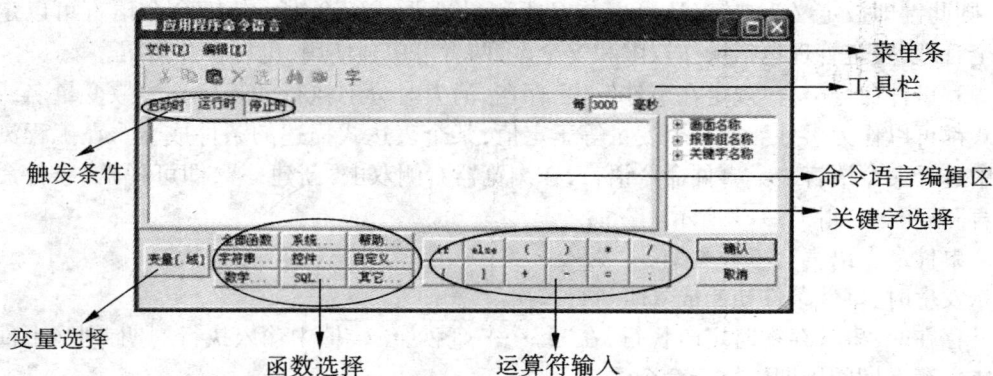

图 3-11　"应用程序命令语言"编辑器

当选择"运行时"标签时,会有输入执行周期的编辑框"每……毫秒"。输入执行周期,则组态王运行系统运行时,将按照该时间周期性地执行这段命令语言程序,无论打开画面与否。

选择"启动时"标签,在该编辑器中输入命令语言程序,该段程序只在运行系统程序启动时执行一次。

选择"停止时"标签,在该编辑器中输入命令语言程序,该段程序只在运行系统程序退出时执行一次。

注意:应用程序命令语言只能定义一个。

2. 热键命令语言:被链接到设计者指定的热键上,软件运行期间,操作者随时按下热键都可以启动这段命令语言程序。热键命令语言可以指定使用权限和操作安全区。输入热键命令语言时,在工程浏览器的目录显示区,选择"文件"\"命令语言"\"热键命令语言",双击右边的内容显示区出现"新建…"图标,即可弹出热键命令语言编辑器,如图3-12所示。

图3-12　"热键命令语言"编辑器

注意:热键定义,当Ctrl和Shift左边的复选框被选中时,说明此键有效。

热键定义区右边为键按钮选择区,点击此按钮弹出相应对话框,在对话框中选择一个键,则此键即被定义为热键,还可以与Ctrl和Shift形成组合键。热键命令语言可以定义安全管理,安全管理包括操作权限和安全区,两者可单独使用,也可合并使用。

3. 事件命令语言:规定在事件发生、存在、消失时分别执行的程序。离散变量名或表达式都可以作为事件。如某个变量等于定值,某个表达式描述的条件成立。在工程浏览器中选择命令语言——事件命令语言,在浏览器右侧双击"新建…",即可弹出"事件命令语言"编辑器,如图3-13所示。

事件命令语言有三种类型。

发生时:事件条件初始成立时执行一次。

存在时:事件存在时定时执行,在"每……毫秒"编辑框中输入执行周期,则当事件条件成立存在期间周期性执行命令语言。

消失时:事件条件由成立变为不成立时执行一次。

图中,"事件描述"选项指定命令语言执行的条件,"备注"选项是对该命令语言的一

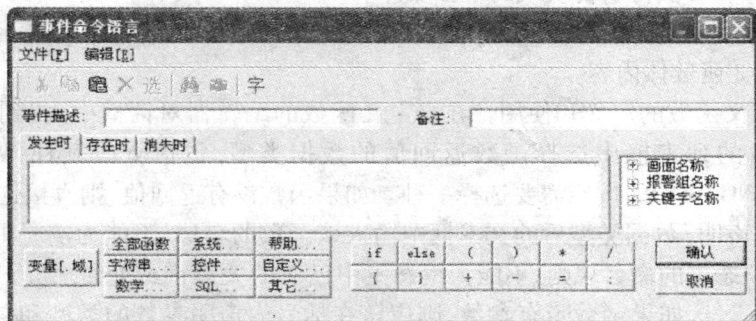

图 3-13 "事件命令语言"编辑器

些说明性的文字。

4. 数据改变命令语言：只链接到变量或变量的域。在变量或变量的域值变化到超出数据字典中所定义的变化灵敏度时，它们就被触发执行一次。数据改变命令语言触发的条件为连接的变量或变量的域的值发生了变化。

在命令语言编辑器"变量[.域]"编辑框中输入或通过单击"？"按钮来选择变量名称（如原料液体液位）或变量的域（如原料液体液位.Alarm）。这里可以连接任何类型的变量和变量的域，如离散型、整型、实型、字符串型等。当连接的变量的值发生变化时，系统会自动执行该命令语言程序。

数据改变命令语言可以按照需要定义多个。

🔔 注意：在使用"事件命令语言"或"数据改变命令语言"过程中要注意防止死循环。例如，变量 A 变化引起数据改变命令语言程序中含有命令 B=B+1，若用 B 变化再引发事件命令语言或数据改变命令语言的程序中不能再有类似 A=A+1 的命令。数据改变命令语言和事件命令语言的条件如果引用远程变量，则下面的命令语言不执行。

5. 自定义函数命令语言：提供用户自定义函数功能。用户可以根据组态王的基本语法及提供的函数自己定义各种功能更强的函数，通过这些函数能够实现工程特殊的需要。如特殊算法、模块化的公用程序等，都可通过自定义函数来实现。

自定义函数是利用类似 C 语言来编写的一段程序，其自身不能直接被组态王触发调用，必须通过其他命令语言来调用执行。

编辑自定义函数时，在工程浏览器的目录显示区，选择"文件"\"命令语言"\"自定义函数命令语言"，在右边的内容显示区出现"新建"图标，用左键双击此图标，即可出现"自定义函数命令语言"对话框。

（1）自定义函数的相关概念。自定义函数里有六个关键字，分别是 LONG、FLOAT、STRING、BOOL、VOID、RETURN，大小写均可，语法含义和 C 语言类似：LONG 表示数据/变量类型为整型，FLOAT 表示数据/变量类型为实型，STRING 表示数据/变量类型为字符型，BOOL 表示数据/变量类型为布尔型，VOID 表示函数无返回值或返回值类型为空（NULL）类型，RETURN 表示函数的返回值并且返回到主调函数中。

自定义函数的语法与 C 语言中定义子函数的格式类似。自定义函数命令语言是由变量定义部分和可执行语言组成的单独实体。

自定义函数定义的内容为:①自定义函数类型(函数返回值类型);②函数名和参数类型及名称;③函数体内容。

(2)自定义函数的定义和使用。在自定义函数的编辑器对话框中,找到"函数声明"选项,在其后的列表框中选择函数返回值的数据类型,包括下面五种:VOID、LONG、FLOAT、STRING、BOOL,按照需要选择一种。如果函数没有返回值,则直接选择"VOID"。

在"函数声明"数据类型后的文本框中输入该函数的名称,不能为空。函数名称的命名应该符合组态王的命名规则,不能为组态王中已有的关键字或变量名。函数名后应该加小括号"( )"号,如果函数带有参数,则应该在括号内声明参数的类型和参数名称。参数可以设置多个。

在"函数体(执行代码)"编辑框中输入要定义的函数体程序内容。在函数内容编辑区内,可以使用自定义变量。函数体内容是指自定义函数所要执行的功能。函数体中的最后部分是返回语句。如果该函数有返回值,则使用 Return Value(Value 为某个变量的名称)。对于无返回值的函数也可以使用 Return,但只能单独使用 Return,表示当前命令语言或函数执行结束。

🔔注意:自定义函数中的函数名称和在函数中定义的变量不能与组态王中定义的变量、组态王的关键字、函数名等相同。

举例说明如下。

VOID 型函数,实现阶乘。返回类型为 VOID。函数名为 jiechen(long Ref,long Ret)。函数体的内容如下:

```
//本函数为无返回值型函数,实现阶乘运算,参加运算的变量均在函数的参数中
//Ref 为参加运算的变量,Ret 为计算结果
long a;    //自定义变量,控制阶乘循环次数
long mul;//自定义变量,存储阶乘运算结果
a=1;
mul=1;
if (Ref<=0)
mul=1;
else
{ while (a<=Ref)
{mul=mul*a;
  a=a+1;
}}
Ret=mul;
return;    //函数执行结束
```

定义完成后,在组态王自定义函数内容区出现"VOID jiechen(long Ref,long Ret)"函数。如在按钮命令语言中调用,实现一个数的阶乘运算,在组态王中定义整型变量为"因数,结果",在按钮命令语言中输入"jiechen(因数,结果)",则变量"结果"得到的值为计算

结果。

当很多的命令语言里需要一段同样的程序时,可以定义一个自定义函数,在命令语言里来调用,减少了手工输入量,减小了程序的规模,同时也使得程序的修改和调试变得更为简明、方便。自定义函数命令语言的应用,具体详见组态王软件中"组态王帮助"。

6. 画面、按钮命令语言:画面命令语言就是与画面显示与否有关系的命令语言程序。画面命令语言定义在画面属性中。打开一个画面,选择菜单"编辑"\"画面属性",或用鼠标右键单击画面,在弹出的快捷菜单中选择"画面属性"菜单项,或按下<Ctrl>+<W>键,打开画面属性对话框,在对话框上单击"命令语言…"按钮,即可弹出画面命令语言编辑器。

画面命令语言分为三个部分:显示时、存在时、隐含时。

显示时:打开或激活画面为当前画面,或画面由隐含变为显示时执行一次。

存在时:画面在当前显示时,或画面由隐含变为显示时周期性执行,可以定义指定执行周期,在"存在时"中的"每……毫秒"编辑框中输入执行的周期时间。

隐含时:画面由当前激活状态变为隐含或被关闭时执行一次。

只有画面被关闭或被其他画面完全遮盖时,画面命令语言才会停止执行。

只与画面相关的命令语言可以写到画面命令语言里——如画面上动画的控制等,而不必写到后台命令语言中——如应用程序命令语言等,这样可以减轻后台命令语言的压力,提高系统运行的效率。

(二)命令语言语法

命令语言程序的语法与一般 C 程序的语法没有大的区别,每一程序语句的末尾应该用分号";"结束,在使用 if…else…、while( )等语句时,其程序要用花括号"{ }"括起来。

1. 运算符。

用运算符连接变量或常量就可以组成较简单的命令语言语句,如赋值、比较、数学运算等。命令语言中可使用的运算符以及算符优先级与连接表达式相同。运算符的种类如表 3-2 所示。

表 3-2　运算符种类一览表

运算符种类	运算符用法解释
~	取补码,将整型变量变成"2"的补码。
*	乘法
/	除法
%	模运算
+	加法
-	减法(双目)
&	整型量按位与
|	整型量按位或

续表 3-2

运算符种类	运算符用法解释
	整型量异或
&&	逻辑与
||	逻辑或
<	小于
>	大于
<=	小于或等于
>=	大于或等于
= =	等于(判断)
! =	不等于
=	等于(赋值)
—	取反,将正数变为负数(单目)
!	逻辑非
( )	括号,保证运算俺所需次序进行

2. 运算符的优先级。

表 3-3 列出了算符的运算次序,首先计算最高优先级的算符,再依次计算较低优先级的算符。同一行的算符有相同的优先级。

表 3-3　运算符优先级一览表

运算符	优先级
( )	最高优先级
—(单目),!,~	↑
* ,/,%	
+,-	
<,>,<=,>=,= =,! =	
&,|,	
&& ||	
=	最低优先级

3. 赋值语句。

赋值语句用得最多,语法如下:

变量(变量的可读写域)= 表达式;

可以给一个变量赋值,也可以给可读写变量的域赋值。

例如:

自动开关=1;　　　　　　表示将自动开关置为开(1 表示开,0 表示关)

颜色=2;　　　　　　　　将颜色置为黑色(如果数字2代表黑色)

反应罐温度. priority=3;　表示将反应罐温度的报警优先级设为3

4. if—else 语句。

if—else 语句用于按表达式的状态有条件地执行不同的程序,可以嵌套使用。语法表达式为:

if(表达式)

{一条或多条语句;}

else

{一条或多条语句;}

注意:if—else 语句里如果是单条语句可省略花括弧"{}",多条语句必须在一对花括弧"{}"中,else 分支可以省略。

5. while( )语句。

当 while( )括号中的表达式条件成立时,循环执行后面"{}"内的程序。语法如下:

while(表达式)

{一条或多条语句(以;结尾)}

注意:同 if 语句一样,while 里的语句若是单条语句可省略花括弧"{}",但若是多条语句必须在一对花括弧"{}"中。这条语句要慎用,否则会造成死循环。

6. 命令语言程序的注释方法。

命令语言程序添加注释,有利于程序的可读性,也方便程序的维护和修改。组态王的所有命令语言中都支持注释。注释的方法分为单行注释和多行注释两种。注释可以在程序的任何地方进行。

单行注释在注释语句的开头加注释符"//"。

例如:

//设置装桶速度

if(游标刻度>=10)　　//判断液位的高低

装桶速度=80;

多行注释是在注释语句前加"/*",在注释语句后加"*/"。多行注释也可以用在单行注释上。

例如:

if(游标刻度>=10)　　/*判断液位的高低*/

装桶速度=80;

再如:

/*判断液位的高低

改变装桶的速度*/

```
if(游标刻度>=10)
{装桶速度=80;}
else
装桶速度=60;
```

⚠️ **注意：** 多行注释不能嵌套使用。

知识拓展

一、I/O 设备管理

组态王软件系统与最终用户使用的具体的 PLC 或现场部件无关。对于不同的硬件设施，只需为组态王配置相应的通信驱动程序即可。组态王驱动程序采用最新软件技术，使通讯程序和组态王构成一个完整的系统。这种方式既保证了运行系统的高效率，也使系统能够达到很大的规模。

组态王支持的硬件设备包括可编程控制器(PLC)、智能模块、板卡、智能仪表、变频器等。用户在使用时可以把每一台下位机看做一种设备，不必关心具体的通讯协议，只需要在组态王的设备库中选择设备的类型，然后按照"设备配置向导"的提示一步步完成安装即可，使驱动程序的配置更加方便。

组态王软件支持的几种通讯方式：串口通信、数据采集板、DDE 通讯、人机界面卡、网络模块、OPC 等。

（一）如何定义 I/O 设备

在了解了组态王逻辑设备的概念后，用户可以轻松地在组态王中定义所需的设备。进行 I/O 设备的配置时将弹出相应的配置向导页，使用这些配置向导页可以方便快捷地添加、配置、修改硬件设备。组态王提供了大量不同类型的驱动程序，用户根据自己实际安装的 I/O 设备选择相应的驱动程序即可。

1. 如何定义 DDE 设备。

用户根据设备配置向导就可以完成 DDE 设备的配置，操作步骤如下：

（1）在工程浏览器的目录显示区，用鼠标左键单击大纲项设备下的成员 DDE，则在目录内容显示区出现"新建"图标，选中"新建"图标后用左键双击，弹出"设备配置向导"对话框；或者用右键单击，则弹出浮动式菜单，选择菜单命令"新建 DDE 节点"，也弹出"设备配置向导"对话框，

（2）单击"下一步"按钮，则弹出"设备配置向导—— 选择名称"对话框，在对话框的编辑框中为 DDE 设备指定一个逻辑名称，如"ExcelToView"。单击"上一步"按钮，则可返回上一个对话框。

（3）单击"下一步"按钮，则弹出配置向导对话框，用户要为 DDE 设备指定 DDE 服务程序名、话题名、数据交换方式。若要修改 DDE 设备的逻辑名称，单击"上一步"按钮，则可返回上一个对话框。对话框中各项的含义如下。

服务程序名：是与"组态王"交换数据的 DDE 服务程序名称，一般是 I/O 服务程序，

或者是 Windows 应用程序。本例中是 Excel. exe。

话题名：是本程序和服务程序进行 DDE 连接的话题名（Topic）。如 Excel 程序的工作表名 sheet1。

数据交换形式：是指 DDE 会话的两种方式。"高速块交换"是本公司开发的通信程序采用的方式，它的交换速度快；如果用户是按照标准的 Windows DDE 交换协议开发自己的 DDE 服务程序，或者是在"组态王"和一般的 Windows 应用程序之间交换数据，则应选择"标准的　WINDOWS 项目交换"选项。

（4）单击"下一步"按钮，则弹出设备配置向导"信息总结"对话框，此向导页显示已配置的 DDE 设备的全部设备信息，供用户查看，如果需要修改，单击"上一步"按钮，则可返回上一个对话框进行修改，如果不需要修改，单击"完成"按钮，则工程浏览器设备节点下的 DDE 节点处显示已添加的 DDE 设备。

（5）DDE 设备配置完成后，分别启动 DDE 服务程序和组态王的 Touchvew 运行环境。

2. 如何定义板卡类设备。

用户根据设备配置向导就可以完成板卡设备的配置，操作步骤如下：在工程浏览器的目录显示区，用鼠标左键单击大纲项设备下的成员板卡，则在目录内容显示区出现"新建"图标，如图 3-14 所示。

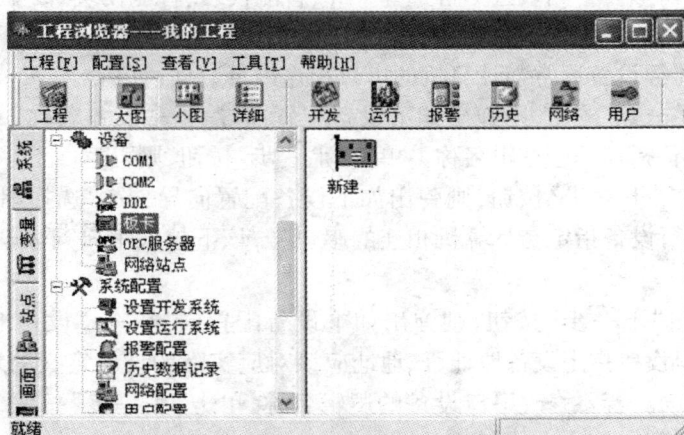

图 3-14　新建板卡

下面以研华 PCL_724（24 通道数字量输出/输入，采用 8255 控制方式）为例介绍板卡设备的配置。

（1）新建图标后用左键双击，弹出"设备配置向导"列表对话框；或者用右键单击，则弹出浮动式菜单，选择菜单命令"新建板卡"，也弹出"设备配置向导"列表对话框，从树形设备列表区中选择板卡节点。然后选择要配置板卡设备的生产厂家、设备名称。如"板卡/研华/PCL724"。

（2）单击"下一步"按钮，则弹出如下设备配置向导——"设备名称"，用户给要配置的板卡设备指定一个逻辑名称。单击"上一步"按钮，则可返回上一个对话框。

（3）继续单击"下一步"按钮，则弹出如下设备配置向导——"板卡地址"，用户要为板卡设备指定板卡地址、初始化字（初始化字以 port,dat,port,dat……形式输入，其中 port 为芯片初始化地址偏移量,dat 为初始化字）、AD 转换器的输入方式（单端或双端）。若要修改板卡设备的逻辑名称，单击"上一步"按钮，则可返回上一个对话框。具体操作可详见系统软件帮助进行参考学习。

（4）继续单击"下一步"按钮，则弹出如下设备配置向导——"信息总结"对话框，汇总了当前定义的设备的全部信息，此向导页显示已配置的板卡设备的设备信息，供用户查看，如果需要修改，单击"上一步"按钮，则可返回上一个对话框进行修改，如果不需要修改，单击"完成"按钮，则工程浏览器设备节点下的板卡节点处显示已添加的板卡设备。

3. 如何定义串口类设备。

用户根据设备配置向导就可以完成串口设备的配置，组态王最多支持 128 个串口。操作步骤如下所述。

（1）在工程浏览器的目录显示区，用鼠标左键单击大纲项设备下的成员 COM1 或 COM2，则在目录内容显示区出现"新建"图标，选中"新建"图标后用左键双击，弹出"设备配置向导"对话框；或者用右键单击，则弹出浮动式菜单，选择菜单命令"新建逻辑设备"，也弹出"设备配置向导"对话框。

用户可以从树形设备列表区中可选择 PLC、智能仪表、智能模块、板卡、变频器等节点中的一个。然后选择要配置串口设备的生产厂家、设备名称、通讯方式；PLC、智能仪表、智能模块、变频器等设备通常与计算机的串口相连进行数据通讯。

（2）单击"下一步"按钮，则弹出如下设备配置向导——"设备名称"对话框，用户给要配置的串口设备指定一个逻辑名称。单击"上一步"按钮，则可返回上一个对话框。

（3）继续单击"下一步"按钮，则弹出如下设备配置向导——"选择串口号"对话框，用户为配置的串行设备指定与计算机相连的串口号，该下拉式串口列表框共有 128 个串口号供用户选择。

（4）继续单击"下一步"按钮，则弹出如下设备配置向导——"设备地址设置"对话框，用户要为串口设备指定设备地址，该地址应该对应实际的设备定义的地址，具体请参见组态王设备帮助。若要修改串口设备的逻辑名称，单击"上一步"按钮，则可返回上一个对话框。

（5）继续单击"下一步"按钮，则弹出如下设备配置向导——"通信参数"对话框，此向导页配置一些关于设备在发生通信故障时，系统尝试恢复通信的策略参数，如果对通讯参数还需要修改，单击"上一步"按钮，则可返回上一个对话框进行修改，如果不需要修改，单击"下一步"。

通信的策略参数如下。

尝试恢复时间：在组态王运行期间，如果有一台设备如 PLC1 发生故障，则组态王能够自动诊断并停止采集与该设备相关的数据，但会每隔一段时间尝试恢复与该设备的通讯。

最长恢复时间：若组态王在一段时间之内一直不能恢复与 PLC1 的通讯，则不再尝试恢复与 PLC1 通讯，这一时间就是最长恢复时间。如果将此参数设为 0，则表示最长恢复时间参数设置无效,也就是说,系统对通讯失败的设备将一直进行尝试恢复,不再有时间上的限制。

使用动态优化:组态王软件对全部通讯过程采取动态管理的办法,只有在数据被上位机需要时才被采集,这部分变量称为活动变量。活动变量包括当前显示画面上正在使用的变量、历史数据库正在使用的变量、报警记录正在使用的变量、命令语言中(应用程序命令语言、事件命令语言、数据变化命令语言、热键命令语言、当前显示画面用的画面命令语言)正在使用的变量。

同时,组态王软件对于那些暂时不需要更新的数据则不进行通讯。这种方法可以大大缓解串口通信速率慢的矛盾。有利于提高系统的效率和性能。

例如:用户为某一台 PLC 定义了 1000 多个 I/O 变量,但在某一时刻,显示画面上的动态连接、历史记录、报警、命令语言等,可能只使用 1000 个 I/O 变量中的一部分,在这种情况下组态王软件通过动态优化将只采集这些活动变量。当系统中 I/O 变量数目明显增加时,这种通讯方式可以保证数据采集周期不会有太大变化。

(6)继续单击“下一步”按钮,则弹出如下设备配置向导——“信息总结”对话框,此向导页显示已配置的串口设备的设备信息,供用户查看,如果需要修改,单击“上一步”按钮,则可返回上一个对话框进行修改,如果不需要修改,单击“完成”按钮,则工程浏览器设备节点处显示已添加的串口设备。

4. 如何设置串口参数。

对于不同的串口设备,其串口通信的参数是不一样的,如波特率、数据位、校验位等。所以在定义完设备之后,还需要对计算机通讯时串口的参数进行设置。

如定义设备时,选择了 COM1 口,则在工程浏览器的目录显示区,选择“设备”,双击“COM1”图标,弹出“设置串口——COM1”对话框。

在“通讯参数”栏中,选择设备对应的波特率、数据位、校验类型、停止位等,这些参数的选择可以参考组态王的相关设备帮助或按照设备中通讯参数的配置。“通讯超时”为默认值,除非特殊说明,一般不需要修改。“通讯方式”是指计算机一侧串口的通讯方式,是 RS232 或 RS485,一般计算机一侧都为 RS232,按实际情况选择相应的类型即可。

5. 如何定义带网络模块的设备。

有些设备如 PLC 的通讯模块为网络模块,支持 TCP/IP 协议,通过该模块与上位机进行数据交换。例如,定义 OMRON PLC 的 CS1 以太网通讯设备。

(1)在组态王工程浏览器中双击“设备/新建…”图标,弹出设备配置向导,依次选择节点“PLC/欧姆龙/CS1/以太网”。

(2)单击“下一步”,弹出设备配置向导——“设备逻辑名”对话框。在编辑框中输入设备在组态王中的逻辑名称,如“OMRON_PLC”。

(3)单击“上一步”修改设备的选择,单击“下一步”弹出设备配置向导——“设备地址设置”,在地址编辑栏中输入 192.168.1.34:34.225(具体含义请参见组态王驱动帮助)。

(4)单击“上一步”修改配置,单击“下一步”弹出设备配置向导——“通信参数”,修改设备通讯出现故障时的尝试恢复策略。

（5）单击"上一步"修改配置，单击"下一步"弹出设备配置向导——"信息总结"。

（6）单击"上一步"修改配置，单击"完成"完成设备配置。

6. 如何配置组态王作为网络设备。

分布在控制系统中的组态王之间可以通过网络进行通讯，访问实时数据。远程访问组态王的实时数据有两种方式：第一种是在客户端上定义服务器站点为一个网络站点设备，然后在客户端上定义变量与该网络站点上的变量连接，访问实时数据；第二种是使用组态王的网络功能直接引用远程站点上的变量，而无需在客户端上定义变量。

这两种方法的特点为：

（1）客户端均可以访问到服务器上的实时数据。

（2）第一种方法需要在客户端上定义变量，如果需要访问的数据较多时，工作量较大，客户端系统的点数也会增加，但可以在本机上直接进行历史数据记录、产生报警等。

（3）第二种方法无需在客户端上定义变量，直接引用服务器上的组态王变量，系统的点数也不会额外增加。但历史数据的访问等只能从历史数据服务器上获得。

这里简单介绍第一种方式的配置方法。

步骤一：定义网络站点设备。

该功能是使用在组态王"NET VIEW"方式下。在工程浏览器的目录显示区，选择大纲项"设备/网络站点"，在右侧的内容显示区显示"新建…"。双击"新建…"，弹出网络节点对话框。在"机器名"文本框中输入远程站点的计算机名称或 IP 地址，如"数据采集站"。如果远程站点有备份机，选择"本节点有备份机"选项，并在"备份机机器名"文本框中输入备份机的名称。这样，当远程站点出现故障切换到备份机时，本地站点也可以自动切换到备份机与备份机进行通讯，保证数据的完整性。输入完成后，单击"确定"按钮。这样一个网络站点设备就建立完成了。在工程浏览器"设备"\"网络站点"下会出现一个名为"数据采集站"的网络站点设备。

步骤二：网络站点设备的使用。

（1）定义网络方式。建立完网络站点设备后，使用该设备之前，应对客户端和服务器端的网络功能进行一些配置。将两端均定义为"连网"模式。

选择工程浏览器大纲项"系统配置/网络配置"，双击该项，弹出网络配置对话框。选择"连网"选项，在"本机节点名"中输入本机的机器名或 IP 地址，如客户端为"客户端"。在"节点类型"属性页中，选择所有选项。

（2）定义变量。在变量的"连接设备"列表中选择网络站点设备，在"远程变量"编辑框中输入对应的远程变量的变量名。这样可以将远程站点上的组态王实时数据采集到客户端上来。实现网络上组态王之间的互相通讯。

二、组态王软件通讯的其他特殊功能

1. 开发环境下的设备通讯测试。

为保证用户对硬件的方便使用，在完成设备配置与连接后，用户在组态王开发环境中即可以对硬件进行测试。对于测试的寄存器可以直接将其加入到变量列表中。当用户选择某设备后，单击鼠标右键弹出浮动式菜单，除 DDE 外的设备均有菜单项"测试 设备名"。如定义亚控仿真 PLC 设备,在设备名称上单击右键,弹出相对应的快捷菜单,使用设备测试时,点击"测试…",选择要进行通讯测试的设备的寄存器。

　　注意:对于不同类型的硬件设备将弹出不同的对话框,如对于串口通讯设备(如串口设备——亚控仿真 PLC)将弹出具有两个属性页的对话框:通讯参数、设备测试。"通讯参数"属性页中主要定义设备连接的串口的参数、设备的定义等。

　　寄存器:从寄存器列表中选择寄存器名称,并填写寄存器的序号(参见组态王设备帮助),然后从"数据类型"列表框中选择寄存器的数据类型。

　　添加:单击该按钮,将定义的寄存器添加到"采集列表"中,等待采集。

　　删除:如果不再需要测试某个采集列表中的寄存器,在采集列表中选择该寄存器,单击该按钮,将选择的寄存器从采集列表中删除。

　　读取/停止:当没有进行通讯测试的时候,"读取"按钮可见,单击该按钮,对采集列表中定义的寄存器进行数据采集。同时,"停止"按钮变为可见。当需要停止通讯测试时,单击"停止"按钮,停止数据采集,同时"读取"按钮变为可见。

　　向寄存器赋值:如果定义的寄存器是可读写的,则测试过程中,在"采集列表"中双击该寄存器的名称,弹出"数据输入"对话框,在"输入数据"编辑框中输入数据,单击确定按钮,数据便被写入该寄存器。

　　加入变量:将当前在采集列表中选择的寄存器定义一个变量添加到组态王的数据词典中。单击该按钮,弹出变量名称对话框,在编辑框中输入该寄存器所对应的变量名称,单击"确定",该变量便加入到了组态王的变量列表中,连接设备和寄存器为当前的设备和寄存器。

　　全部加入:将当前采集列表中的所有寄存器按照给定的第一个变量名称全部增加到组态王的变量列表中,各个变量的变量名称为定义的第一个变量名称后增加序号。如定义的第一个变量名称为"变量",则以后的变量依次为"变量1"、"变量2"等。

　　采集列表:采集列表主要为显示定义的通讯测试的寄存器,以及进行通讯时显示采集的数据、数据的时间戳、质量戳等。

　　开发环境下的设备通讯测试,使用户可以很方便地了解设备的通讯能力,而不必先定义很多的变量和做一大堆的动画连接,省去了很多工作,而且也方便了变量的定义。

　　注意:组态王 6.52 版本可以进行设备测试的有串口类设备、板卡类设备和 OPC 类设备。其他如 DDE、一些特殊通讯卡暂不支持该功能。

　　2. 如何在运行系统中判断和控制设备通讯状态。

　　组态王的驱动程序(除 DDE 外)为每一个设备都定义了 CommErr 寄存器,该寄存器表征设备通讯的状态,是故障状态还是正常。另外,用户还可以通过修改该寄存器的值控制设备通讯的通断。

　　在使用该功能之前,应该先为该寄存器定义一个 I/O 离散型变量,变量为读写型。当该变量的值为 0 或被置为 0 时,表示通讯正常或恢复通讯。当变量的值为 1 或被置为 1 时,表示通讯出现故障或暂停通讯。

　　另外,当某个设备通讯出现故障时,画面上与故障设备相关联的 I/O 变量的数值输出显示都变为"???"号,表示出现了通讯故障。当通讯恢复正常后,该符号消失,恢复为正常数据显示。

⚠注意:组态王软件还可利用 MODEM 对设备进行远程拨号采集数据及使用 GPRS 对设备进行远程通讯,具体设置方法详见组态王软件中(组态王设备帮助)。另外,用户可以自己开发驱动程序——驱动程序开发包。如果用户想要自己开发这样的驱动程序,组态王将提供一个方便适用的驱动程序开发包,该开发包中有说明文档、程序示例等,可以帮助用户快速、有效地开发出自己的驱动程序。

项目四

机械手控制监控系统设计

一、项目目标

1. 进一步熟悉组态王软件的应用方法与技巧。
2. 进一步掌握组态软件与 PLC 的通讯方法及技巧。

二、项目任务

1. 利用组态王 Kingview 创建一个工程项目,在工程项目中创建一个如图 4-1 所示的画面,再设置机械手 x、机械手 y、工件 x、工件 y、运行标志 a、次数 a 等内存变量,设置矩形 A、B、C 等图形部件相关的动画组态。

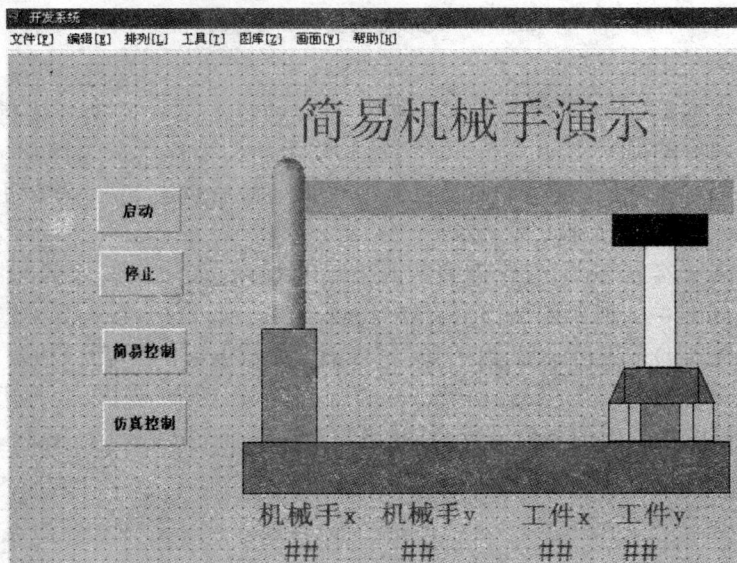

图 4-1　简易机械手演示

2. 将 S7-200 系列 PLC 与计算机的 COM1 连接,再设置放松阀、夹紧阀、下移阀、上移阀、右移阀、左移阀等变量,这些变量分别与西门子 PLC 的 Q0.0、Q0.1、Q0.2、Q0.3、Q0.4、Q0.5 相关联,设置运行标志 b、次数 b 等内存变量。

3. 运行 PLC 程序,运行机械手控制组态工程,用组态软件实时显示简易机械手的动作过程,用 PLC 控制简易机械手电磁阀,实现组态软件与 PLC 联动的仿真。

任务 1 利用组态软件实现机械手仿真

任务实施

(一)新建工程

双击桌面上的组态王图标,启动组态王软件,进入如图 4-2 所示的工程管理器界面。

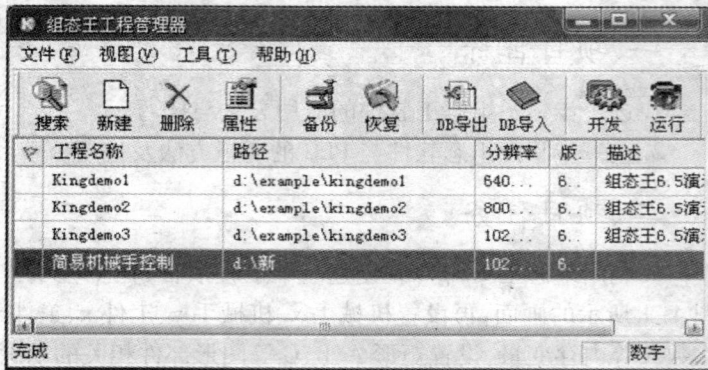

图 4-2 组态王工程管理器界面

新建一个工程:点击工程管理器文件菜单,选择新建工程菜单项,弹出新建工程向导;根据新建工程向导的提示,点击"下一步"按钮,输入新建工程所在的目录;再点击"下一步"按钮,输入新建工程的名称(如简易机械手控制);最后点击"完成"按钮,完成组态王工程"简易机械手控制"新建工程工作。

进入工程浏览器:点击工程管理器的开发命令按钮,或双击新建的"简易机械手控制"工程,进入如图 4-3 所示的工程浏览器界面。

在工程浏览器的工程目录显示区,单击"文件"大纲下面的"画面"成员名,然后在目录内容显示区双击"新建"图标,启动组态王的"画面开发系统"程序,并弹出"新画面"窗口。在这个窗口中将画面的名称设置为"初级演示",画面高度设置为"600",画面宽度设置为"800",如图 4-4 所示。

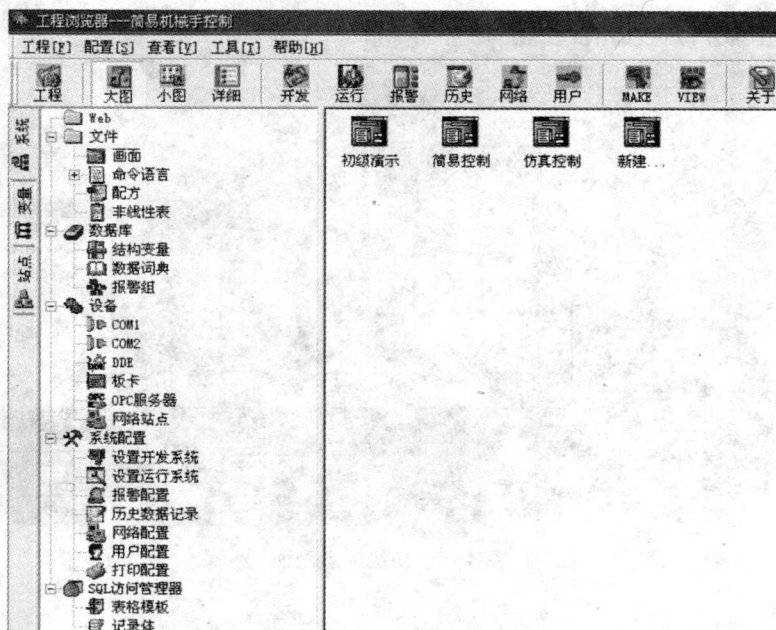

图 4-3　工程浏览器界面

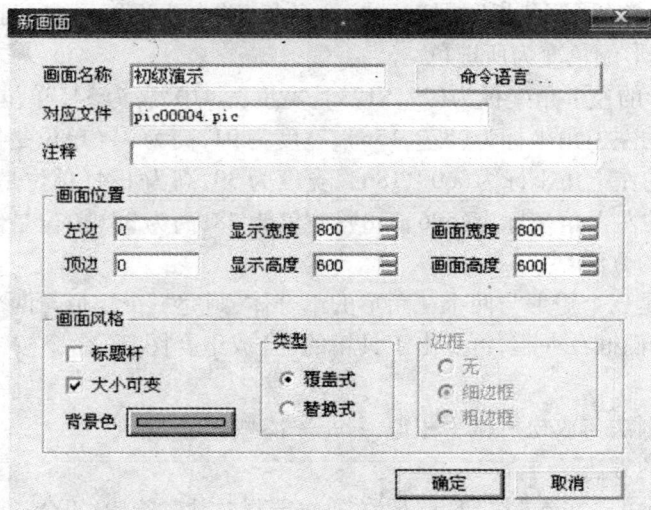

图 4-4　新画面设置

(二)画面设计

使用工具箱绘制简易机械手演示画面:在画面开发系统中使用管道工具、矩形工具、文本工具,组建如图 4-5 所示的画面。

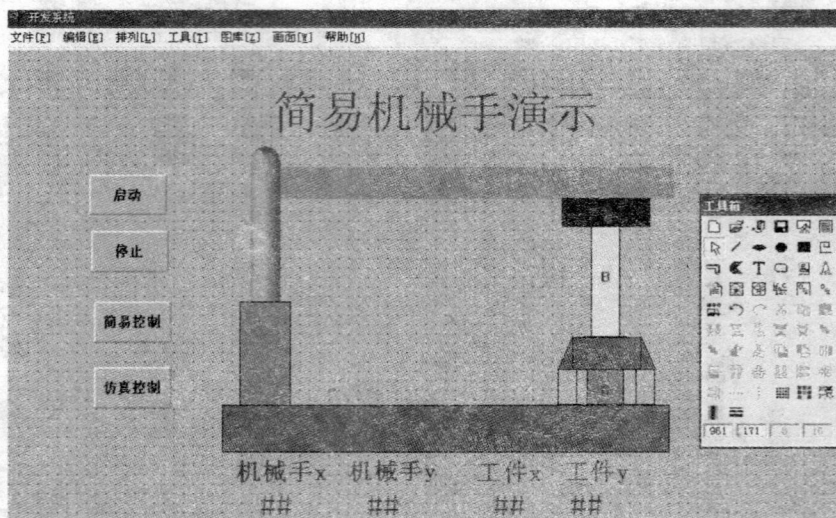

图 4-5 初级演示画面

1. 画矩形的方法：

（1）点击工具箱的"矩形"按钮，在画面上点击一个起始点，然后在画面上拉出合适大小的矩形，在结束处松开鼠标左边按钮，划出水平矩形。

（2）点击工具箱的"调色板"按钮，弹出调色板，单击水平矩形，在调色板为水平矩形选择颜色，水平矩形颜色变为所选色。

（3）水平矩形的左上角坐标为（275,123），宽度为410，高为34（单位是像素）。

（4）矩形 A 的左上角坐标为（570,156），宽度为91，高为31（单位是像素）。

（5）矩形 B 的左上角坐标为（600,186），宽度为30，高为124（单位是像素）。

（6）矩形 C 的左上角坐标为（596,338），宽度为38，高为38（单位是像素）。

2. 画机械手的方法：

放松机械手是三个矩形与两个三角形的组合体，画完三个矩形与两个三角形后，用鼠标拉一个框，把它们框在一起，再点击工具箱的"合成组合图素"命令按钮，将它们组合在一起。

夹紧机械手画法与放松机械手相似，只是紧凑些。

3. 文字输入的方法：

点击工具箱中的"文本"按钮，然后在画面选择文本需放置的合适位置按下鼠标左键，再输入文字即可。

4. 按钮设计：

（1）点击工具箱的"按钮"图标，然后在画面上合适位置按住鼠标拉出一个矩形区域，松开鼠标，该区域显示一个按钮。

（2）用鼠标右键点击按钮，弹出快捷菜单，选择字符串替换命令项，弹出按钮属性对话框，修改按钮文本中的文字为"启动"，再点击"确定"按钮，按钮文本修改完成。

（3）其他停止、简易控制、仿真控制按钮设计按上述方法制作，只是文本分别为"停止"、"简易控制"、"仿真控制"。

（三）定义内存变量

单击工程浏览器的数据库大纲下的数据词典成员名，然后在目录内容显示区双击"新建"图标，出现"定义变量"对话框，如图 4-6 所示。

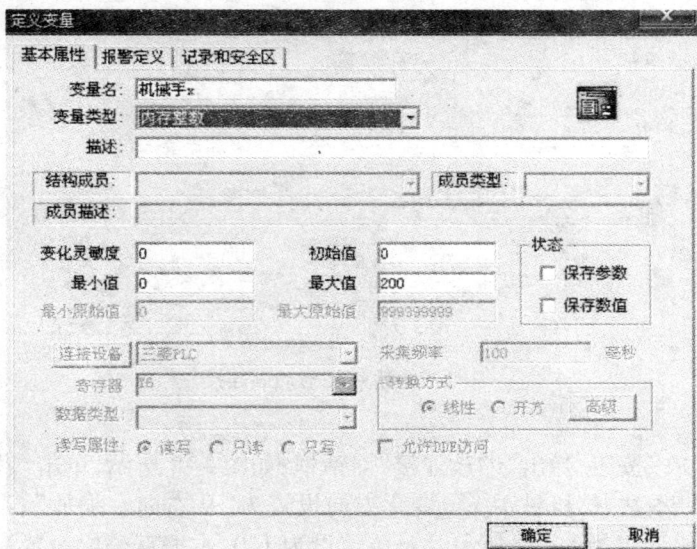

图 4-6　"定义变量"对话框

在基本属性页中输入变量名"机械手 x"，变量类型设置为"内存整数"，其他属性显示为灰色，不可改变，再点击"确定"按钮，则完成了第一个变量"机械手 x"定义。

用同样的方法定义"机械手 y"、"工件 x"、"工件 y"、"运行标志 a"、"次数 a"等变量。

（四）动画连接

建立动画连接是指使画面上的图形对象与数据变量之间建立一定的关系，当变量改变时，画面上的图形对象以图形对象的动画效果表示出来。

要让画面上的图形能够反映出机械手的动作，必须要让这些图形对象能够根据变量的变化而产生一定的动作，如水平移动、垂直移动等。

1. 水平矩形的动画连接。

双击水平矩形，弹出"动画连接"对话框，如图 4-7 所示。

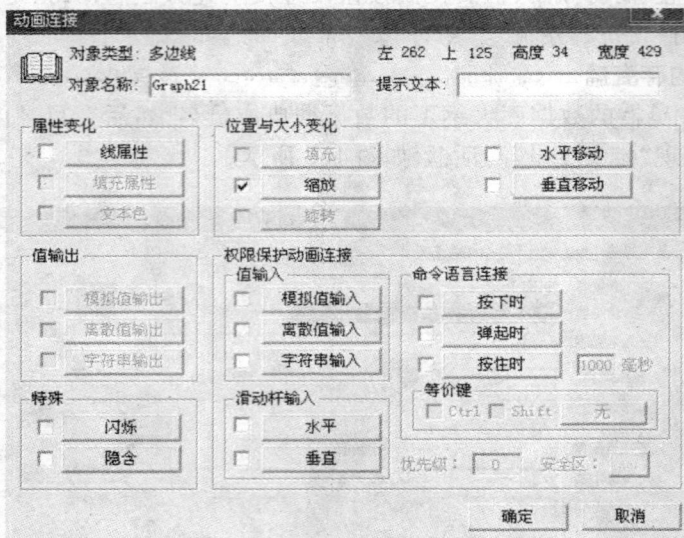

图4-7　水平矩形动画连接

再单击"缩放"按钮,弹出"缩放连接"对话框,如图4-8所示,单击"?"号按钮,将"表达式"设置为"\\本站点\机械手 x",变化方向设置为"从右向左缩放",最小对应值设置为0,占据百分比设置为50%,最大时对应值设为100,占据百分比设置为100%,然后再单击"确定"按钮,回到"动画连接"对话框,再单击"确定"按钮,完成水平矩形的动画连接。

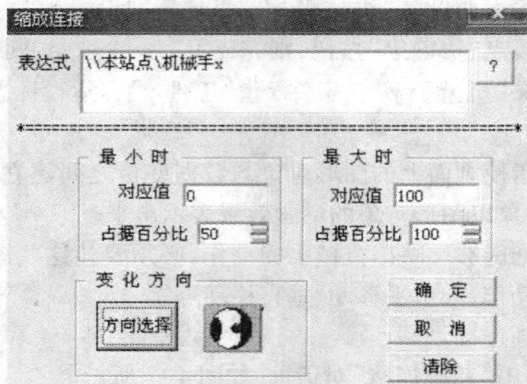

图4-8　设置水平矩形缩放连接

2.矩形图 A 的动画连接。

双击矩形图 A,弹出"动画连接"对话框,再单击"水平移动"按钮,弹出"水平移动"对话框,将"表达式"设置为"\\本站点\机械手 x",向左移动距离设置为200,最左边对应值设置为0,向右移动距离设置为0,最右边时对应值设置为100,再单击"确定"按钮,回到

"动画连接"对话框,再单击"确定"按钮,完成矩形图 A 的动画连接。

　　3. 矩形图 B 的动画连接。

　　双击矩形图 B,弹出"动画连接"对话框,单击"水平移动"按钮,弹出"水平移动"对话框,将"表达式"设置为"\\本站点\机械手 x",向左移动距离设置为 200,最左边对应值设置为 0,向右移动距离设置为 0,最右边时对应值设设置为 100,再单击"确定"按钮,回到"动画连接"对话框。再单击"缩放"按钮,弹出"缩放连接"对话框,将"表达式"设置为"\\本站点\机械手 y",变化方向设置为"从下向上缩放",最小时对应值设置为 0,占据百分比设置为 40%,最大时对应值设置为 100,占据百分比设置为 100%,然后再单击"确定"按钮,回到"动画连接"对话框,再单击"确定"按钮,完成矩形图 B 的动画连接。

　　4. 矩形图 C 的动画连接。

　　双击矩形图 C,弹出"动画连接"对话框,单击"水平移动"按钮,弹出"水平移动"对话框,将"表达式"设置为"\\本站点\工件 x",向左移动距离设置为 200,最左边对应值设置为 0,向右移动距离设置为 0,最右边时对应值设置为 100,再单击"确定"按钮,回到"动画连接"对话框。再单击"垂直移动"按钮,弹出"垂直移动"对话框,将"表达式"设置为"\\本站点\工件 y",向上移动距离设置为 0,最左边对应值设置为 0,向下移动距离设置为 100,最下边时对应值设置为 100,再单击"确定"按钮,回到"动画连接"对话框。然后再单击"确定"按钮,完成矩形图 C 的动画连接。

　　5. 机械手的动画连接。

　　双击松开的机械手,弹出"动画连接"对话框,单击"水平移动"按钮,弹出"水平移动"对话框,将"表达式"设置为"\\本站点\机械手 x",向左移动距离设置为 200,最左边对应值设置为 0,向右移动距离设置为 0,最右边时对应值设置为 100,再单击"确定"按钮,回到"动画连接"对话框。再单击"垂直移动"按钮,弹出"垂直移动"对话框,将"表达式"设置为"\\本站点\机械手 y",向上移动距离设置为 0,最左边对应值设置为 0,向下移动距离设置为 100,最下边时对应值设置为 100,再单击"确定"按钮,回到"动画连接"对话框。单击"隐含"按钮,弹出"隐含连接"对话框,在条件表达式中输入"\\本站点\次数 a>25&&\\本站点\次数 a<140",在表达式为真的单选中选择"隐含",单击"确定"按钮,回到"动画连接"对话框,然后再单击"确定"按钮,完成松开的机械手的动画连接。

　　夹紧机械手与松开机械手的动画连接相类似,只是"隐含连接"时,在条件表达式中输入"\\本站点\次数 a>25&&\\本站点\次数 a<140",在表达式为真的单选中选择"显示"。

(五) 命令语言设计

　　命令语言是一种类似 C 语言的程序,设计人员可以利用命令语言书写的程序来增强应用程序的灵活性,组态王的命令语言分为应用程序命令语言、热键命令语言、事件命令语言、数据改变命令语言、自定义函数命令语言和画面命令语言。

　　命令语言的句法与 C 语言相似,具有完善的语法错误检验功能,丰富的运算功能以及各类函数(数学函数、系统函数、控件函数、字符串函数等)功能。

　　命令语言通过"命令语言"编辑器输入,双击启动按钮,弹出动画连接对话框,单击命令语言连接下"弹起时"按钮,弹出"命令语言"编辑器,如图 4-9 所示。然后由组态王编译执行按键命令语言及启动、停止按钮命令语言。

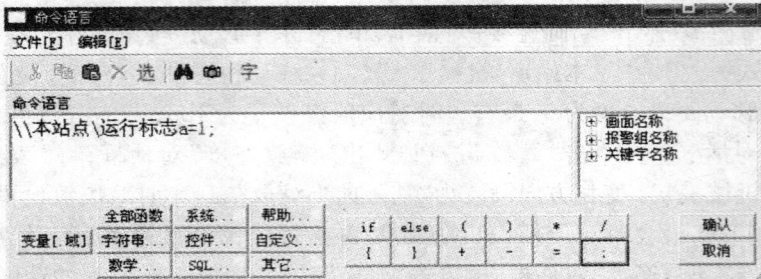

图4-9 "命令语言"编辑器

1. 单击"变量［域］"按钮,弹出变量选择对话框,选择"\\本站点\运行标志 a 变量",再按"确定"按钮,变量"\\本站点\运行标志 a"自动输入"命令语言"编辑器编辑区,在变量后输入"＝1;",按确认按钮,回到动画连接对话框,然后按"确定"按钮,完成启动按钮的命令语言设计。

用同样的方法可以完成"停止"按钮的命令语言设计,在命令语言编辑器输入"\\本站点\运行标志 a＝0;"即可。

2. "简易控制"按钮的命令语言设计方法。

在工程浏览器中新建"简易控制"、"仿真控制"两个新画面。

双击"简易控制"按钮,弹出动画连接对话框,单击命令语言连接下"弹起时"按钮,弹出"命令语言"编辑器,在"命令语言"编辑器中,点击"全部函数"按钮,弹出"选择函数"对话框,选择"ShowPicture"函数,并单击"确定"按钮,回到"命令语言"编辑器;选择"ShowPicture（"PictureName"）;"的"PictureName",在编辑区右边的关键字选择区选取"画面选择"下的"简易控制",编辑区出现"ShowPicture（"简易控制"）;"命令语言,点击"确认"按钮,回到按钮动画连接对话框,点击"确定"按钮,完成"简易控制"按钮的命令语言设计。当运行组态王的简易机械手控制工程时,如果点击"简易控制"按钮,自动弹出"简易控制"画面,即程序跳转到"简易控制"画面运行。

用同样的方法可以完成"仿真控制"按钮的命令语言设计,命令语言内容为"ShowPicture（"仿真控制"）;",该命令语言的作用是运行中如果点击该按钮,程序跳转到"仿真控制"画面运行。

3. 画面命令语言设计。

用鼠标右键点击"初级演示"画面的空白处,弹出快捷菜单,选择"画面属性"菜单项,弹出"画面属性"对话框,在对话框中单击"画面命令语言"按钮,弹出"画面命令语言编辑器"。

选择"显示时"页面,在其中输入下列命令语言:

\\本站点\运行标志 a＝0;

\\本站点\次数 a＝0;

\\本站点\机械手 x＝0;

\\本站点\机械手 y＝0;

\\本站点\工件 x＝0；

\\本站点\工件 y＝100；

这部分程序是"初级演示"画面显示的初始化程序,让机械手回到初始状态,即机械手位于机械手运行系统的左上角、工件位于左下角。

选择"存在时"页面,在其中输入下列命令语言：

if(\\本站点\运行标志 a＝＝1)

｛　if(\\本站点\次数 a>＝0&&\\本站点\次数 a<25)

｛\\本站点\机械手 y＝\\本站点\机械手 y+4；

\\本站点\次数 a＝\\本站点\次数 a+1；

｝

if(\\本站点\次数 a>＝25&&\\本站点\次数 a<40)

｛\\本站点\次数 a＝\\本站点\次数 a+1；

｝

if(\\本站点\次数 a>＝40&&\\本站点\次数 a<65)

｛\\本站点\机械手 y ＝\\本站点\机械手 y-4；

\\本站点\工件 y＝\\本站点\工件 y-4；

\\本站点\次数 a＝\\本站点\次数 a+1；

｝

if(\\本站点\次数 a>＝65&&\\本站点\次数 a<115)

｛\\本站点\机械手 x＝\\本站点\机械手 x+2；

\\本站点\工件 x＝\\本站点\工件 x+2；

\\本站点\次数 a＝\\本站点\次数 a+1；

｝

if(\\本站点\次数 a>＝115&&\\本站点\次数 a<140)

｛\\本站点\机械手 y＝\\本站点\机械手 y+4；

\\本站点\工件 y＝\\本站点\工件 y+4；

\\本站点\次数 a＝\\本站点\次数 a+1；

｝

if(\\本站点\次数 a>＝140&&\\本站点\次数 a<155)

｛\\本站点\次数 a＝\\本站点\次数 a+1；

｝

if(\\本站点\次数 a>＝155&&\\本站点\次数 a<180)

｛\\本站点\机械手 y＝\\本站点\机械手 y-4；

\\本站点\次数 a＝\\本站点\次数 a+1；

｝

if(\\本站点\次数 a>＝180&&\\本站点\次数 a<230)

｛\\本站点\机械手 x＝\\本站点\机械手 x-2；

\\本站点\次数 a＝\\本站点\次数 a+1；

```
        }
      }
if( \\本站点\次数 a==230 )
{ \\本站点\次数 a=0;
  \\本站点\工件 x=0;
  \\本站点\工件 y=100;
}
```

把"运行时"命令语言程序执行的周期设置为 100 ms。

⚙ **注意**:每一项设计任务完成后,注意保存所作修改。

(六)调试运行

1.为了便于调试,在初级画面上增加了部分变量的标签和变量数据显示文本,以便运行时观察变量的变化和机械手的动作。

2.双击工程浏览器"系统配置"大纲下的"设置运行系统"成员项,弹出"设置运行系统"对话框,选择"主画面配置"页面,选择"初级画面"作主画面;然后单击"特殊"页面,将运行系统基准频率和事件变量更新频率均设置为 100 ms,点击"确定"按钮,完成运行系统的配置。

3.在工程浏览器中点击快捷工具栏的"切换到运行系统"按钮或在初级画面点击文件菜单下的"切换到 VIEW"菜单项,进入组态王运行系统。

4.按下"初级画面"的"启动"按钮,可以观察到机械手按控制要求的运行过程,如图 4-10 所示。

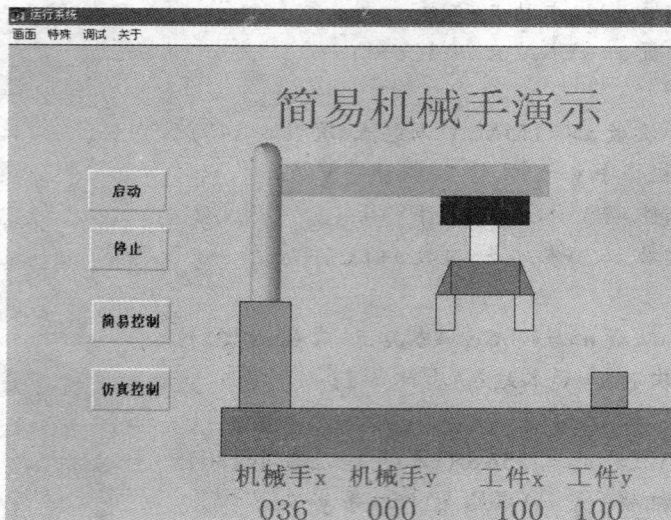

图 4-10　机械手运行示意图

5.按下"停止"按钮,机械手停止运行。

任务 2　利用组态软件实现机械手控制

任务实施

(一)画面设计

1. 新建一个画面,名称设置为"简易控制"。

2. 将初级画面的图形全部拷贝到"简易控制"画面。

3. 在画面上增加六个指示灯、标签和运行轨迹曲线,如图 4-11 所示。

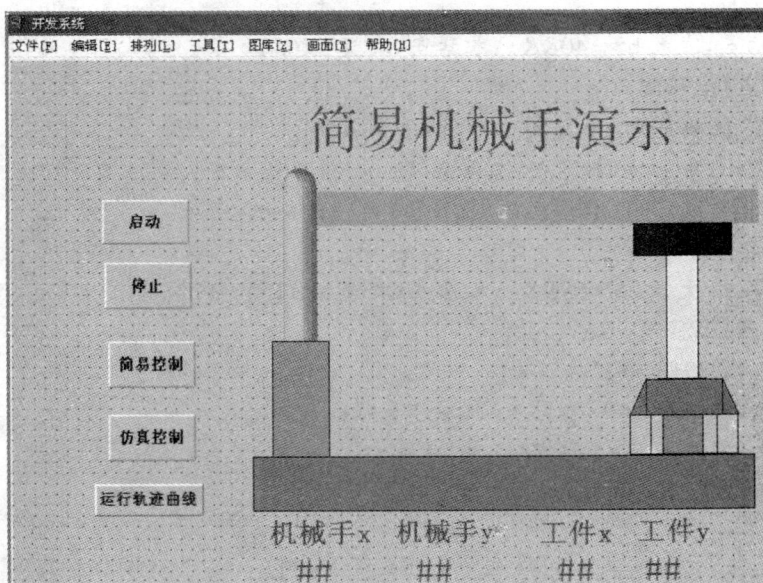

图 4-11　机械手演示画面示意图

　　4. 为了与外部设备关联,配置一台西门子的 PLC。选择工程浏览器的"设备"大纲下的"COM1"成员项,双击目录显示区的新建图标,弹出设备配置向导,根据设备配置向导的指引,将西门子 S7-200 系列的 PLC 配置在 COM1 端口。

　　5. 定义放松阀、夹紧阀、下移阀、上移阀、右移阀、左移阀等变量,并分别与 PLC 的 Q0.0～Q0.5 相关联;再增加运行标志 b、次数 b 等内存变量。

　　6. 设置好"简单控制"画面机械手图形对象的动画连接。

　　7. 设置 6 个指示灯与 PLC 变量间的动画连接。

(二)按钮命令语言设计

按钮命令语言设计方法及程序详见任务 1。

(三)画面命令语言设计

设计"简单控制"画面命令语言程序,程序清单如下。

```
if( \\本站点\运行标志 b = =1)
{   if( \\本站点\次数 b>=0&&\\本站点\次数 b<25)
{\\本站点\下移阀=1;
\\本站点\机械手 y=\\本站点\机械手 y+4;
\\本站点\次数 b=\\本站点\次数 b+1;
}
if( \\本站点\次数 b>=25&&\\本站点\次数 b<40)
{\\本站点\下移阀=0;\\本站点\夹紧阀=1;
\\本站点\次数 b=\\本站点\次数 b+1;
}
if( \\本站点\次数 b>=40&&\\本站点\次数 b<65)
{\\本站点\上移阀=1;
\\本站点\机械手 y=\\本站点\机械手 y-4;
\\本站点\工件 y=\\本站点\工件 y-4;
\\本站点\次数 b=\\本站点\次数 b+1;
}
if( \\本站点\次数 b>=65&&\\本站点\次数 b<115)
{\\本站点\上移阀=0;
\\本站点\右移阀=1;
\\本站点\机械手 x=\\本站点\机械手 x+2;
\\本站点\工件 x=\\本站点\工件 x+2;
\\本站点\次数 b=\\本站点\次数 b+1;
}
if( \\本站点\次数 b>=115&&\\本站点\次数 b<140)
{\\本站点\右移阀=0;
\\本站点\下移阀=1;
\\本站点\机械手 y=\\本站点\机械手 y+4;
\\本站点\工件 y=\\本站点\工件 y+4;
\\本站点\次数 b=\\本站点\次数 b+1;
}
if( \\本站点\次数 b>=140&&\\本站点\次数 b<155)
{\\本站点\下移阀=0;
\\本站点\夹紧阀=0;
\\本站点\放松阀=1;
\\本站点\次数 b=\\本站点\次数 b+1;
}
if( \\本站点\次数 b>=155&&\\本站点\次数 b<180)
{\\本站点\上移阀=1;
```

\\本站点\机械手 y=\\本站点\机械手 y-4;

\\本站点\次数 b=\\本站点\次数 b+1;

}

if(\\本站点\次数 b>=180&&\\本站点\次数 b<230)

{\\本站点\上移阀=0;

\\本站点\左移阀=1;

\\本站点\机械手 x=\\本站点\机械手 x-2;

\\本站点\次数 b=\\本站点\次数 b+1;

}

}

if(\\本站点\次数 b==230)

{\\本站点\左移阀=0;

\\本站点\放松阀=0;

\\本站点\次数 b=0;

\\本站点\工件 x=0;

\\本站点\工件 y=100;

}

该程序中增加了组态王对 PLC 的控制部分的命令语言。

(四)运行轨迹画面设计

1.创建画面。

新建画面,画面名称"超级 XY 曲线"。点击工具箱的"插入通用控件",选择"超级 XY 曲线",如图 4-12 所示。点击"确定"后,鼠标变成"十"字形。然后在画面上画一个矩形框,超级 X-Y 轴曲线控件就放到画面上了,如图 4-13 所示。双击画面的超级 XY 曲线控件,为控件命名为:XY 曲线,保存画面。

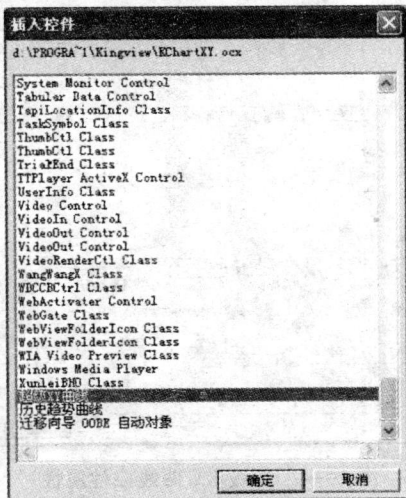

图 4-12　超级 XY 曲线选择

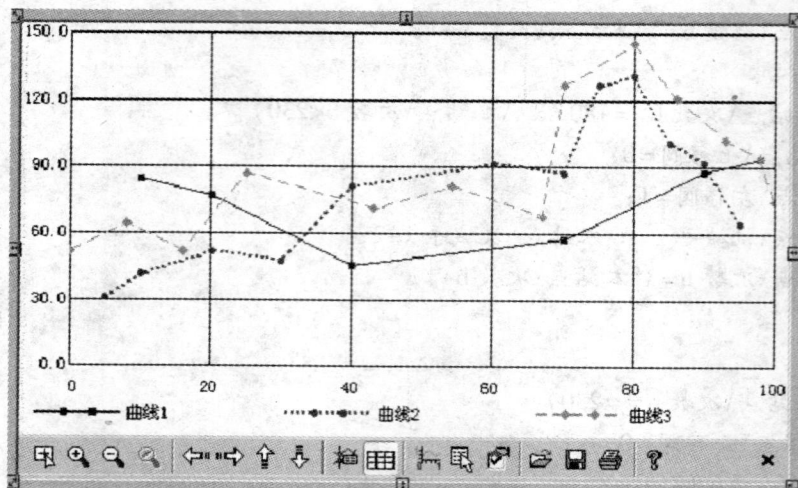

图 4-13　超级 XY 曲线控件画面

2. 控件属性设置。

利用超级 XY 曲线控件的方法可实现描点的功能。首先对 XY 曲线控件进行设置，选择画面中的 XY 曲线，点击右键弹出快捷菜单，选择"控件属性"。如图 4-14 所示，在弹出 XY 曲线控件的属性设置中选择"坐标"选项卡，对 X 轴、Y 轴的坐标进行设置，首先设置 X 轴坐标为最大值 1，最小值 0，小数位数为 2，设置 X 轴标题为"路径"。然后设置 Y 轴坐标，先设置 Y Axis 0，设置 Y 轴标题为"时间"，最大值为 100，最小值为 0，然后点击"更新 Y 轴信息"，完成 Y Axis 0 的设置。

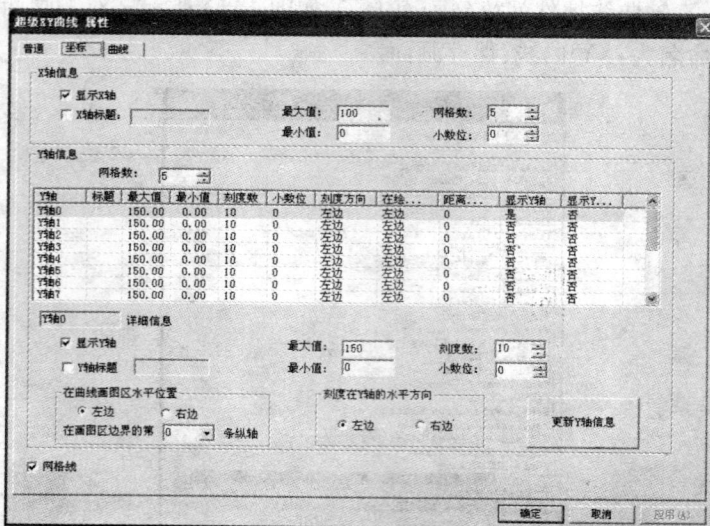

图 4-14　超级 XY 曲线控件属性

(五)运行调试

1. 双击工程浏览器的"设备"大纲下的"COM1"成员项,弹出设置串口 COM1 对话框,设置波特率为 9600 bps,7 位数据位,1 位停止位,偶校验,RS-232 通信方式。

2. PLC 通过 RS-422/RS-232 专用电缆与计算机的 COM1 连接,并将 PLC 的通信协议波特率设置为 9600 bps,7 位数据位,1 位停止位,偶校验。

3. 切换到组态王运行模式,按下启动按钮,观察画面上机械手的动作过程和指示灯的变化,观察 PLC 的输出端 Q0.0~Q0.5 的状态变化。

4. 按下"停止"按钮,机械手停止运行。

5. 如果机械手动作与控制要求不一致,则需要综合分析问题出现的原因,并根据具体情况作出处理。

任务3 用组态软件实现机械手的监控仿真

任务实施

(一)画面设计

1. 新建一个画面,名称设置为"仿真控制"。

2. 将简易画面的图形全部拷贝到"仿真控制"画面。

3. 在指示灯旁增加 6 个开关对象。

4. 设置好"简单控制"画面机械手图形对象的动画连接。

5. 设置 6 个指示灯、开关与 PLC 变量间的动画连接。

(二)按钮命令语言设计

按钮命令语言设计方法及程序详见任务 1。

(三)PLC 简易机械手控制程序设计

按照如下步骤进行 PLC 简易机械手控制程序设计,并下载到 PLC。

1. PLC 的 I/O 地址分配,如表 4-1 所示。

表 4-1 PLC 的 I/O 分配

输入		输出	
I0.0	启动	Q0.0	放松电磁阀
I0.1	停止	Q0.1	夹紧电磁阀
I0.3	左限位	Q0.2	下移电磁阀
I0.4	右限位	Q0.3	上移电磁阀
I0.5	下限位	Q0.4	右移电磁阀
I0.6	上限位	Q0.5	左移电磁阀
I0.7	手动/自动		
I1.0	手动放松		
I1.1	手动夹紧		
I1.2	手动下移		
I1.3	手动上移		
I1.4	手动右移		
I1.5	手动左移		

2. 系统控制过程分析。

该控制系统要实现的是步进控制,用移位寄存器和移位指令来编程。所需的 I/O 点数为 14/10 点,采用 RS-232 串行通信标准接口的通信电缆实现虚拟系统的上位机与下位机的通信。其 I/O 分配部分的输入部分:主要包括 I1.1 手动/自动切换开关,主要用于手动与自动的切换;I0.0、I1.0 分别为自动方式下启动与停止开关;I1.3、I1.4 分别为在自动方式下的单周期运动与连续运动,即当 I1.3 接通时,按一次启动按钮,机械手完成一个周期的运动,完成后返回原位停止,再按一次完成下一周期的运动,当 I1.4 接通时,按一次启动后机械手自动作循环周期运动,直到按下停止按钮机械手才在完成一个周期后返回原位停止;I0.1、I0.2、I0.3、I0.4、I0.5、I0.6、I0.7 则分别为上下限位开关、上升定位开关以及 B、C、D 轴的旋转定位开关和工件检测开关,主要用于机械手运动的定位及检测工件是否到位,以实现机械手的准确抓取与运动。输出部分则主要包括:Q0.6 机械手原位指示灯;Q0.0、Q0.1 分别为驱动电磁阀下降、上升接触器;Q0.2、Q0.3、Q0.4、Q0.7、Q1.0、Q1.1 分别为 B、C、D 顺时针与逆时针旋转接触器;Q0.5 为夹紧电磁阀线圈,驱动电机使机械手夹紧工件。

3. 系统控制过程流程分析。

PLC 的程序控制流程如图 4-15 所示。

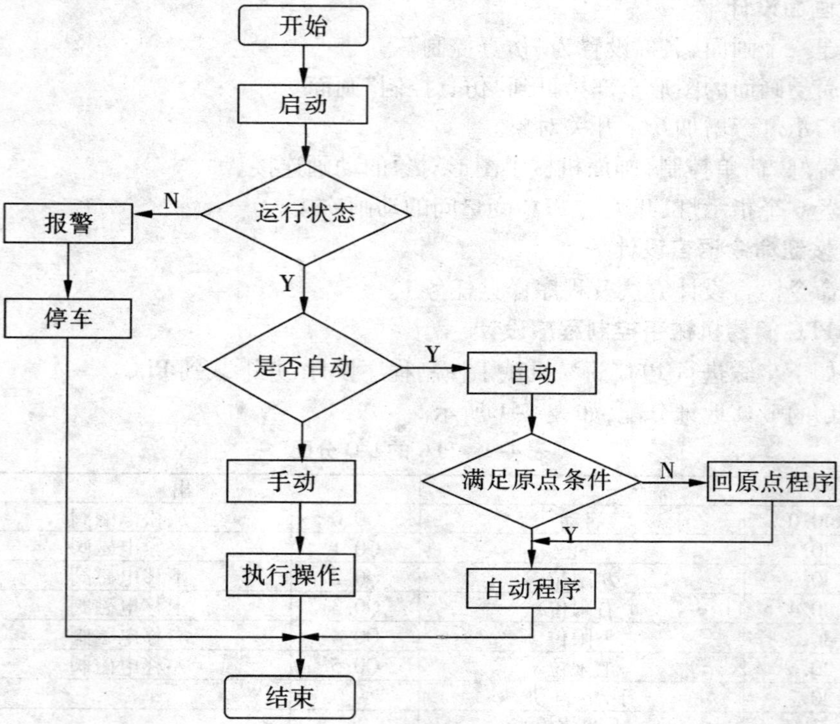

图 4-15　PLC 程序控制流程

机械手的控制过程分为手动和自动两种操作方式,因此控制程序的编制可分为自动控制程序与手动控制程序两个模块来编写,各模块程序分开编写,结构清晰,便于调试和修改。其中在自动控制工作方式下,机械手的运动过程是以开关量作为转移信号,根据工艺流程一步一步地进行工作,其控制过程为顺序循环控制,可选择用步进循环控制的指令进行编程,当下一工步的指令被置位时,前一工步的状态就自动复位,其编程过程简单易懂,一目了然。手动控制过程则是对机械手的每一动作设置开关按钮,当按动哪一步开关按钮时则执行哪一步动作。手动控制主要用于机械手的故障检修。

4. PLC 控制系统程序设计。

根据系统要求及系统控制流程设计 PLC 系统控制程序如图 4-16 所示。

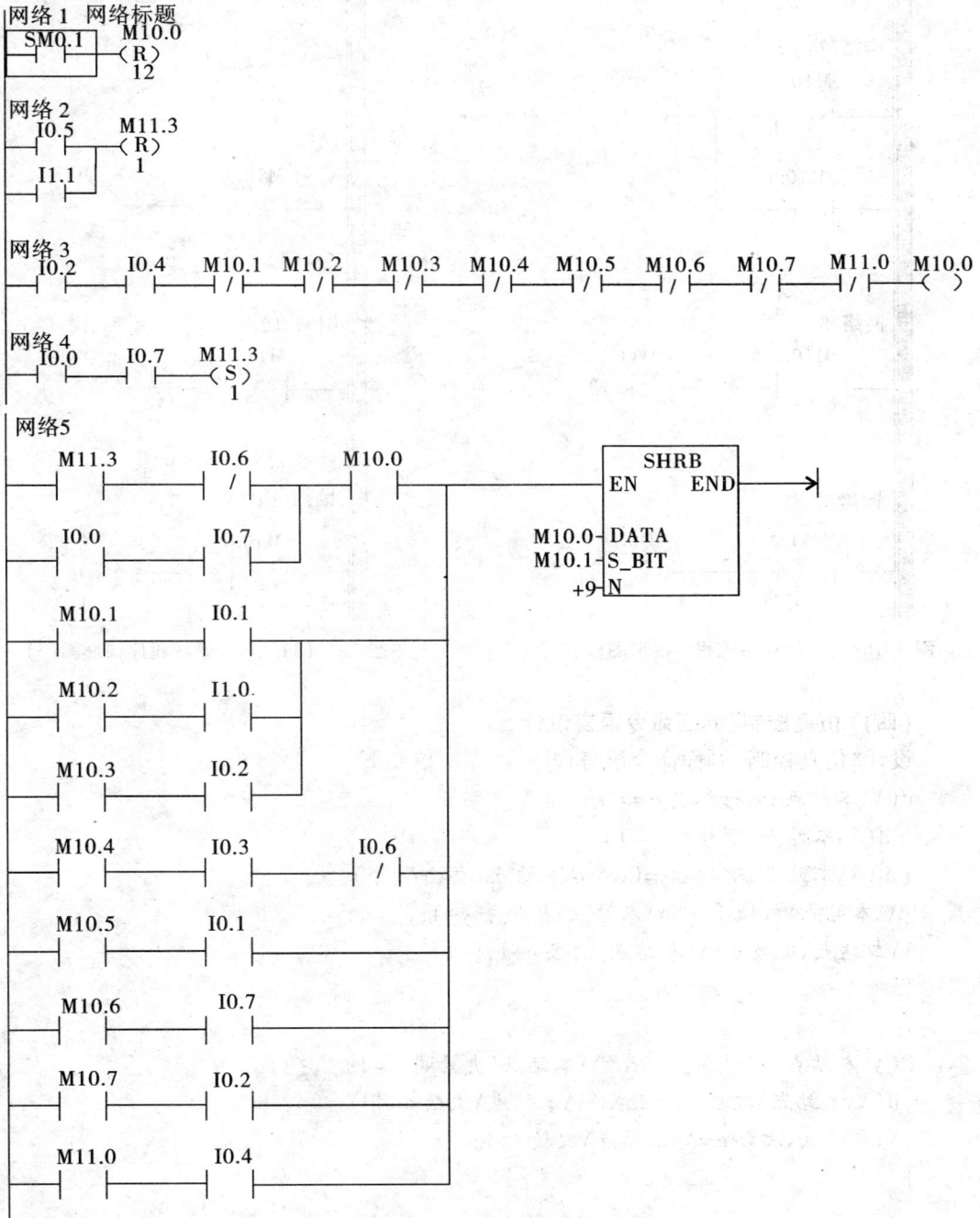

图 4-16(1)　PLC 系统程序梯形图(1)

网络 6

```
    M10.0              Q0.5
────┤ ├──────────────( )
```

网络 7

```
    M10.1              Q0.0
────┤ ├───────┬──────( )
    M10.5     │
────┤ ├───────┘
```

网络 8

```
    M10.2              M11.2
────┤ ├──────────────( S )
                        1
```

网络 9

```
    M11.2              Q0.1
────┤ ├──────────────( )
```

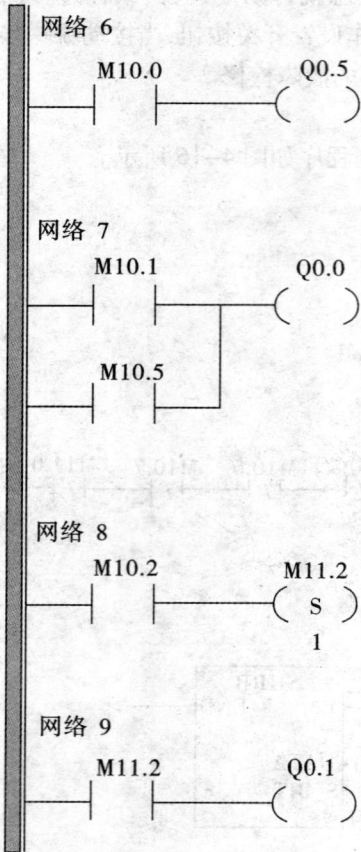

图 4-16(2) PLC 系统程序梯形图(2)

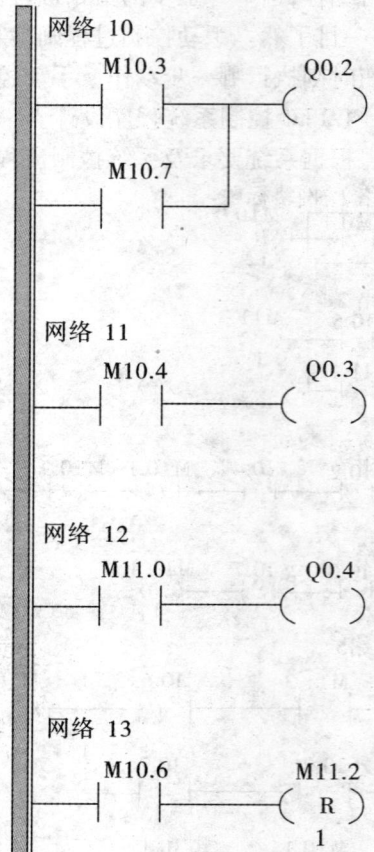

网络 10

```
    M10.3              Q0.2
────┤ ├───────┬──────( )
    M10.7     │
────┤ ├───────┘
```

网络 11

```
    M10.4              Q0.3
────┤ ├──────────────( )
```

网络 12

```
    M11.0              Q0.4
────┤ ├──────────────( )
```

网络 13

```
    M10.6              M11.2
────┤ ├──────────────( R )
                        1
```

图 4-16(3) PLC 系统程序梯形图(3)

(四)"仿真控制"画面命令语言设计

设计"仿真控制"画面命令语言程序,程序清单如下。

if(\\本站点\运行标志 c==1)
｛ if(\\本站点\下移阀==1)
｛ if(\\本站点\次数 c>=0&&\\本站点\次数 c<25)
｛\\本站点\机械手 y=\\本站点\机械手 y+4;

\\本站点\次数 c=\\本站点\次数 c+1;

｝

｝

if(\\本站点\下移阀==0&&\\本站点\夹紧阀==1)
｛if(\\本站点\次数 c>=25&&\\本站点\次数 c<40)
｛\\本站点\次数 c=\\本站点\次数 c+1;

｝

｝

```
if( \\本站点\上移阀==1)
{if( \\本站点\次数 c>=40&&\\本站点\次数 c<65)
{\\本站点\机械手 y=\\本站点\机械手 y-4;
\\本站点\工件 y=\\本站点\工件 y-4;
\\本站点\次数 c=\\本站点\次数 c+1;
}
}
if( \\本站点\上移阀==0&&\\本站点\右移阀==1)
{if( \\本站点\次数 c>=65&&\\本站点\次数 c<115)
{\\本站点\机械手 x=\\本站点\机械手 x+2;
\\本站点\工件 x=\\本站点\工件 x+2;
\\本站点\次数 c=\\本站点\次数 c+1;
}
}
if( \\本站点\右移阀==0&&\\本站点\下移阀==1)
{if( \\本站点\次数 c>=115&&\\本站点\次数 c<140)
{\\本站点\机械手 y=\\本站点\机械手 y+4;
\\本站点\工件 y=\\本站点\工件 y+4;
\\本站点\次数 c=\\本站点\次数 c+1;
}
}
if( \\本站点\下移阀==0&&\\本站点\夹紧阀==0&&\\本站点\放松阀==1)
{if( \\本站点\次数 c>=140&&\\本站点\次数 c<155)
{\\本站点\次数 c=\\本站点\次数 c+1;
}
}
if( \\本站点\放松阀==1&&\\本站点\上移阀==1)
{if( \\本站点\次数 c>=155&&\\本站点\次数 c<180)
{\\本站点\机械手 y=\\本站点\机械手 y-4;
\\本站点\次数 c=\\本站点\次数 c+1;
}
}
if( \\本站点\上移阀==0&&\\本站点\左移阀==1)
{if( \\本站点\次数 c>=180&&\\本站点\次数 c<230)
{\\本站点\机械手 x=\\本站点\机械手 x-2;
\\本站点\次数 c=\\本站点\次数 c+1;
}
}
```

```
         }
  if( \\本站点\次数 c = = 230)
  { \\本站点\左移阀 = 0;
  \\本站点\放松阀 = 0;
  \\本站点\次数 c = 0;
  \\本站点\工件 x = 0;
  \\本站点\工件 y = 100;
         }
```

　　该程序与简易控制的不同在于 PLC 运行的结果成了组态软件画面图形动作的条件,只有当条件满足时,图形对象才可以按动画设计要求动作。

(五) 运行调试

　　1. PLC 切换到运行状态。

　　2. 组态软件切换到运行模式。

　　3. 控制 PLC 简易机械手程序的运行,观察仿真控制画面机械手的动作。

　　4. 如果机械手动作与控制要求不一致,则需要综合分析问题出现的原因,并根据具体情况作出处理。

知识拓展

一、什么是控件

　　控件实际上是可重用对象,用来执行专门的任务。每个控件实质上都是一个微型程序,但不是一个独立的应用程序,通过控件的属性、方法等控制控件的外观和行为,接受输入并提供输出。例如,Windows 操作系统中的组合列表框就是一个控件,通过设置属性可以决定组合列表框的大小,要显示文本的字体类型,以及显示的颜色。组态王的控件(如棒图、温控曲线、X–Y 轴曲线)就是一种微型程序,它们能提供各种属性和丰富的命令语言函数以完成各种特定的功能。

二、控件的作用

　　控件在外观上类似于组合图素,工程人员只需把它放在画面上,然后配置控件的属性,进行相应的函数连接,控件就能完成复杂的功能。

　　当所实现的功能由主程序完成时需要制作很复杂的命令语言,或根本无法完成时,可以采用控件。主程序只需要向控件提供输入,而剩下的复杂工作由控件去完成,主程序无需"理睬"其过程,只要控件提供所需要的结果输出即可。另外,控件的可重用性也提供了方便。比如画面上需要多个二维条图,用以表示不同变量的变化情况,如果没有棒图控件,则首先要利用工具箱绘制多个长方形框,然后将它们分别进行填充连接,每一个变量对应一个长方形框,最后把这些复杂的步骤合在一起,才能完成棒图控件的功能。而直接利用棒图控件,工程人员只要把棒图控件拷贝到画面上,对它进行相应的属性设置和命令语言函数的连接,就可实现用二维条图或三维条图来显示多个不同变量的变化情况。

三、组态王支持的控件

组态王本身提供了很多内置控件,如列表框、选项按钮、棒图、温控曲线、视频控件等,这些控件只能通过组态王主程序来调用,其他程序无法使用,这些控件的使用主要是通过组态王相应控件函数或与之连接的变量实现(其使用方法请参见组态王帮助)。

随着 Active X 技术的应用,Active X 控件也普遍被使用。组态王支持符合其数据类型的 Active X 标准控件。这些控件包括 Microsoft Windows 标准控件和任何用户制作的标准 Active X 控件。这些控件在组态王中被称为"通用控件",本手册及组态王程序中但凡提到"通用控件",既指 Active X 控件。

组态王内置控件是组态王提供的、只能在组态王程序内使用的控件。它能实现控件的功能,组态王通过内置的控件函数和连接的变量来操作、控制控件,从控件获得输出结果。其他用户程序无法调用组态王内置控件。这些控件包括棒图控件、温控曲线、X-Y 曲线、列表框、选项按钮、文本框、超级文本框、AVI 动画播放控件、视频控件、开放式数据库查询控件、历史曲线控件等。在组态王中加载内置控件,可以单击工具箱中的"插入控件"按钮,如图 4-17 所示。

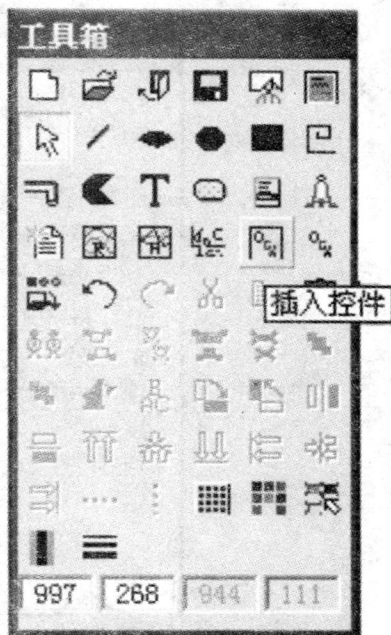

图 4-17 工具箱——插入控件按钮

(一)立体棒图控件

1. 创建棒图控件到画面。

使用棒图控件,需先在画面上创建控件。单击工具箱中的"插入控件"按钮,如图 4-17 所示,或选择画面开发系统中的"编辑"\"插入控件"菜单,系统弹出"创建控件"对话框。在种类列表中选择"趋势曲线",在右侧的内容中选择"立体棒图"图标,单击对话框上的"创建"按钮,或直接双击"立体棒图"图标,关闭对话框。此时鼠标变成小"十"字形,在画面上需要插入控件的地方按下鼠标左键,拖动鼠标,画面上出现一个矩形框,表示创建后控件界面的大小,松开鼠标左键,控件在画面上显示出来,如图 4-18所示。

控件周围有带箭头的小矩形框,鼠标挪到小矩形框上,鼠标箭头变为方向箭头时,按下鼠标左键并拖动,可以改变控件的大小。当鼠标在控件上变为双"十"字形时,按下鼠标左键并拖动,可以改变控件的位置。

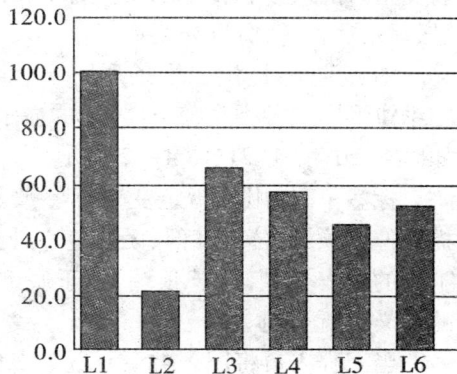

图 4-18 棒图控件

棒图每一个条形图下面对应一个标签 L1、L2、L3、L4、L5、L6。这些标签分别和组态王数据库中的变量相对应,当数据库中的变量发生变化时,则与每个标签相对应的条形图的高度也随之动态地发生变化,因此通过棒图控件可以实时地反应数据库中变量的变化情况。另外,工程人员还可以使用三维条形图和二维饼形图进行数据的动态显示。

2.设置棒图控件的属性。

用鼠标双击棒图控件,则弹出棒图控件属性页对话框,如图4-19所示。

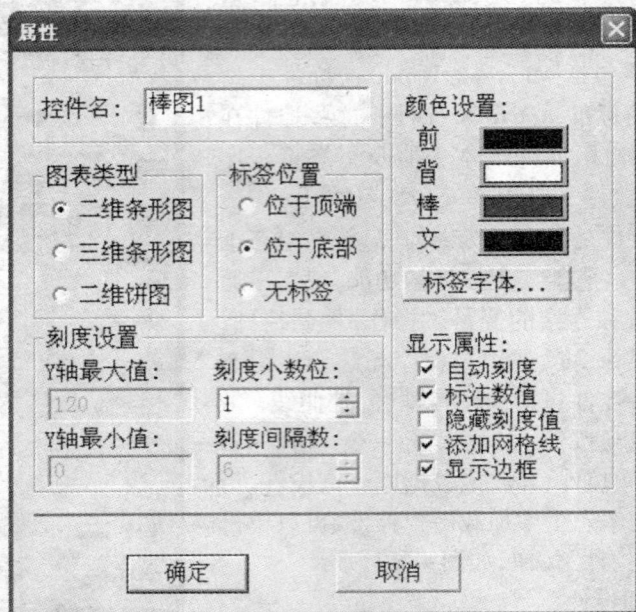

图4-19 棒图控件属性设置

在此属性页可设置棒图控件的控件名称、图表类型、标签位置、颜色设置、刻度设置、字体型号、显示属性等,分别介绍如下。

图表类型:提供二维条形图、三维条形图和二维饼形图三种类型,三种类型的显示效果分别如图4-20、图4-21、图4-22所示。

标签位置:用于指定变量标签放置的位置,提供位于顶端、位于底部、无标签三种类型,对于不同的图表类型,位于顶端、位于底部两种类型的含义有所不同。

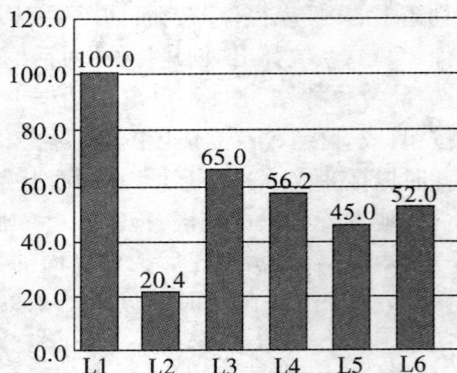

图4-20 二维条形图

当工程人员将图表类型设置为二维条形图、三维条形图时,位于顶端是指变量标签处于条形图的上部,位于底部是指变量标签处于条形图和横坐标的下面,分别如图4-23、图4-24所示。

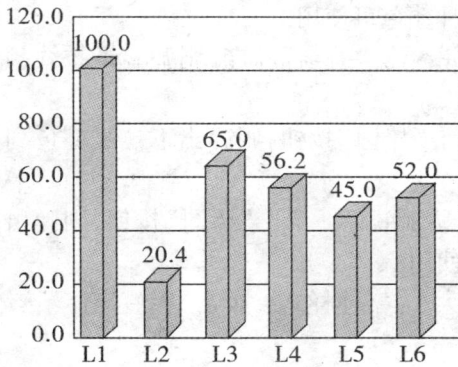
图4-21　三维条形图

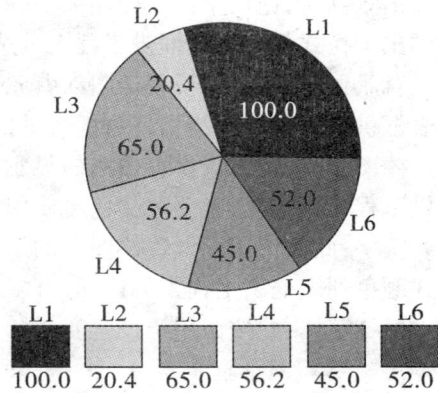
图4-22　二维饼形图

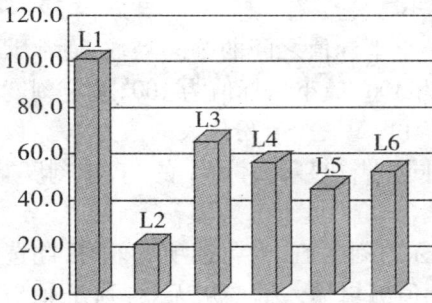
图4-23　变量标签位于顶端

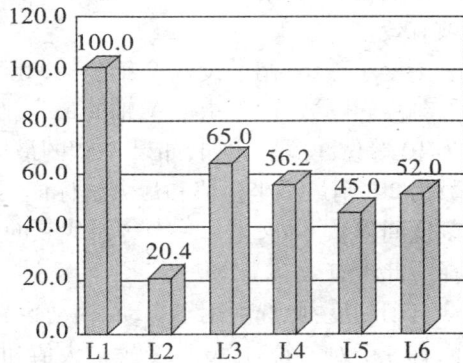
图4-24　变量标签位于底部

当人员将图表类型设置为二维饼形图时,位于顶端是指标签对应的变量值(用百分数表示)处于饼形图的外部,位于工程底部是指标签对应的变量值(用百分数表示)处于饼形图的内部,分别如图4-25、图4-26所示。

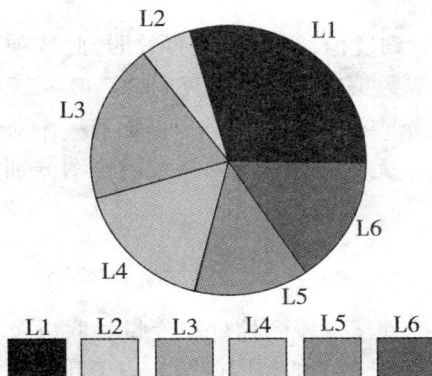
图4-25　变量值处于饼形图的外部

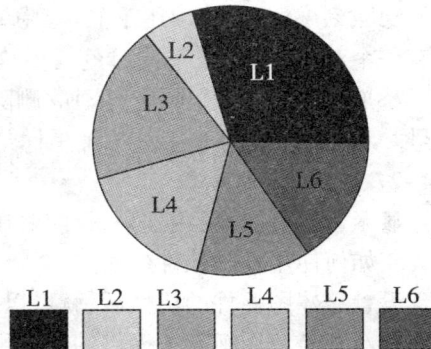
图4-26　变量值处于饼形图的内部

前景：此按钮用于设置棒图纵坐标刻度值、变量标签的显示颜色。单击"前景"按钮，则弹出下拉式颜色列表框供工程人员选择，有多种颜色可使用。

背景：此按钮用于设置棒图的背景显示颜色。单击"背景"按钮，则弹出下拉式颜色列表框供工程人员选择，有多种颜色可使用。

棒图：此按钮用于设置棒图的显示颜色。单击"棒图"按钮，则弹出下拉式颜色列表框供工程人员选择，有多种颜色可使用。

文字：此按钮用于设置棒图上的所带文字的显示颜色。单击"棒图"按钮，则弹出下拉式颜色列表框供工程人员选择，有多种颜色可使用。

标签字体：此按钮用于设置变量标签的字体大小、字体样式。单击"标签字体"按钮，则弹出"字体"对话框。

Y 轴最大值：用于设置 Y 轴的最大坐标值。当"显示属性"中的"自动刻度"不选择时此项有效。

Y 轴最小值：用于设置 Y 轴的最小坐标值。当"显示属性"中的"自动刻度"不选择时此项有效。

刻度小数位：用于设置 Y 轴坐标刻度值的有效小数位。

刻度间隔数：用于指定 Y 轴的最大坐标值和最小坐标值之间的等间隔数，通常默认值为 10 等份间隔。比如，如果 Y 轴的最大坐标值为 300，最小坐标值为 100，设定刻度间隔数为 20，则最小坐标值和最大坐标值之间有 20 等份，每一个等份代表的值为 10。设定的刻度间隔数不同，则每一个等份代表的值也不相同。当"显示属性"中的"自动刻度"不选择时此项有效。

自动刻度：此选项用于自动/手动设置 Y 轴坐标的刻度值，当此选项有效时，此选项前面有一个对勾符号"√"，Y 轴最大值和 Y 轴最小值编辑输入框变灰无效，则 Y 轴坐标的刻度将根据温控曲线中的最大值进行自动设置和调整，而且 Y 轴坐标的最大刻度值比温控曲线中的最大值要大一点，即留一定余量，例如，当温控曲线中的最大值为 100 时，则 Y 轴坐标的最大刻度为 101，当温控曲线中的最大值为 500 时，则 Y 轴坐标的最大刻度为 501；当"自动刻度"选项无效时，则需要设定 Y 轴坐标刻度的最大值和 Y 轴坐标刻度的最小值，而且 Y 轴坐标的刻度也不能根据温控曲线中的最大值进行自动设置和调整。

标注数值：此选项用于显示/隐藏棒图上的标注数值。

隐藏刻度值：此选项用于显示/隐藏 Y 轴坐标的刻度值，当此选项有效时，此选项前面有一个对勾符号"√"，同时刻度小数位和刻度间隔数编辑输入框变灰无效。

添加网格线：此选项用于添加/删除网格线，当此选项有效时，此选项前面有一个对勾符号"√"，网格线用于标识 Y 轴坐标刻度值的大小。无网格线和有网格线的棒图分别如图4-27、图 4-28 所示。

显示边框：此选项用于显示/隐藏棒图的边框。

3. 如何使用棒图控件。

设置完棒图控件的属性后，就可以准备使用该控件了。棒图控件与变量关联以及棒图的刷新都是使用组态王提供的棒图函数来完成的。组态王的棒图函数有以下几种。

chartAdd（"ControlName"，Value，"label"）：此函数用于在指定的棒图控件中增加一

个新的条形图。

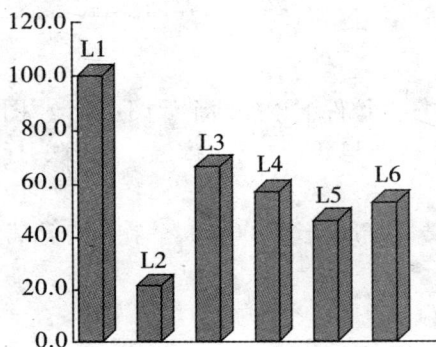

图4-27　无网格线的棒图

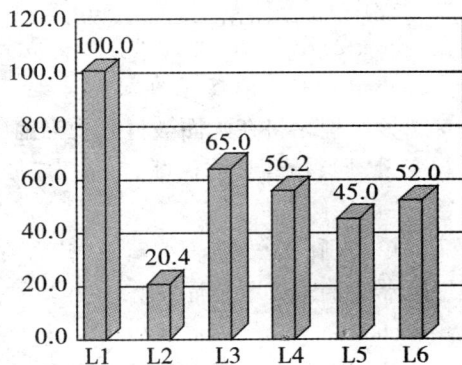

图4-28　有网格线的棒图

chartClear（"ControlName"）:此函数用于在指定的棒图控件中清除所有的棒形图。

chartSetBarColor（"ControlName"，barIndex，colorIndex）:此函数用于在指定的棒图控件中设置条形图的颜色。

chartSetValue（"ControlName"，Index，Value）:此函数用于在指定的棒图控件中设定/修改索引值为 Index 的条形图的数据。

例如:要在画面上棒图显示变量"原料罐温度"和"反应罐温度"的值的变化,则可以按照以下步骤进行。

在画面上创建棒图控件,定义控件的属性,如图4-29 所示,棒图名称为"温度棒图",图标类型选择"三维条形图",其他选项为默认值。定义完成后,单击"确定"按钮,关闭属性对话框。

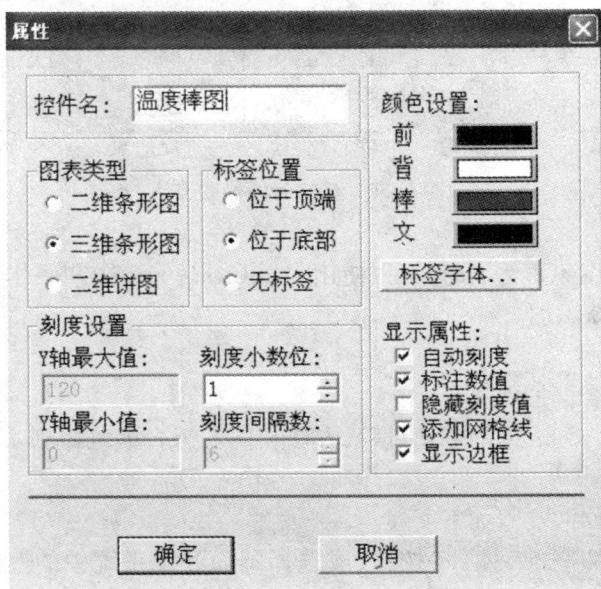

图4-29　定义棒图控件属性

在画面上单击右键,在弹出的快捷菜单中选择"画面属性",在弹出的画面属性对话框中选择"命令语言"按钮,单击"显示时"标签,在命令语言编辑器中添加如下程序:

chartAdd("温度棒图", \\本站点\原料罐温度, "原料罐");

chartAdd("温度棒图", \\本站点\反应罐温度, "反应罐");

该段程序将在画面被打开为当前画面时执行,在棒图控件上添加两个棒图:一个棒图与变量"原料罐温度"关联,标签为"原料罐";第二个棒图与变量"反应罐温度"关联,标签为"反应罐"。

单击画面命令语言编辑器的"存在时"标签,定义执行周期为1000 ms。在命令语言编辑器中输入如下程序:

chartSetValue("温度棒图", 1, \\本站点\原料罐温度);

chartSetValue("温度棒图", 2, \\本站点\反应罐温度);

这段程序将在画面被打开为当前画面时每隔1000 ms用相关变量的值刷新一次控件。关闭命令语言编辑器,保存画面,则运行时打开该画面,如图4–30所示。每隔1000 ms系统会用相关变量的值刷新一次控件,而且控件的数值轴标记随绘制的棒图中最大的一个棒图值的变化而变化(这就是自动刻度)。

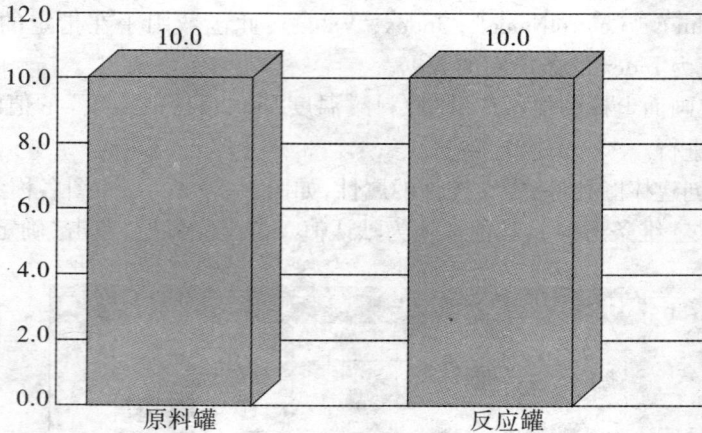

图4–30 运行时的棒图控件

当画面中的棒图不再需要时,可以使用chartClear( )函数清除当前的棒图,然后再用chartAdd( )函数重新添加。

(二)组合框控件

1. 如何使用组合框控件。

组合框的创建与列表框的创建过程、方法相同。组合框是由列表框和文本编辑框组合而成的。

创建列表框控件的步骤如下所述。

单击工具箱中的"插入控件"按钮,或选择画面开发系统中的"编辑"\"插入控件"菜单。

　　在种类列表中选择"窗口控制",在右侧的内容中选择"列表框"图标,单击对话框上的"创建"按钮,或直接双击"列表框"图标,关闭对话框。此时鼠标变成小"十"字形,在画面上需要插入控件的地方按下鼠标左键,拖动鼠标,画面上出现一个矩形框,表示创建后控件界面的大小。松开鼠标左键,控件在画面上显示出来。控件周围有带箭头的小矩形框,鼠标挪到小矩形框上,鼠标箭头变为方向箭头时,按下鼠标左键并拖动,可以改变控件的大小,如图4-31所示。当鼠标在控件上变为双"十"字形时,按下鼠标左键并拖动,可以改变控件的位置。

　　从外观上看,画面上放置的列表框控件与普通的矩形图素相似,但在进行动画连接和运行环境中是不同的。

　　2. 设置列表框控件的属性。

　　在使用列表框控件之前,需要先对控件的属性进行设置,设置控件名称、关联的变量和操作权限等。操作步骤如下:

　　用右键单击列表框控件,弹出浮动式菜单,如图4-32所示。

图 4-31　列表框控件

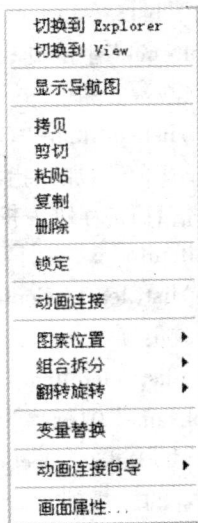

图 4-32　浮动式菜单

　　选择菜单命令"动画连接",弹出"列表框控件属性"对话框,或用左键双击列表框控件,弹出"列表框控件属性"对话框,如图4-33所示。

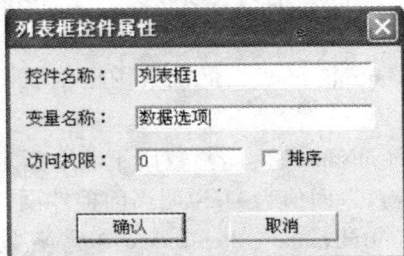

图 4-33　列表框控件属性设置

控件名称:定义控件的名称。一个列表框控件对应一个控件名称,而且是唯一的,不能重复命名。控件的命名应该符合组态王的命名规则。

变量名称:指定与当前列表框控件关联的变量,该变量为组态王数据字典中已定义的字符串型变量。

访问权限:设置访问该列表框的操作级别,权限级别从 1～999。

排序:此选项有效时列表框中的内容按字母顺序排列。

列表框属性定义完成后,单击"确认"按钮关闭对话框。

3. 如何使用列表框控件。

列表框控件中数据项的添加、修改、获取或删除等操作都是通过列表框控件函数实现的。首先认识以下列表框控件函数。

(1) listLoadList("ControlName","Filename"):此函数用于将 CSV 格式文件"Filename"中的列表项调入指定的列表框控件"ControlName"中,并替换列表框中的原有列表项。列表框中只显示列表项的成员名称(字符串信息),而不显示相关的数据值。

(2) listSaveList("ControlName","Filename"):此函数用于将列表框控件"ControlName"中的列表项信息存入 CSV 格式文件"Filename"中。如果该文件不存在,则直接创建。

(3) listAddItem("ControlName","MessageTag"):此函数将给定的列表项字符串信息"MessageTag"增加到指定的列表框控件"ControlName"中并显示出来。组态王将增加的字符串信息作为列表框中的一个成员项——Item,并自动给这个成员项定义一个索引号——ItemIndex,索引号 ItemIndex 从 1 开始由小到大自动加 1。

(4) listClear("ControlName"):此函数将清除指定列表框控件"ControlName"中的所有列表成员项。

(5) listDeleteItem("ControlName",ItemIndex):此函数将在指定的列表框控件"ControlName"中删除索引号为 ItemIndex 的成员项。

(6) listDeleteSelection("ControlName"):此函数将删除列表框控件"ControlName"中当前选定的成员项。

(7) listFindItem("ControlName","MessageTag",IndexTag):此函数用于查找指定控件"ControlName"中与给定的成员字符串信息"MessageTag"相对应的索引号,并送给整型变量 IndexTag。

(8) listGetItem("ControlName",ItemIndex,"StringTag"):此函数用于获取指定控件"ControlName"中索引号为 ItemIndex 的列表项成员字符串信息,并送给字符串变量 String-Tag。

(9) listGetItemCount("ControlName"):此函数用于获取指定控件"ControlName"中列表项的数目。

(10) listGetCurSel("ControlName"):此函数用于获取指定控件"ControlName"当前选中列表项的 ID 号(从 0 开始),返回值为-1 说明当前控件没有选中项目。

(11) listSetCurSel("ControlName",ItemIndex):此函数用于将控件中索引号为 ItemIndex 的列表项设置为当前选中项,返回值为控件中当前选中项的索引号(从 0 开始)。如果返回值为-1,说明没有设置成功(ItemIndex 为负数或超过项目数)。

(12)listGetItemData("ControlName",ItemIndex,NumberTag):此函数用于获取指定控件"ControlName"中索引号为 ItemIndex 的列表项中的数据值,并送给整型变量 NumberTag。

(13)listInsertItem("ControlName",ItemIndex,"StringTag"):此函数将字符串信息 StringTag 插入到指定控件"ControlName"中列表项索引号为 ItemIndex 所指示的位置。如果 ItemIndex=-1,则字符串信息 StringTag 被插入到列表项的最尾端。

(14)listSetItemData("ControlName",ItemIndex,Number):此函数用于将变量 Number 的值设置到指定控件"ControlName"中索引号为 ItemIndex 的列表项中。

(15)ListLoadFileName("CtrlName","*.ext"):此函数将"*.ext"指示的文件名显示在指定控件"ControlName"列表框中。函数的具体参数及用法请参见《组态王函数手册》。

例如:制作一个动态的列表,可以向列表框中动态添加数据,添加完成后,需要保存列表为文件,文件保存在当前工程路径下(如 D:\Test),需要时要从文件中读出列表信息。操作步骤如下所述。

在组态王数据词典中定义变量"列表数据"字符串变量,在画面上创建列表框控件,定义控件属性如图 4-34 所示。

在画面上创建三个按钮,如图 4-35 所示。按钮的作用和连接的动画连接命令语言分别如下。

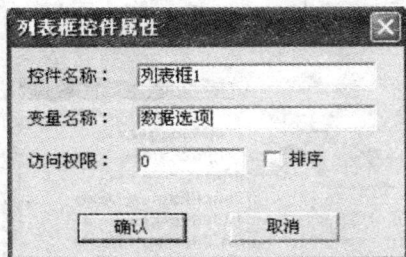

图4-34　列表框控件属性设置

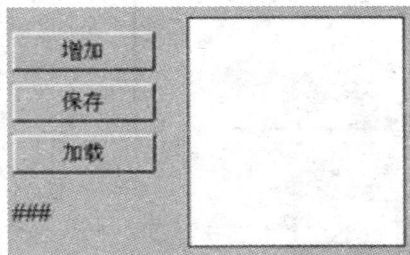

图4-35　创建列表框和操作按钮

按钮1——"增加",即增加数据项:
listAddItem("列表框 1",列表数据);
按钮2——"保存",即保存列表框内容:
listSaveList("列表框 1","D:\Test\list1.csv");
按钮3——"加载",即将指定 csv 文件中的内容加载到列表框中:
listLoadList("列表框 1","D:\Test\list1.csv");
在画面上创建一个文本图素,定义动画连接为字符串值输入和字符串值输出,连接的变量为"列表数据"。

保存画面,切换到组态王运行系统,在文本图素中输入数据项的字符串值,如"数据项1",如图 4-36 所示。单击"增加"按钮,则变量的内容增加到了列表框中。

按照上面的方法,可以向列表框中增加多个数据项。当在列表框中选中某一项时,与列表框关联的变量可以自动获得当前选择的数据项的字符串值,如图 4-37 所示。

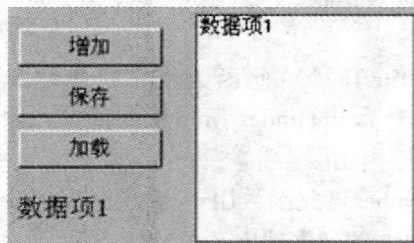

图 4-36 向列表框中增加数据项

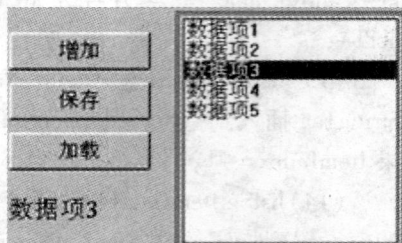

图 4-37 在列表框中选择数据项

可以将列表框中的数据项保存起来。单击"保存"按钮,当需要将保存的数据加载到列表框时,单击"加载"按钮,原保存的列表数据就被加载到当前列表框中来。

例如:将指定路径下(C:\Program Files\Kingview)的扩展名为".exe"的文件名列到列表框中来。可以在命令语言中使用函数:ListLoadFileName( )。操作步骤如下:

在画面上增加按钮,定义为"可执行文件",如图 4-38 所示。双击按钮,定义其动画连接——命令语言连接——弹起时为:

ListLoadFileName("列表框 1"," C:\Program Files\Kingview\ * .exe");

保存画面,切换到运行系统,单击该按钮,可以将指定目录下扩展名为" * .exe"的文件名全部列到列表框中来,如图 4-39 所示。

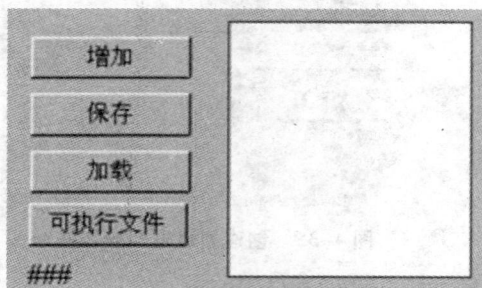

图 4-38 增加调用按钮

图 4-39 执行函数结果

4. 如何使用组合框控件。

组合框的创建与列表框的创建过程、方法相同。组合框是由列表框和文本编辑框组合而成的。组合框有三种类型:简单组合框,如图 4-40 所示;下拉式组合框,如图 4-41 所示;列表式组合框,如图 4-42 所示。组合框属性的定义方法与列表框的定义方法相同。

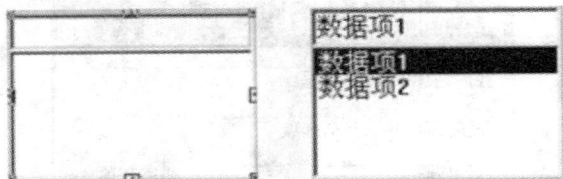

图 4-40　简单组合框

图 4-41　下拉式组合框

图 4-42　列表式组合框

（1）简单组合框：简单组合框创建后，其列表框的大小已经为创建时的大小。当列表项超出列表框显示时，列表框会自动加载垂直滚动条。将鼠标光标置于文本编辑框中时，可以直接输入不在当前列表中的数据项。

（2）下拉式组合框：下拉式组合框创建后，其文本编辑框是灰色无效的，表示该文本编辑框在运行中是禁止添加数据的。当用户在运行系统中单击该文本编辑框时，会弹出列表框。单击下拉箭头也会弹出列表框。通常情况下，下拉式组合框的列表框是隐藏的，除非单击文本编辑框或单击下拉箭头，表示只能从列表中选择数据项。

（3）列表式组合框：列表式组合框兼有简单组合框和下拉式组合框的功能。通常组合框的列表框是隐藏的，当单击下拉箭头时，才弹出列表框。选择完数据项后，列表框自动隐藏。在列表式组合框的文本框中可以直接输入数据项。

对于简单组合框控件和列表式组合框控件，在文本框中输入字符串时，控件关联的字符串变量的值也随之改变。例如，放置简单组合框控件，控件属性如图 4-43 所示，在"组合框 1"控件的文本框内输入字符串时，变量"数据选项"的值随之改变。

组合框操作也是通过函数实现的，所使用的函数和使用方法与列表框完全相同。

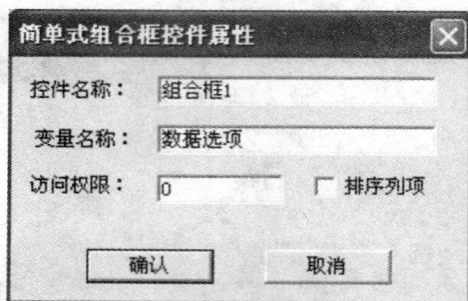

图4-43　简单式组合框控件属性

（三）Active X 控件

组态王除了支持本身提供的各种控件外,还支持 Windows 标准的 Active X 控件,包括 Microsoft 提供的标准 Active X 控件和用户自制的 Active X 控件。Active X 控件的引入在很大程度上方便了用户,用户可以灵活地编制一个符合自身需要的控件或调用一个已有的标准控件来完成一项复杂的任务,而无须在组态王中做大量的复杂的工作。一般的 Active X 控件都具有属性、方法、事件,用户通过设置控件的这些属性、方法、事件来完成工作。

（四）日历控件

利用日历控件可实现在组态王中设置任一时间的功能,操作过程如下。

1.在工程浏览器窗口的数据词典中定义三个内存实型变量。

（1）变量名:年变量。

变量类型:内存实型。

最小值:0。

最大值:10000。

（2）变量名:月变量。

变量类型:内存实型。

最小值:0。

最大值:12。

（3）变量名:日变量。

变量类型:内存实型。

最小值:0。

最大值:31。

2.新建一画面,名称为"日历控件画面"。

3.单击工具箱中的 ⬚ 工具,在弹出的通用控件窗口中选择如下控件,如图4-44所示。

单击"确定"按钮,在画面中绘制一日历控件,如图4-45所示。

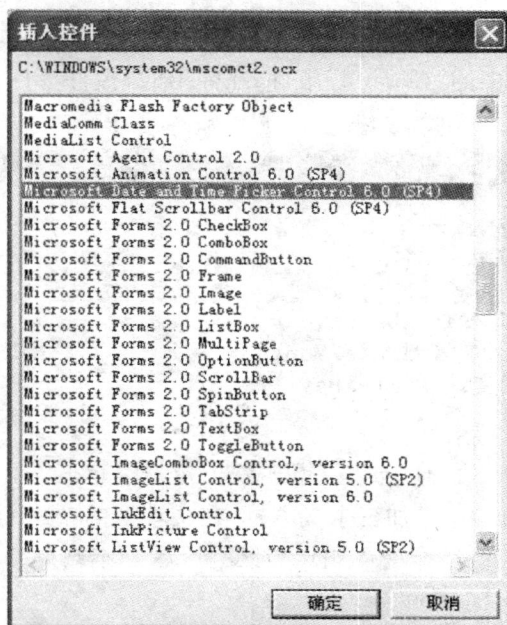

图 4-44　通用控件对话框

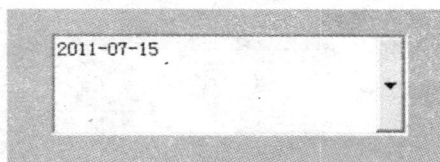

图 4-45　日历控件

4. 双击图 4-44 所示控件,弹出"动画连接属性"对话框,如图 4-46 所示。

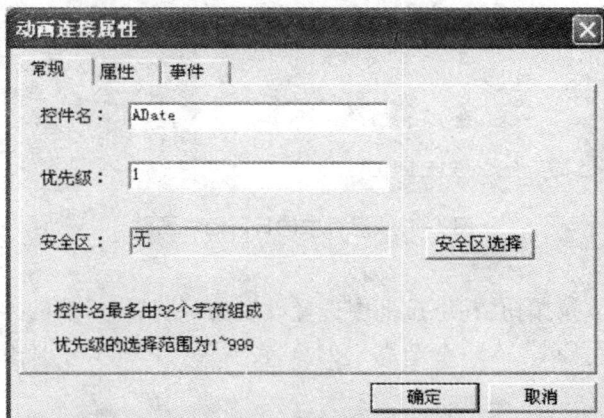

图 4-46　控件"动画连接属性"对话框

控件属性设置如下：

控件名：ADate。

双击"事件"属性卡中的"CloseUp"事件，在弹出的"控件事件函数"对话框中输入命令语言，如图4-47所示。

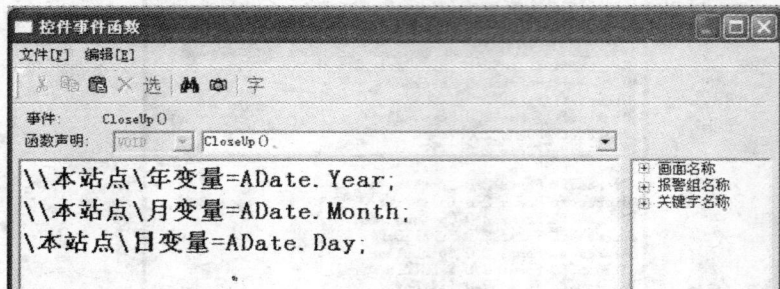

图4-47　"控件事件函数"对话框

5. 关闭对话框，在画面中添加三个文本框，在文本框的"模拟量值输出"动画中分别连接变量"\\本站点\年变量"、"\\本站点\月变量"、"\\本站点\日变量"，分别显示在日历控件中选择日期的年、月、日。

6. 单击"文件"菜单中的"全部存"命令，保存您所作的设置。

7. 单击"文件"菜单中的"切换到VIEW"命令，进入运行系统。运行此画面，如图4-48所示。

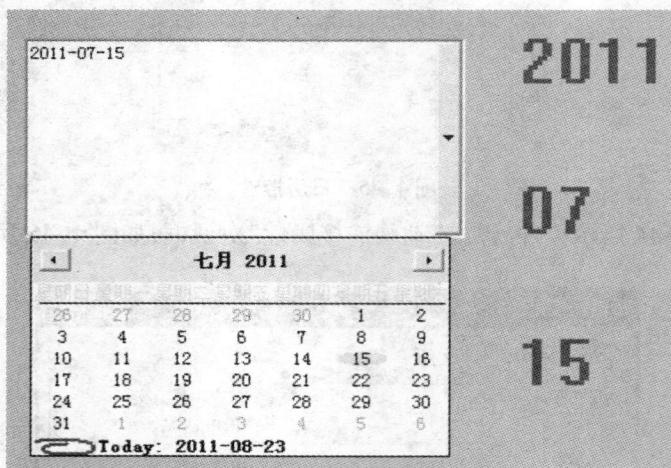

图4-48　运行中的日历控件画面

单击控件中的下拉按钮，在下拉框中选择设定的日期后，日期的年、月、日分别显示在变量"\\本站点\\年变量"、"\\本站点\\月变量"、"\\本站点\\日变量"所连接的文本框中。

项目五

锅炉温度控制监控系统设计

一、项目目标

1. 掌握实时趋势曲线、历史趋势曲线的使用方法与技巧。
2. 掌握报警和事件窗口的设置方法。
3. 掌握运行中的报警和事件窗口的操作方法。

二、项目任务

通过设计一个锅炉温度控制监控系统项目,了解实时趋势曲线和历史趋势曲线的作用,并掌握其相应的使用方法与技巧;了解报警和事件窗口的作用,掌握报警和事件窗口的设置方法,同时掌握在运行中对报警和事件窗口的操作方法。项目要求如下:

(1)利用温度传感器将检测到的实际炉温转化为电压信号,通过 PLC 进行 PID 调节。

(2)利用固态继电器控制炉子加热的通断来实现对炉子温度的控制。

(3)使用组态王软件设计监控画面界面,可以使用户对控制系统进行全面监控。

(4)锅炉温度的变化能够通过趋势曲线进行相应显示。

(5)锅炉温度高于或低于对应设定危险值时,能够通过报警窗口在监控运行画面中进行提示。

(6)项目参考画面如图 5-1 所示。

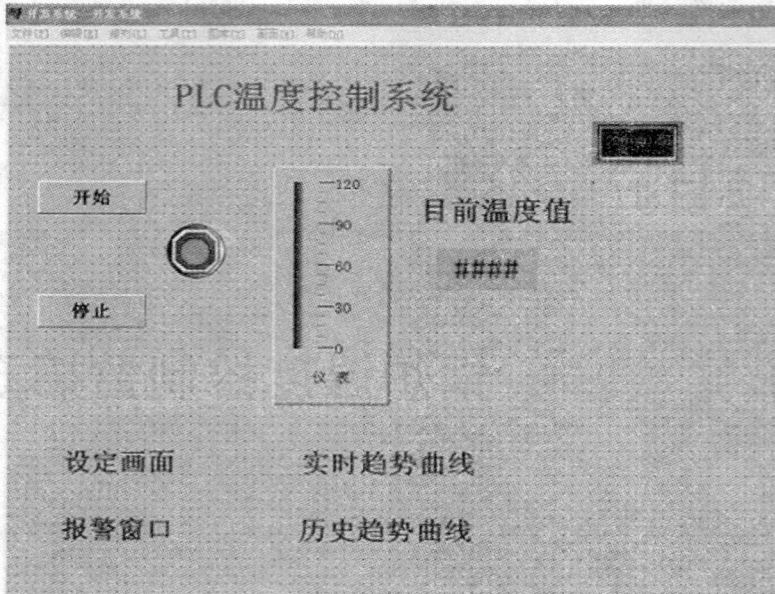

图 5-1　监控主画面

任务 1　锅炉温度控制监控画面设计

一、任务实施

(一)工程建立

点击相应图标,进入工程管理窗口,点击工程管理器上的 📄新建 快捷键,按照前面所学内容进行工程建立,工程名称起名为"锅炉温度控制",工程描述为"测试"。点击"完成"设为组态王当前工程,点击"开发"可以直接进入组态王工程浏览器窗口,进行画面设计。

(二)画面设计

双击工程管理器中的工程名,出现工程浏览器。在工程浏览器中,双击新建图标,新建画面(如图 5-2 所示)。监控画面由监控主画面界面、实时趋势曲线、历史趋势曲线、报警窗口等画面组成。

1. 监控主画面。

进入开发系统后,点击"图库",打开图库管理器,把开关、温度仪表、闹钟直接拖进开发页面,利用工具箱做好"开始"和"停止"按钮以及温度显示、设定画面、报警窗口等按钮,并在相应位置放置,形成如图 5-1 所示画面。

运行组态王后,点击"开始"按钮,开关变绿色,系统开始运行,目前温度值下面的方框和仪表上都显示当前温度值,闹钟上显示当前日期。点击"设定画面"会进入参数设定画面,点击"报警窗口"会进入报警画面,实时趋势曲线和历史趋势曲线也是一样。点击

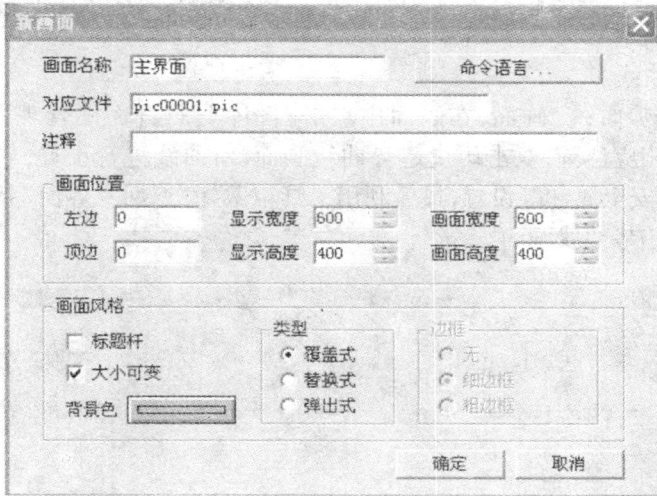

图 5-2　新画面

"停止"按钮,系统运行结束,同时开关变红色。

2.实时趋势曲线。

新建"实时趋势曲线"画面,在画面中,点击工具箱中的"实时趋势曲线"把实时趋势曲线放进画面相应位置,双击曲线画面,进入"曲线设置窗口"对曲线进行相应设置,如 X 轴和 Y 轴的设置及标示定义等,最后利用工具箱做好"返回主界面"按钮,形成如图 5-3 所示的实时趋势曲线画面。

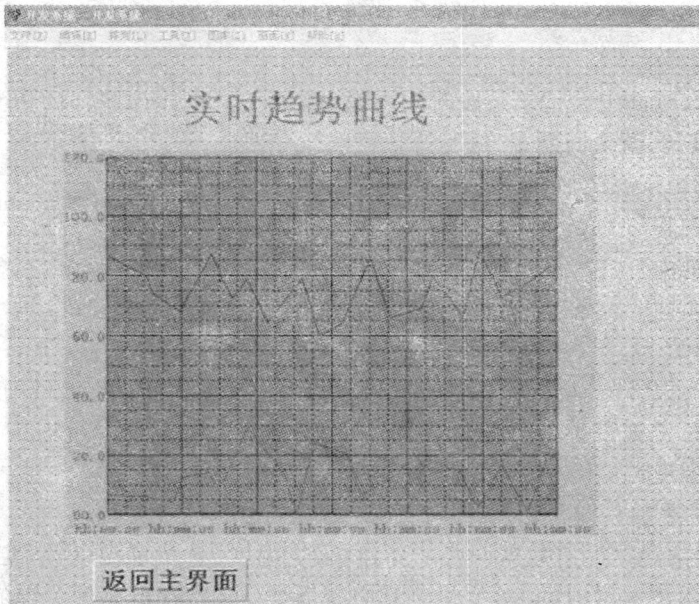

图 5-3　实时趋势曲线

系统运行时,实时趋势曲线会显示当前温度值的变化趋势和设定温度值。点击"返回主界面"按钮,就会回到主界面。

3.历史趋势曲线。

新建"实时趋势曲线"画面,在画面中点击"图库",打开图库管理器,双击"历史曲线",放入画面中相应位置,双击历史趋势曲线画面,对曲线进行设置,包括曲线定义、坐标系、操作面板和安全属性等设置,最后利用工具箱做好"返回主界面"按钮,即可形成如图5-4所示历史趋势曲线画面。

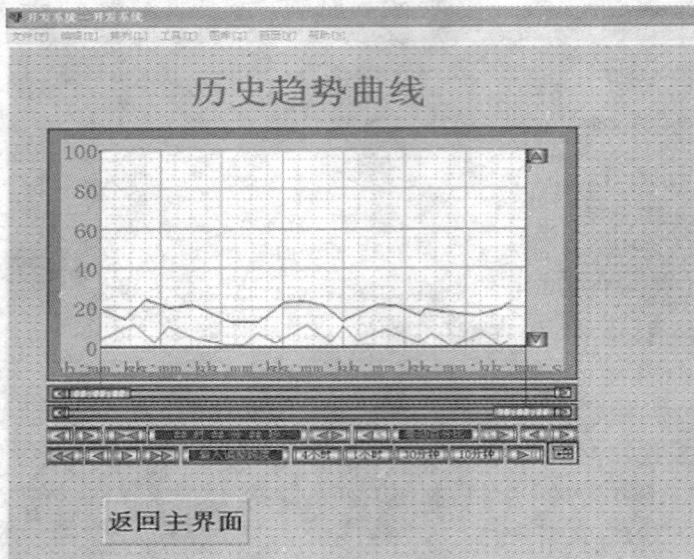

图5-4　历史趋势曲线

系统运行时,画面上会记录某段时间内设定温度值和当前温度值的变化曲线。点击"返回主界面"按钮,就会回到主界面。

4.报警窗口。

新建"报警窗口"画面,进入画面,点击工具箱中的"报警窗口"把报警窗口放入画面相应位置,双击画面,对报警窗口进行相应设置,包括通用属性、列属性、操作属性、条件属性、颜色和字体属性的设置。最后利用工具箱做好"返回主界面"按钮,即可形成如图5-5所示报警窗口画面。

系统运行时,报警窗口会根据当前温度值做出适当的报警。此项目中我们设置当前温度低于90℃时,"报警类型"栏显示当前温度偏低。当前温度超过105℃时,"报警类型"栏显示当前温度偏高。

(三)变量设置

打开工程浏览器,点击"数据词典",新建"设定温度"、"当前温度"、"启动"、"停止"、"K_c"、"T_i"、"T_d"、"采样时间"等变量。其中变量类型和寄存器是最关键的,在组态王和PLC之间传输的变量都是I/O类型的,只在组态王内部需要的是内存型的。寄存器和数

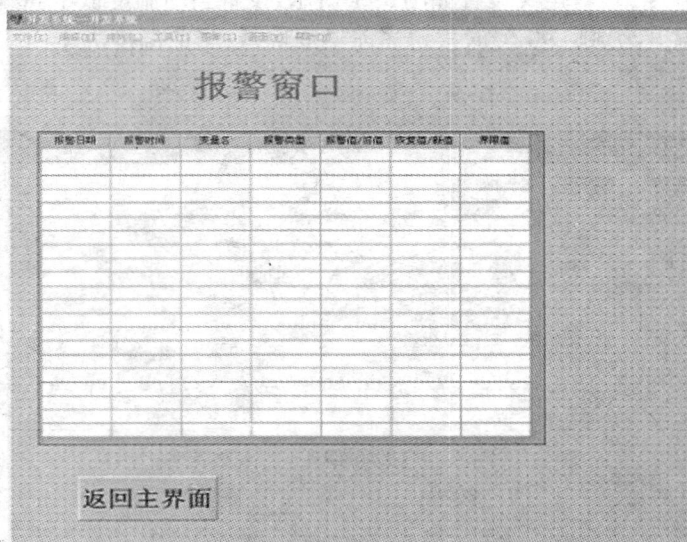

图 5-5　报警窗口

据类型要与程序中一致,否则组态王就不能起到监控作用了。比如"设定稳定"的寄存器为 V68,数据类型为 FLOAT。"当前稳定"的寄存器为 V60,数据类型为 FLOAT。

　　下面以当前温度设置为例来说明变量设置的步骤和方法。变量"当前温度"基本属性设置如图 5-6 所示,变量类型设置为 I/O 实数,连接设备为 PLC,寄存器为 V60,数据类型是 FLOAT。

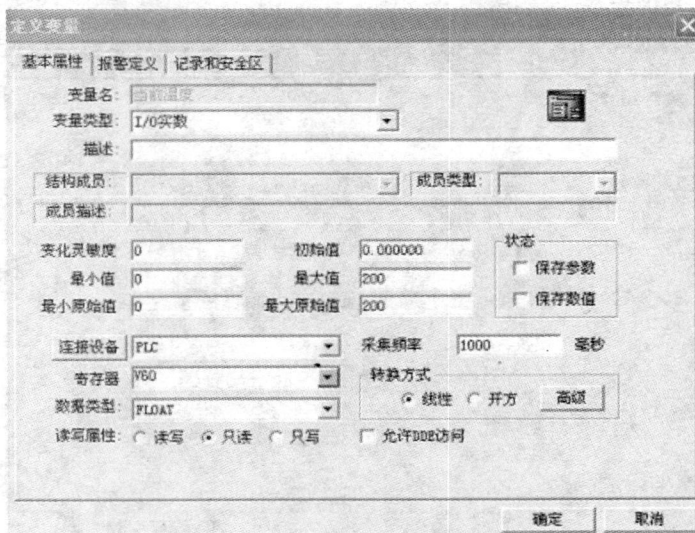

图 5-6　当前温度基本属性设置

　　变量"当前温度"报警定义设置如图 5-7 所示,设置当前温度低于 60 ℃时,报警当前温度太低,当前温度为 60 ~ 90 ℃时报警当前温度偏低,当前温度大于 105 ℃时报警当前温度偏高。

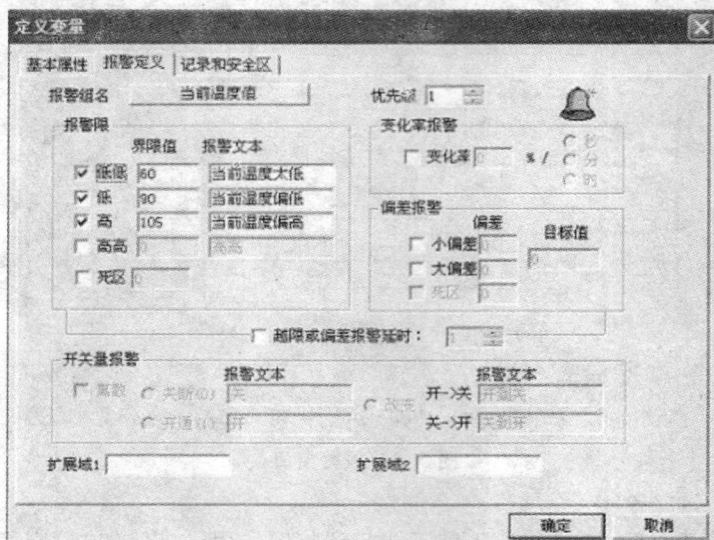

图 5-7　当前温度报警定义设置

　　变量"当前温度"记录和安全区设置如图 5-8 所示,选择"记录"为数据变化记录,变化灵敏度设置为 1。这个主要是为历史趋势曲线服务的,若不设置这个,往往历史趋势曲线就出不来或者效果很差。

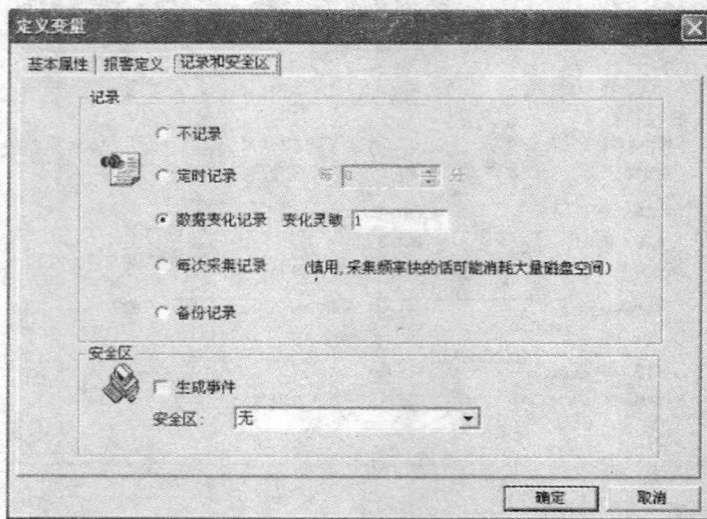

图 5-8　当前温度记录和安全区设置

(四)动画连接

进入系统主画面,双击"开始"按钮,打开动画连接画面,如图5-9所示。

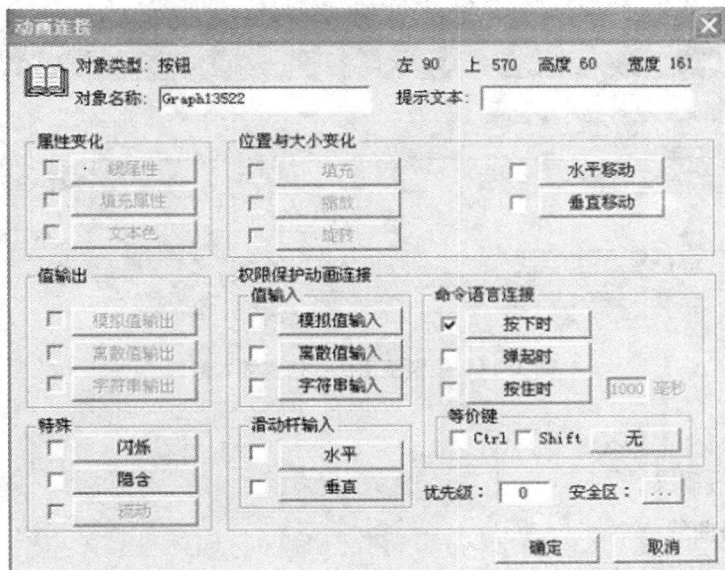

图5-9　动画连接

勾选"按下时"选项,点击"确定",显示命令语言输入窗口,在该窗口中输入如图5-10所示命令,点击"确定",完成"开始"按钮的动画连接设置。"停止"按钮的动画连接设置方法类似。

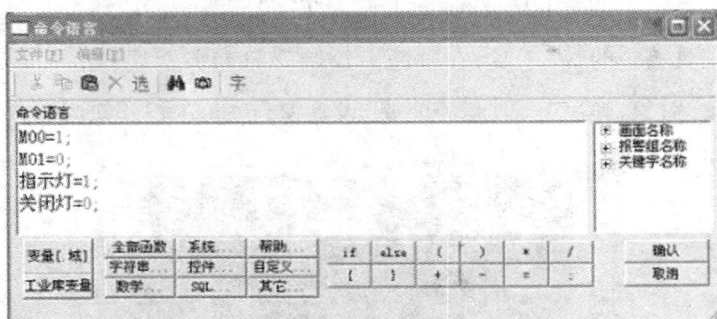

图5-10　开始按钮命令语言输入窗口

双击主画面中"目前温度值"下方的文本框,出现动画连接画面。勾选"模拟值输出"选项,显示模拟值输出连接画面。点击表达式框"??"选项,选择变量"当前温度"。输出格式中设置整数位数为2,小数位数为1,显示格式设置为十进制,点击"确定"完成变量"当前温度"的动画连接。

勾选"按下时"选项,点击"确定",显示命令语言输入窗口,在该窗口中输入

"showpicture("设定画面")"，如图5-11所示。点击"确定"，完成"设定画面"按钮的动画连接设置。运行时，点击主界面中的"设定画面"就可以进入设定画面。其他按钮的动画连接方法和"开始"按钮类似，只是输入的命令稍有不同。

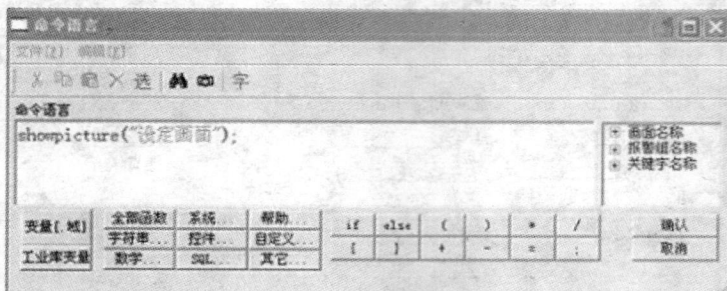

图5-11　设定画面命令语言输入窗口

二、相关知识

(一)趋势曲线

1.趋势曲线的作用。

趋势曲线用来反应变量随时间的变化情况。趋势曲线有两种：实时趋势曲线和历史趋势曲线。

2.曲线的定义。

实时趋势曲线定义过程如下：

(1)新建一画面，名称为"实时趋势曲线画面"。

(2)选择工具箱中的 T 工具，在画面上输入文字"实时趋势曲线"。

(3)选择工具箱中的 工具，在画面上绘制实时趋势曲线，如图5-12所示。双击"实时趋势曲线"对象，弹出"实时趋势曲线"设置窗口，如图5-13所示。

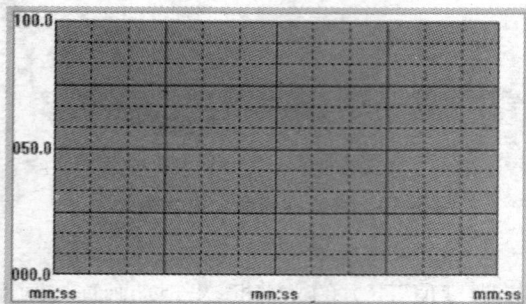

图5-12　绘制实时趋势曲线

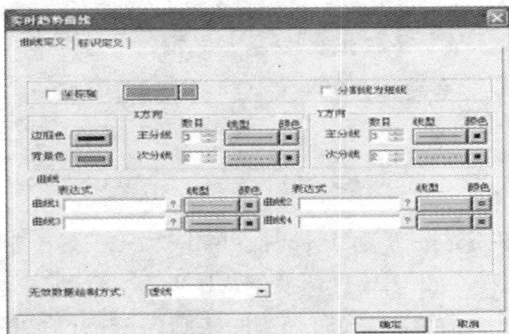

图 5-13　实时趋势曲线设置窗口

　　实时趋势曲线设置窗口分为两个属性页:曲线定义属性页、标识定义属性页。

　　■ 曲线定义属性页:在此属性页中您不仅可以设置曲线窗口的显示风格,还可以设置趋势曲线中所要显示的变量。单击"曲线 1"编辑框后的 ❓ 按钮,在弹出的"选择变量名"对话框中选择变量"\\本站点\原料油液位",曲线颜色设置为红色。

　　■ 标识定义属性页:标识定义属性页如图 5-14 所示。在此属性页中您可以设置数值轴和时间轴的显示风格。

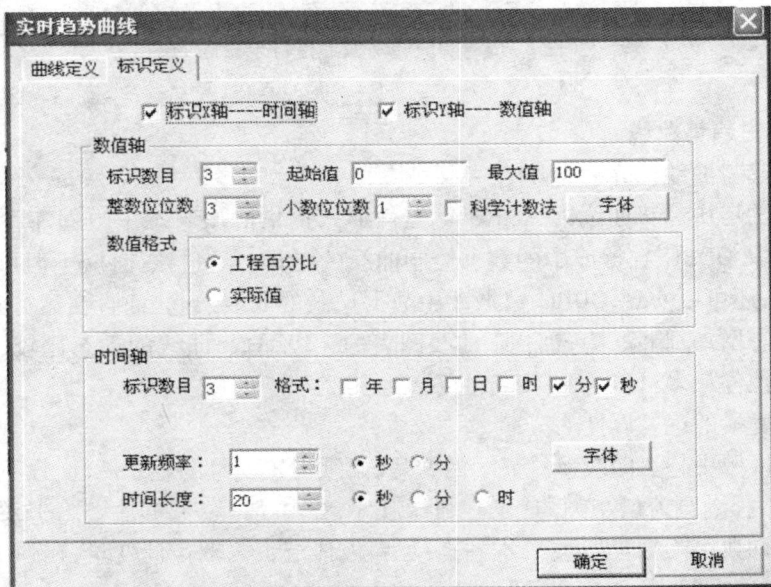

图 5-14　实时趋势曲线标识定义

　　在此属性页中您可以设置数值轴和时间轴的显示风格。
设置如下:
　　　　标识 X 轴——时间轴:有效;

标识 Y 轴——数据轴:有效;

起始值:0;

最大值:100;

时间轴:分、秒有效;

更新频率:1 秒;

时间长度:30 秒。

设置完毕后单击"确定"按钮关闭对话框;单击"文件"菜单中的"全部存"命令,保存您所作的设置;单击"文件"菜单中的"切换到 VIEW"命令,进入运行系统,通过运行界面中"画面"菜单中的"打开"命令将"实时趋势曲线画面"打开后可看到连接变量的实时趋势曲线,如图 5-15 所示。

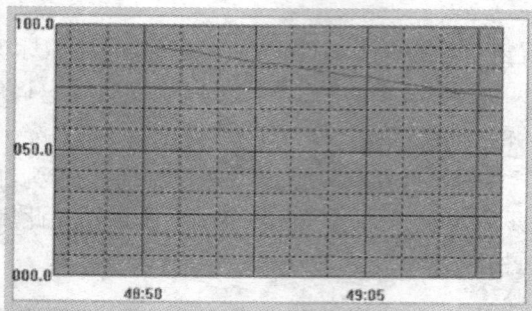

图 5-15　实时趋势曲线运行示意图

(二)历史趋势曲线

1. 历史趋势曲线简介。

组态王的历史趋势曲线以 Active X 控件形式提供的取组态王数据库中的数据绘制历史曲线和取 ODBC 数据库中的数据绘制曲线的工具。通过该控件,不但可以实现历史曲线的绘制,还可以实现 ODBC 数据库中数据记录的曲线绘制,而且在运行状态下,可以实现在线动态增加/删除/隐藏曲线、曲线图表的无级缩放、曲线的动态比较、曲线的打印等。该曲线控件最多可以绘制 16 条曲线。

2. 设置变量的记录属性。

对于要以历史趋势曲线形式显示的变量,必须设置变量的记录属性,设置过程如下。

(1)在工程浏览窗口左侧的"工程目录显示区"中选择"数据库"中的"数据词典"选项,在"数据词典"中选择变量"\\本站点\原料液体液位",双击此变量,在弹出的"定义变量"对话框中单击"记录和安全区"属性页,如图 5-16 所示。

设置变量"\\本站点\原料液体液位"的记录类型为数据变化记录,变化灵敏为 0。

(2)设置完毕后单击"确定"按钮关闭对话框。

3. 定义历史数据文件的存储目录。

(1)在工程浏览器窗口左侧的"工程目录显示区"中双击"系统配置"中的"历史数据记录"选项,弹出"历史记录配置"对话框,如图 5-17 所示。

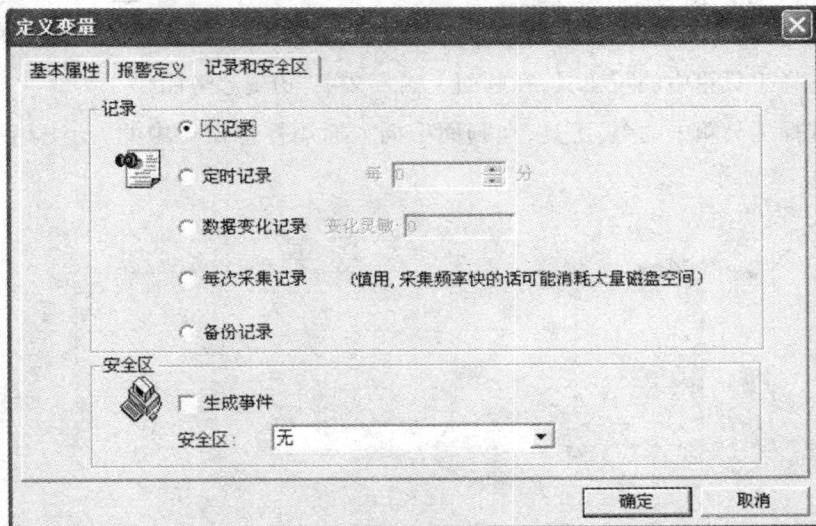

图 5-16 记录和安全区属性设置

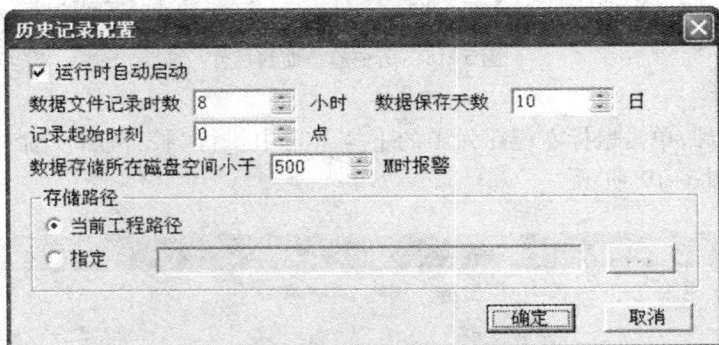

图 5-17 "历史记录配置"对话框

对话框设置如下：

　　运行时自动启动：有效；

　　数据文件记录时数：8 小时；

　　记录开始时刻：0 点；

　　数据保存天数：30 日；

　　存储路径：当前工程路径。

　　(2)设置完毕后,单击"确定"按钮关闭对话框。当系统进入运行环境时"历史记录服务器"自动启动,将变量的历史数据以文件的形式存储到当前工程路径下。每个文件中保存了变量 8 小时的历史数据,这些文件将在当前工程路径下保存 30 天。

　　4.创建历史曲线控件。

历史趋势曲线创建过程如下。

（1）新建一画面，名称为"历时趋势曲线画面"。

（2）选择工具箱中的 **T** 工具，在画面上输入文字"历史趋势曲线"。

（3）选择工具箱中的 工具，在画面中插入通用控件窗口中的"历史趋势曲线"控件，如图 5-18 所示。

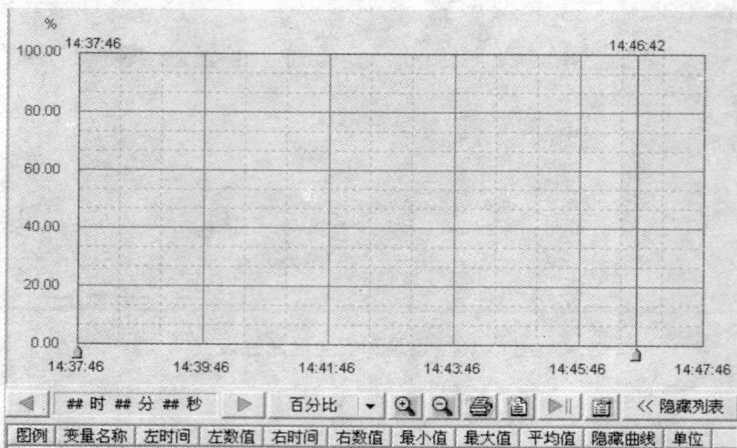

图 5-18　历史趋势曲线控件

选中此控件，单击鼠标右键在弹出的下拉菜单中执行"控件属性"命令，弹出控件属性对话框，如图 5-19 所示。

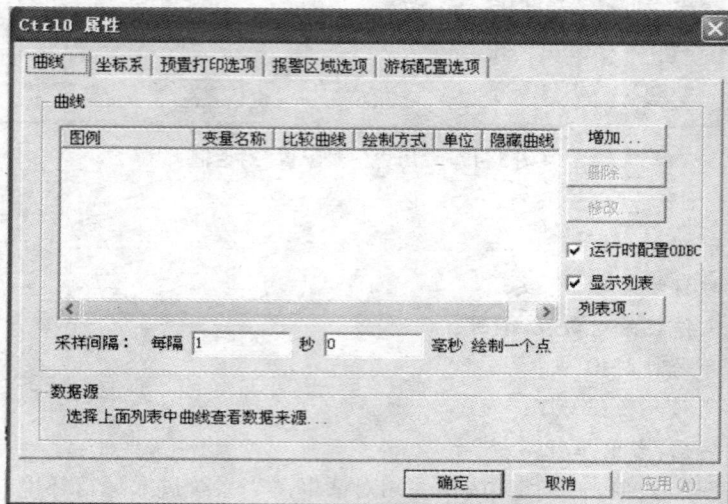

图 5-19　历史趋势曲线控件属性设置对话框

注意：若想显示历史趋势曲线窗口下方的"工具条"和"列表框"，必须将窗口拉伸到足够大。

历史趋势曲线属性窗口分为五个属性页：曲线属性页、坐标系属性页、预置打印选项属性页、报警区域选项属性页、游标配置选项属性页。

■ 曲线属性页：在此属性页中您可以利用"增加"按钮添加历史曲线变量，并设置曲线的采样间隔（即在历史曲线窗口中绘制一个点的时间间隔）。

单击此属性页中的"增加"按钮弹出"增加曲线"对话框，如图 5-20 所示。

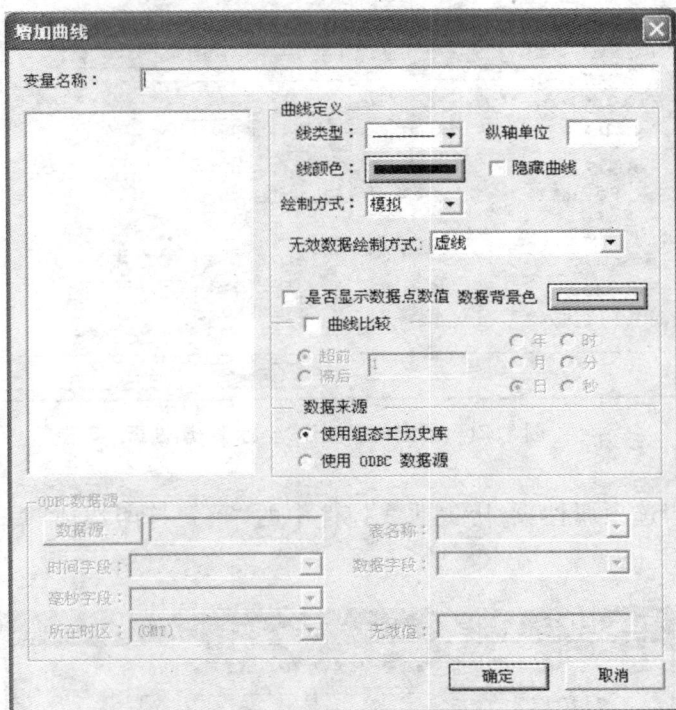

图 5-20　"增加曲线"对话框

单击"本站点"左侧的"+"符号，系统将工程中所有设置了记录属性的变量显示出来，选择"原料油液位"变量后，此变量自动显示在"变量名称"后面的编辑框中。其他属性设置如下：

绘制方式：模拟。

数据来源：使用组态王数据库。

单击"确定"按钮后关闭此窗口，设置的结果会显示在图 5-20 所示的窗口中。

■ 坐标系属性页：历史曲线控件中的"坐标系"属性页如图 5-21 所示。

在此属性页中您可以设置历史曲线控件的显示风格，如历史曲线控件背景颜色、坐标轴的显示风格、数据轴、时间轴的显示格式等。在"数据轴"中如果"按百分比显示"被选中后历史曲线变量将按照百分比的格式显示，否则按照实际数值显示历史曲线变量。

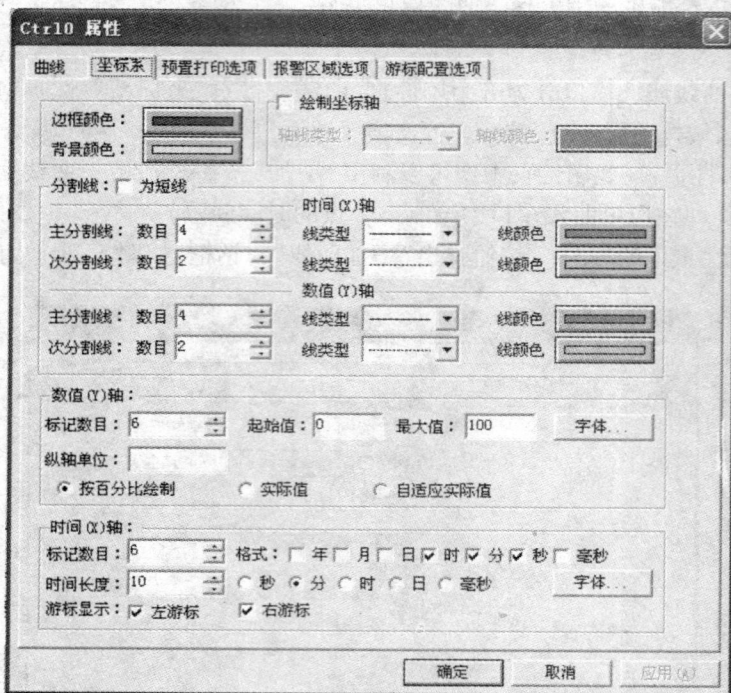

图 5-21　历史曲线控件"坐标系"属性页

■ 预置打印选项属性页：历史曲线控件中的"预置打印选项"属性页如图 5-22
所示。

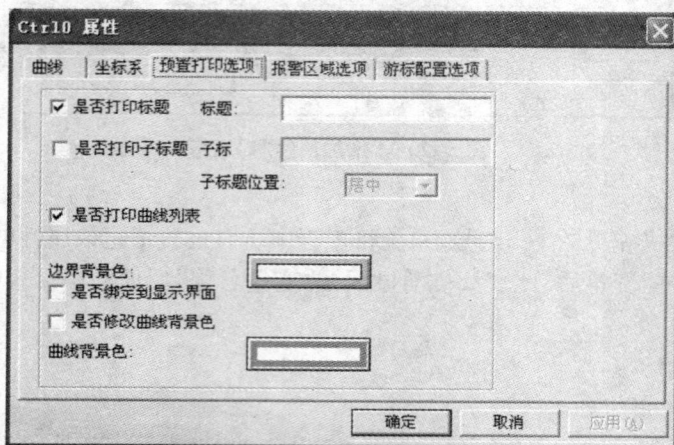

图 5-22　"预置打印选项"属性页

在此属性页中您可以设置历史曲线控件的打印格式及打印的背景颜色。

■ 报警区域选项属性页：历史曲线控件中的"报警区域选项"属性页如图 5-23 所

示。在此属性页中您可以设置历史曲线窗口中报警区域显示的颜色,包括:高高限报警区的颜色、高限报警区的颜色、低限报警区的颜色、低低限报警区的颜色及各报警区颜色显示的范围。通过报警区颜色的设置使您对变量的报警情况一目了然。

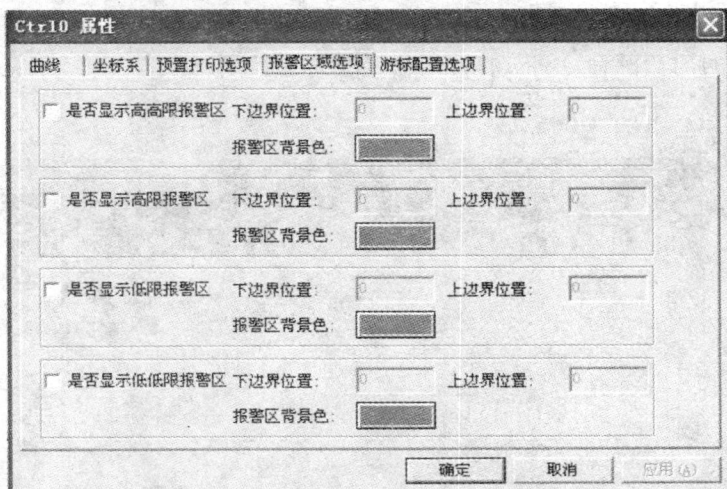

图5-23　"报警区域选项"属性页

■ 游标配置选项属性页:历史曲线控件中的"游标配置选项"属性页如图5-24所示。在此属性页中您可以设置历史曲线窗口左右游标在显示数值时的显示风格及显示的附加信息,附加信息的设置不仅可以在编辑框中输入静态信息,还可以使用ODBC从任何第三方数据库中得到动态的附加信息。

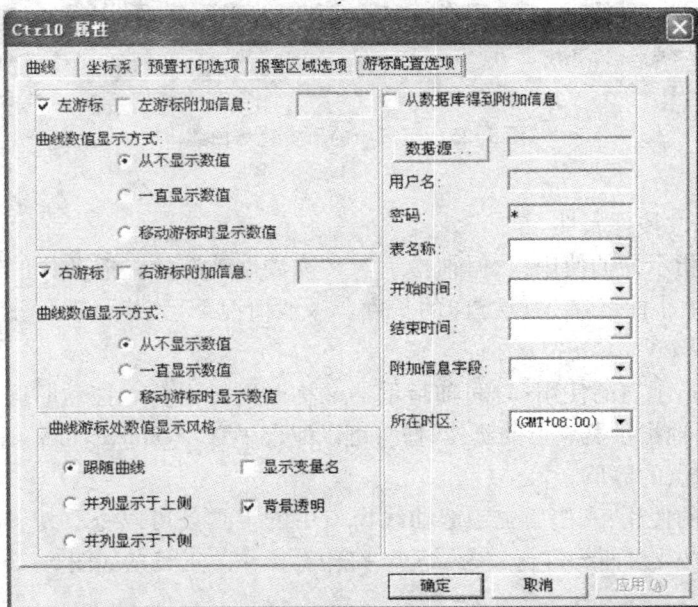

图5-24　"游标配置选项"属性页

上述属性可由用户根据实际情况进行设置。

单击"确定"按钮完成历史曲线控件编辑工作;单击"文件"菜单中的"全部存"命令,保存您所作的设置;单击"文件"菜单中的"切换到 VIEW"命令,进入运行系统。系统默认运行的画面可能不是您刚刚编辑完成的"历史趋势曲线画面",您可以通过运行界面中"画面"菜单中的"打开"命令将其打开运行,如图 5-25 所示。

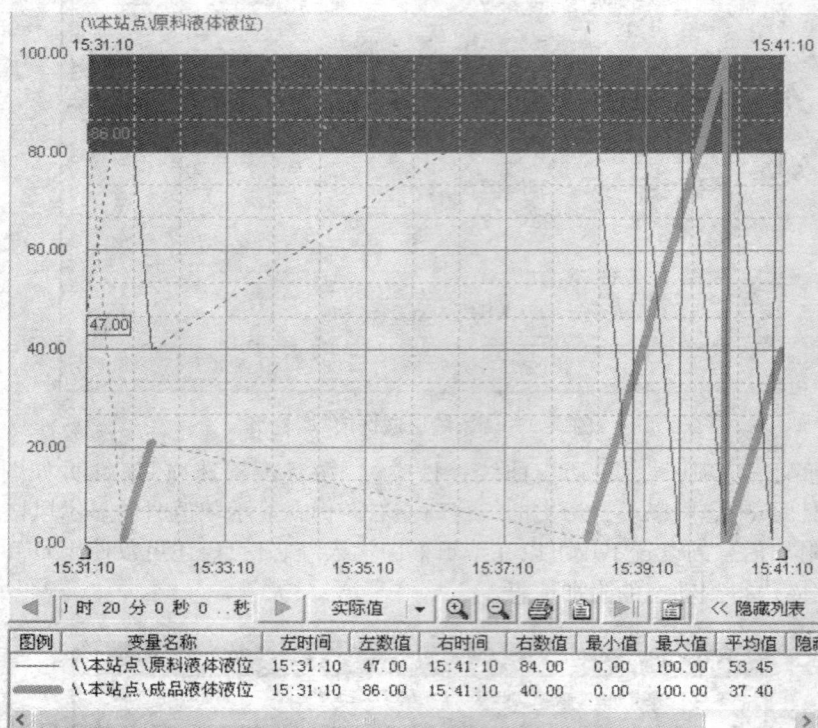

图 5-25　运行中的历史趋势曲线

5. 运行时修改控件属性。

(1)数据轴指示器的使用:数据轴指示器又称数据轴游标。拖动数值轴(Y 轴)指示器,可以放大或缩小曲线在 Y 轴方向的长度。一般情况下,该指示器标记为变量量程的百分比。

(2)时间轴指示器的使用:时间轴指示器又称时间轴游标。拖动时间轴指示器可以获得曲线与时间轴指示器焦点的具体时间,可以配合 HTGetValueScooter 函数获得曲线与时间轴指示器焦点的数值。

(3)工具条的使用:利用历史趋势曲线窗口中的工具条可以查看变量过去任一段时间的变化趋势,以及对曲线进行放大、缩小、打印等操作。工具条如图 5-26 所示。

图 5-26　工具条构成

◄ | 0 时 10 分 0 秒… | ► 时间跨度设置按钮:单击此按钮弹出"输入历史调整跨度"对话框,如图5-27 所示。

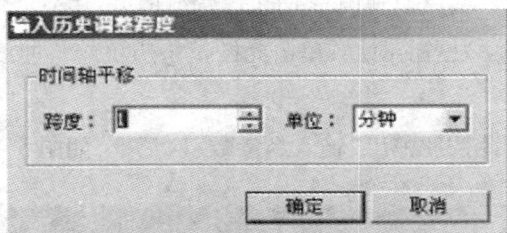

图5-27 "输入历史调整跨度"对话框

在对话框中输入时间跨度值如:1 分钟。单击"确定"按钮后关闭此窗口,当您点击 "◄"或"►"按钮时会向前或向右移动一个时间跨度(即 1 分钟)。

百分比 | ▼ 设置 Y 轴标记:设置趋势曲线显示风格,以百分比格式显示或以实际 值格式显示。

🔍 放大所选区域:在曲线显示区中选择一个区域,单击此按钮可以放大当前区域中 的曲线。

1)当在曲线显示区中选取了矩形区域时,时间轴最左/右端调整为矩形左/右边界所 在的时间,数值轴标记最上/下端调整为矩形上/下边界所在数值,从而使曲线局部放大, 左/右指示器位置分别置于时间轴最左/右端。

2)当未选定任何区域,左/右指示器不在时间轴最左/右端时,时间轴最左/右端调整 为左/右指示器所在的时间,数值轴不变,从而使曲线局部放大。经放大后左/右指示器位 置分别置于时间轴最左/右端。

3)当未选定任何区域,左/右指示器在时间轴最左/右端时,时间轴宽度调整为原来 的一半,保持中心位置不变,数值轴不变,从而使曲线局部放大,经放大后左/右指示器位 置分别置于时间轴最左/右端。

🔍 缩小所选区域:在曲线显示区中选择一个区域,单击此按钮可以缩小当前区域中 的曲线。

1)当在曲线显示区中选取了矩形区域时,矩形左/右边界所在的时间调整为时间轴 最左/右端所在的时间,矩形上/下边界所在数值调整为数值轴最上/下端所在数值,从而 使曲线局部缩小。经缩小后左/右指示器位置分别置于时间轴最左/右端。

2)当未选定任何区域,左/右指示器不在时间轴最左/右端时,左/右指示器所在的时 间调整为时间轴最左/右端所在的时间,数值轴不变,从而使曲线局部缩小。经缩小后左/ 右指示器位置分别置于时间轴最左/右端。

3)当未选定任何区域,左/右指示器在时间轴最左/右端时,时间轴宽度调整为原来 的两倍,保持中心位置不变,数值轴不变,从而使曲线局部缩小。经缩小后左/右指示器位置分别置于时间轴最左/右端。

　　🖨 打印窗口：单击此按钮打印当前曲线窗口。

　　📋 定义新曲线：单击此按钮弹出"增加曲线"对话框，在对话框中定义新的曲线。

　　▶❙ 将时间轴右端设为当前时间：单击此按钮将历史趋势曲线窗口时间轴右端的时间设置为当前时间。

　　📖 参数设置：单击此按钮弹出"输入新参数"对话框，如图 5-28 所示。

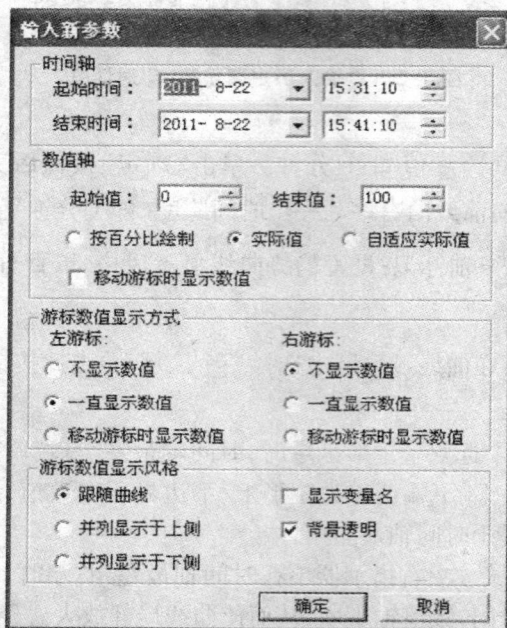

图 5-28　"输入新参数"对话框

　　在此对话框中可输入历史趋势曲线窗口的起止时间（即您想查询历史曲线的时间）、数据轴的量程范围及游标显示风格等。

　　❮❮ 隐藏列表　显示/隐藏列表：单击此按钮可显示或隐藏变量列表区。

　　6. 变量列表区。

　　变量列表区主要用于显示变量的信息，包括变量名称，变量的最大值、最小值、平均值，以及动态显示/隐藏指定的曲线等。

　　在变量列表区上单击右键弹出下拉菜单，如图 5-29 所示。通过此下拉菜单可对历史曲线窗口中的曲线进行编辑。

增加曲线(A)
删除曲线(D)
修改曲线属性(U)

图 5-29　下拉菜单

　　7. 报警和事件窗口的作用。

　　为保证工业现场安全生产，报警和事件的产生和记录是必不可少的，"组态王"提供了强有力的报警和事件系统。

　　组态王中的报警和事件主要包括变量报警事件、操作事件、用户登录事件和工作站事件。通过这些报警和事件用户可以方便地记录和查看系统的报警和各个工作站的运行情况。当报警和事件发生时，在报警窗中会按照设置的过滤条件将其信息实时地显示出来。

　　为了分类显示产生的报警和事件，可以把报警和事件划分到不同的报警组中，在指定的报警窗口中显示报警和事件信息。

（三）建立报警和事件窗口

1. 定义报警组。

　　（1）在工程浏览器窗口左侧"工程目录显示区"中选择"数据库"中的"报警组"选项，在右侧"目录内容显示区"中双击"进入报警组"图标，弹出"报警组定义"对话框，如图5-30 所示。

图 5-30　"报警组定义"对话框

　　（2）单击"修改"按钮，将名称为"RootNode"的报警组改名为"化工厂"。

　　（3）选中"化工厂"报警组，单击"增加"按钮增加此报警组的子报警组，名称为"反应车间"。

　　（4）单击"确认"按钮关闭对话框，结束对报警组的设置，如图5-31 所示。

图 5-31　设置完毕的报警组窗口

　　注意：报警组的划分以及报警组名称的设置由用户根据实际情况指定。

2. 设置变量的报警属性。

　　（1）在数据词典中选择"原料液体液位"变量，双击此变量，在弹出的"定义变量"对话框中单击"报警定义"选项卡，如图5-32 所示。

对话框设置如下：

　　报警组名：反应车间；

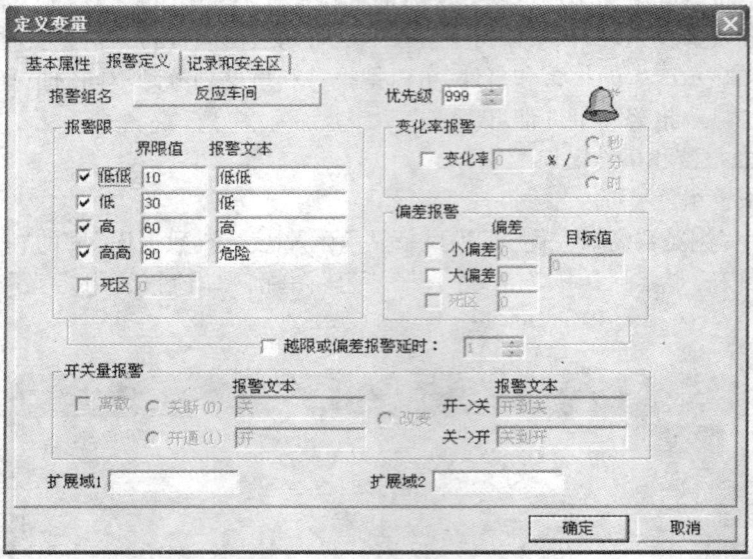

图5-32 "报警定义"选项卡

低:10 原料液位过低;

高:90 原料液位过高;

优先级:100。

(2)设置完毕后单击"确定"按钮,系统进入运行状态时,当"原料液位"的高度低于10 或高于 90 时系统将产生报警,报警信息将显示在"反应车间"报警组中。

3. 建立报警窗口。

报警窗口用于显示"组态王"系统中发生的报警和事件信息。报警窗口分为实时报警窗口和历史报警窗口。实时报警窗口主要显示当前系统中发生的实时报警信息和报警确认信息,一旦报警恢复后将从窗口中消失。历史报警窗口中显示系统发生的所有报警和事件信息,主要用于对报警和事件信息进行查询。

报警窗口建立过程如下。

(1)新建一画面,名称为"报警和事件画面",类型为"覆盖式"。

(2)选择工具箱中的 T 工具,在画面上输入文字"报警和事件"。

(3)选择工具箱中的 工具,在画面中绘制一报警窗口,如图 5-33 所示。

图5-33 报警窗口

(4)双击"报警窗口"对象,弹出"报警窗口配置属性页"对话框,如图 5-34 所示。

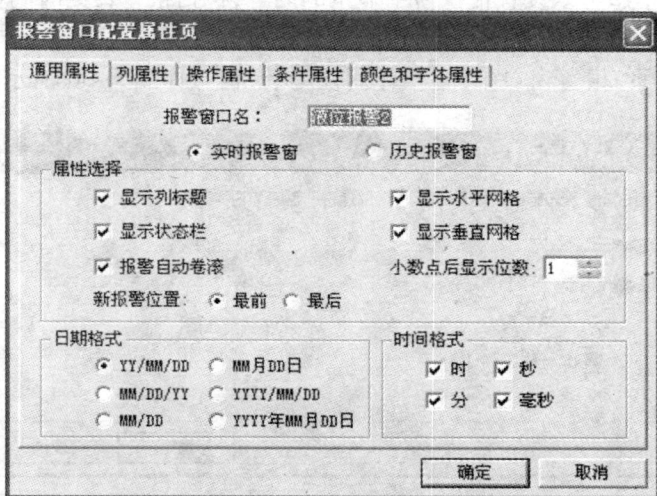

图 5-34　"报警窗口配置属性页"对话框

报警窗口分为五个属性页：通用属性页、列属性页、操作属性页、条件属性页、颜色和字体属性页。

■ 通用属性页：在此属性页中您可以设置窗口的名称、窗口的类型（实时报警窗口或历史报警窗口）、窗口显示属性以及日期和时间显示格式等。

☆ 注意：报警窗口的名称必须填写，否则运行时将无法显示报警窗口。

■ 列属性页：报警窗口中的"列属性"页窗口如图 5-35 所示。

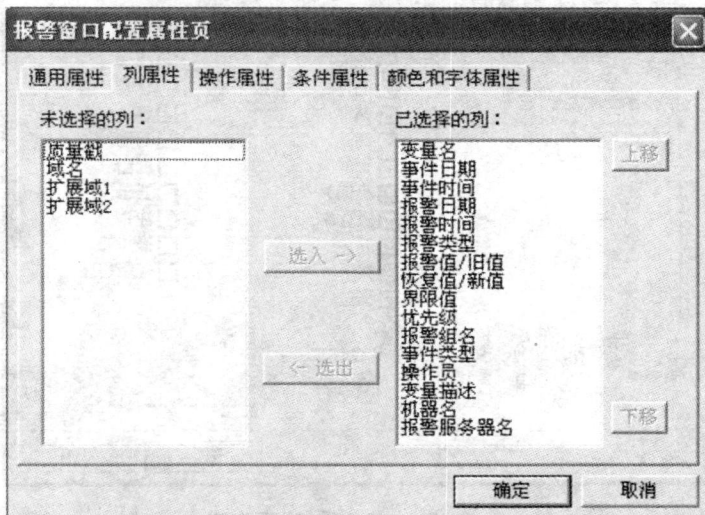

图 5-35　"列属性"页窗口

在此属性页中您可以设置报警窗中显示的内容,包括报警日期时间显示与否、报警变量名称显示与否、报警限值显示与否、报警类型显示与否等。

■ 操作属性页:报警窗口中的"操作属性"页页窗口如图 5-36 所示。

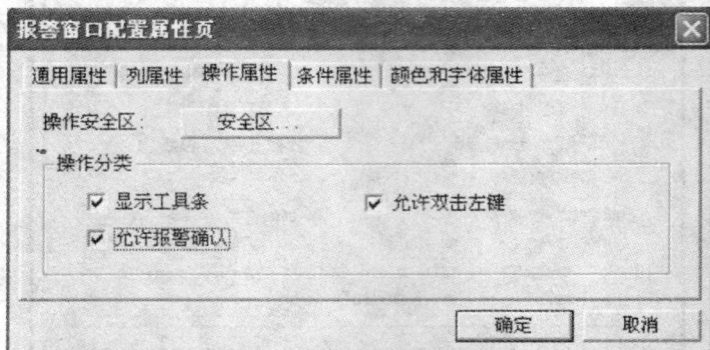

图 5-36　"操作属性"页窗口

在此属性页中您可以对操作者的操作权限进行设置。单击"安全区"按钮,在弹出的"选择安全区"对话框中选择报警窗口所在的安全区,只有登录用户的安全区包含报警窗口的操作安全区时,才可执行如下设置的操作,如双击左键的操作、工具条的操作和报警确认的操作。

■ 条件属性页:报警窗口中的"条件属性"页窗口如图 5-37 所示。

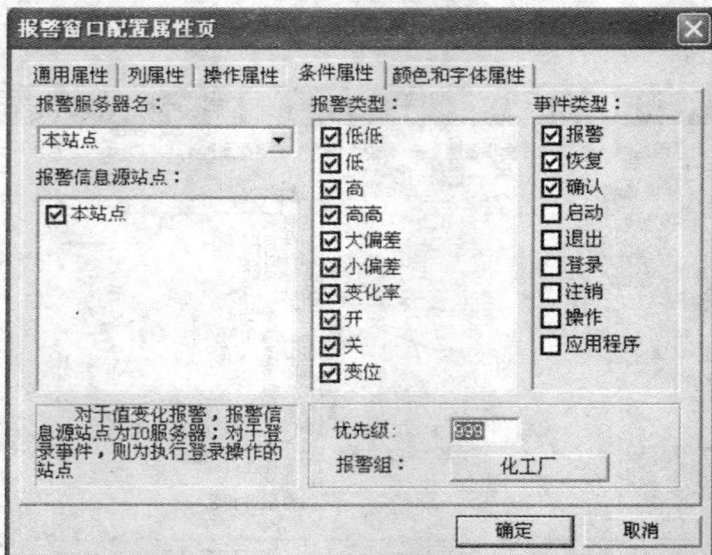

图 5-37　"条件属性"页窗口

在此属性页中您可以设置哪些类型的报警或事件发生时才在此报警窗口中显示,并设置其优先级和报警组。

优先级：999；

报警组：反应车间。

这样设置完后，满足如下条件的报警点信息会显示在此报警窗口中：在变量报警属性中设置的优先级高于 999，在变量报警属性中设置的报警组名为反应车间。

■ 颜色和字体属性页：报警窗口中的"颜色和字体属性"页窗口如图 5-38 所示。

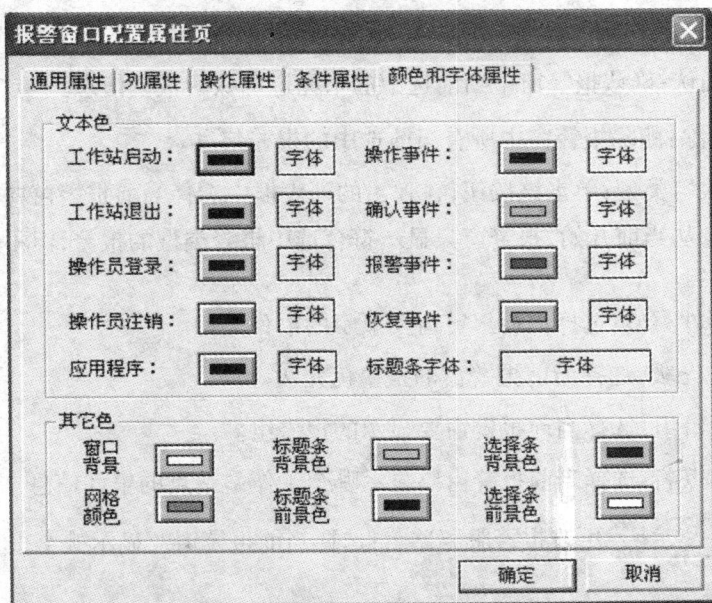

图 5-38 "颜色和字体属性"页窗口

在此属性页中您可以设置报警窗口的各种颜色以及信息的显示颜色。

报警窗口的上述属性可由用户根据实际情况进行设置。

(5) 单击"文件"菜单中的"全部存"命令，保存您所作的设置。

(6) 单击"文件"菜单中的"切换到 VIEW"命令，进入运行系统。系统默认运行的画面可能不是您刚刚编辑完成的"报警和事件画面"，您可以通过运行界面中"画面"菜单中的"打开"命令将其打开运行，如图 5-39 所示。

变量名	报警日期	报警时间	报警类型	报警值
原料液体液位	11/08/22	16:17:46.578	高	89
成品液体液位	11/08/22	16:17:44.203	高	70

报警的数目：2 新报警出现的位置：前 滚动

图 5-39 运行中的报警窗口

4. 报警窗口的操作。

当系统处于运行状态时,用户可以通过报警窗口上方的工具箱对报警信息进行操作,如图 5-40 所示。

图 5-40　报警信息操作工具箱

☑ 报警确认:确认报警窗中当前选中的未经过确认的报警信息。

☒ 报警删除:删除报警窗中所有当前选中的报警信息。

🔍 更改报警类型:单击该按钮,在弹出的列表框中选择当前报警窗要显示的报警类型,选择完毕后,从当前开始,报警窗只显示符合选中报警类型的报警,但不影响其他类型报警信息的产生。

更改事件类型:选择当前报警窗要显示的事件类型。

更改优先级:选择当前报警窗的报警优先级。

更改报警组:选择当前报警窗要显示的报警组。

更改站点名:选择当前报警窗要显示哪个工作站站点的事件信息。

更改报警服务器名:选择当前报警窗要显示哪个报警服务器的报警信息。

🔔 注意:只有登录用户的权限符合操作权限时才可操作此工具箱。

5. 报警窗口自动弹出。

使用系统提供的"$新报警"变量可以实现当系统产生报警信息时将报警窗口自动弹出,操作步骤如下。

(1)在工程浏览窗口中的"工程目录显示区"中选择"命令语言"中的"事件命令语言"选项,在右侧"目录内容显示区"中双击"新建"图标,弹出"事件命令语言"编辑框,设置如图 5-41 所示。

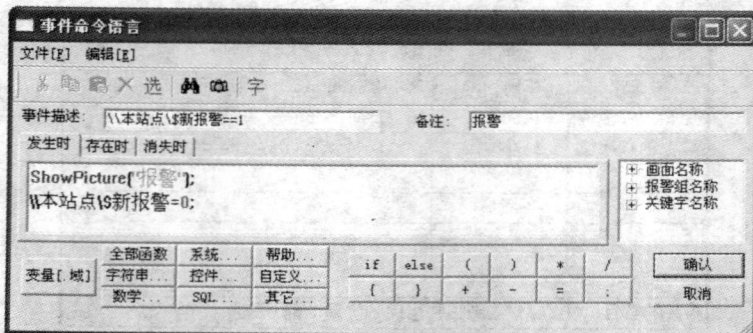

图 5-41　"事件命令语言"编辑框

（2）单击"确认"按钮关闭编辑框。当系统有新报警产生时即可弹出报警窗口。

6. 报警和事件的输出。

系统中的报警和事件信息不仅可以输出到报警窗口中，还可以输出到文件、数据库和打印机中，此功能可通过报警配置属性窗口来实现，配置过程如下。

在工程浏览器窗口左侧的"工程目录显示区"中双击"系统配置"中的"报警配置"选项，弹出"报警配置属性页"对话框，如图 5-42 所示。

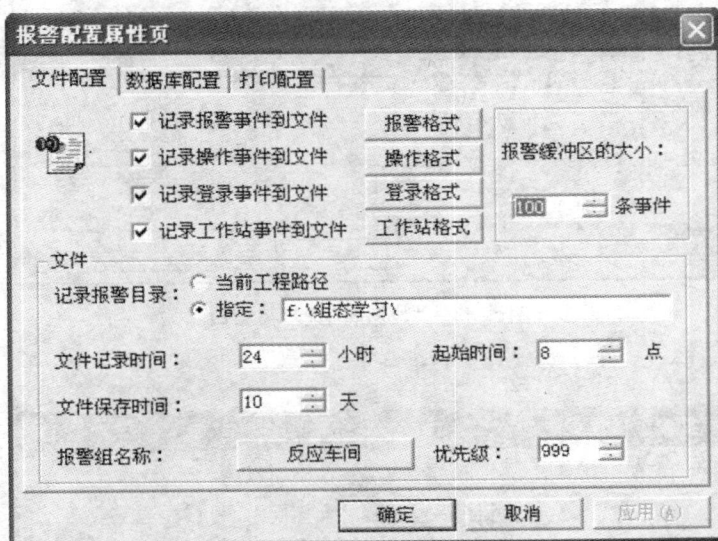

图 5-42　"报警配置属性页"对话框

报警配置属性窗口分为三个属性页：文件配置页、数据库配置页、打印配置页。

■ 文件配置页：在此属性页中您可以设置将哪些报警和事件记录到文件中以及记录的格式、记录的目录、记录时间、记录哪些报警组的报警信息等。见示例。

🔑 示例：工作站事件文件记录如下。

［工作站日期：2011 年 7 月 28 日］［工作站时间：14 时 24 分 7 秒］［事件类型：工作站启动］［机器名：本站点］

［工作站日期：2011 年 7 月 28 日］［工作站时间：14 时 24 分 14 秒］［事件类型：工作站退出］［机器名：本站点］

🔔 注意：这里提到的"文件"是组态王定义的内部文件。

■ 数据库配置页："数据库配置"页窗口如图 5-43 所示。

在此属性页中您可以设置将哪些报警和事件记录到数据库中以及记录的格式、数据源的选择、登陆数据库时的用户名和密码等。

■ 打印配置页："打印配置"页窗口如图 5-44 所示。

在此属性页中您可以设置将哪些报警和事件输出到打印机中以及打印的格式、打印机的端口号等。见示例。

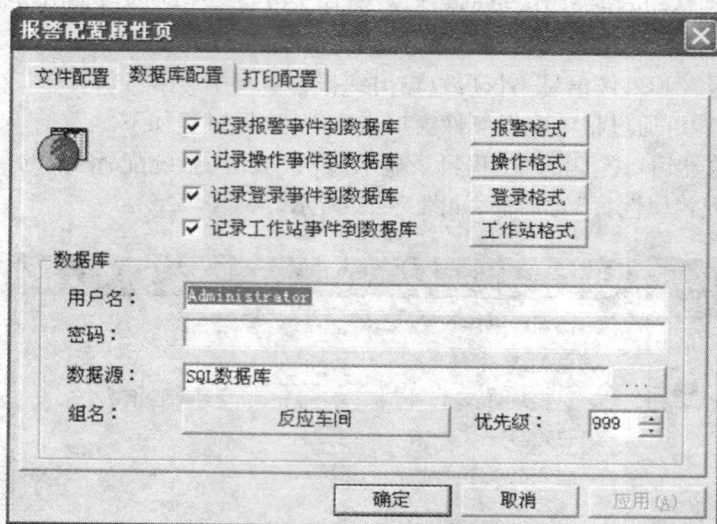

图 5-43　"数据库配置"页窗口

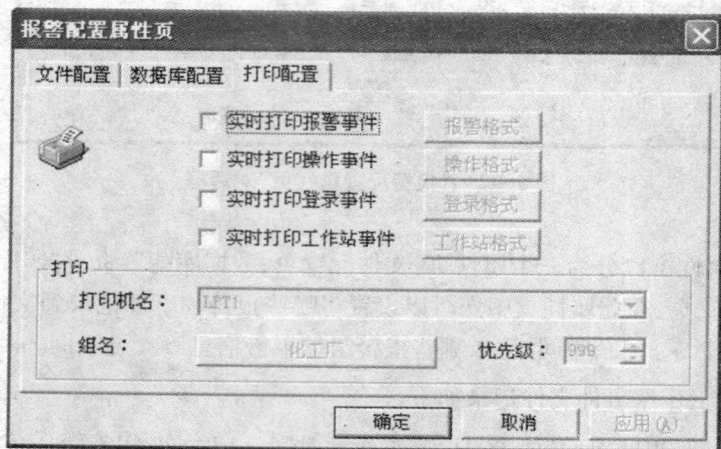

图 5-44　"打印配置"页窗口

🔑 **示例**:工作站事件打印如下。

<工作站日期:2011 年 7 月 28 日>/<工作站时间:14 时 24 分 7 秒>/<事件类型:工作站启动>/<机器名:本站点 >

<工作站日期:2011 年 7 月 28 日>/<工作站时间:14 时 24 分 14 秒>/<事件类型:工作站退出 >/<机器名:本站点 >

🔔 **注意**:建议用户在使用打印设置时,使用带字库的针式打印机。

任务2　锅炉温度控制系统程序设计

任务实施

(一) I/O 地址分配及电气连接图

该温度控制系统中 I/O 地址分配如表 5-1 所示。

表 5-1　I/O 地址分配表

输入触点	功能说明	输出触点	功能说明
I0.1	启动按钮	Q0.0	运行指示灯(绿)
I0.2	停止按钮	Q0.1	停止指示灯(红)
		Q0.3	固态继电器

系统选用 PLC CPU226 为控制器，K 型热电偶将检测到的实际炉温转化为电压信号，经过 EM231 模拟量输入模块转换成数字量信号并送到 PLC 中进行 PID 调节，PID 控制器输出量转化成占空比，通过固态继电器控制炉子加热的通断来实现对炉子温度的控制。PLC 和 HMI 相连接，实现了系统的实时监控。系统框架及系统硬件连接分别如图 5-45 和图 5-46 所示。

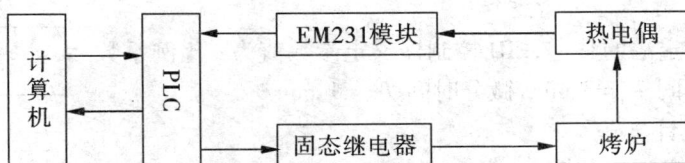

图 5-45　系统框架图

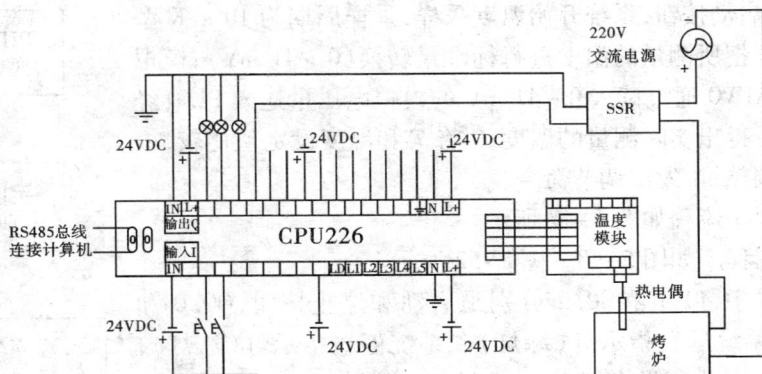

图 5-46　系统硬件连接图

注意：由于比例作用是最基本的控制作用，经验整定法主要通过调整比例度 δ 的大小来满足质量指标。整定途径有以下两种方法。

方法一：先用单纯的比例（P）作用，即寻找合适的比例度 δ，将人为加入干扰后的过渡过程调整为 $4:1$ 的衰减振荡过程。然后再加入积分（I）作用，一般先取积分时间 T_i 为衰减振荡周期的一半左右。由于积分作用将使振荡加剧，在加入的积分作用之前，要先衰减比例作用，通常把比例度增大 $10\% \sim 20\%$。调整积分时间的大小，直到出现 $4:1$ 的衰减振荡。需要时，最后加入微分（D）作用，即从零开始，逐渐加大微分时间 T_d，由于微分作用能抑制振荡，在加入微分作用之前，可以把积分时间也缩短一些。通过微分时间的凑试，使过渡时间最短，超调量最小。

方法二：如表 5-2 所示。

表 5-2　控制器参数经验数据

控制变量	规律的选择	比例度 δ/%	积分时间 T_i /min	微分时间 T_d /min
温度	对象容量滞后较大，即参数受干扰后变化迟缓，δ 应小，T_i 要长，一般需要微分	$20 \sim 60$	$3 \sim 10$	$0.5 \sim 3$

根据表 5-2 所提供参数选取积分时间 T_i 和 T_d，通常取 $T_d = (1/3 \sim 1/4)T_i$，然后对比例度 δ 进行反复凑试，直至得到满意的结果。如果开始时 T_i 和 T_d 设置的不合适，则有可能得不到要求的理想曲线。这时应适当调整 T_i 和 T_d，再重复凑试，使曲线最终符合控制要求。

通过经验整定法的整定，PID 控制器整定参数值为：比例系数 $K_c = 120$，积分时间 $T_i = 3$ min，微分时间 $T_d = 1$ min。

（二）程序设计

1. 设计思路。

PLC 运行时，通过特殊继电器 SM0.0 产生初始化脉冲进行初始化，将温度设定值、PID 参数值等存入有关的数据寄存器，使定时器复位；按启动按钮，系统开始温度采样，采样周期为 10 s；K 型热电偶传感器把所测量的温度进行标准量转换（$0 \sim 41$ mV）；模拟量输入通道 AIW0 通过读入 $0 \sim 41$ mV 的模拟电压量送入 PLC；经过程序计算后得出实际测量的温度 T，将 T 和温度设定值比较，根据偏差计算调整量，发出调节命令。

2. 控制程序流程如图 5-47 所示。

3. 梯形图程序如图 5-48 ～ 图 5-52 所示。

上述程序中，I0.1 和 I0.2 分别是启动和停止按钮，Q0.0 和 Q0.1 分别是系统运行指示灯（绿灯）和系统停止指示灯（红灯），M0.0 和 M0.1 是中间继电器。

图 5-49 所示程序为调用 PID 模块系统子程序。

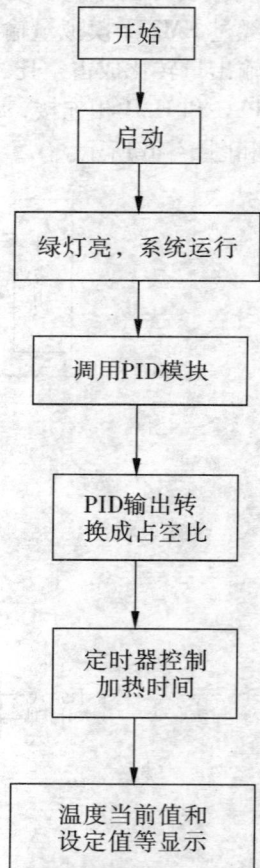

图 5-47　控制程序流程图

程序注解

网络 1　系统运行

网络注解

```
     SM0.0        10.1             Q0.0
──┤├──────────┤├──────────┬──( S )        启动，绿灯亮
              │           │      1
              │           │     Q0.1
              │           │    ( R )
              │           │      1
              │           │     M0.0
              │           │    ( S )
              │           │      1
              │           │     M0.1
              │           │    ( R )
              │           │      1
              │   10.2          Q0.0
              └──┤├──────────┬──( R )        停止，红灯亮
                          │      1
                          │     Q0.1
                          │    ( S )
                          │      1
                          │     M0.0
                          │    ( R )
                          │      1
                          │     M0.1
                          └──( S )
                                 1
```

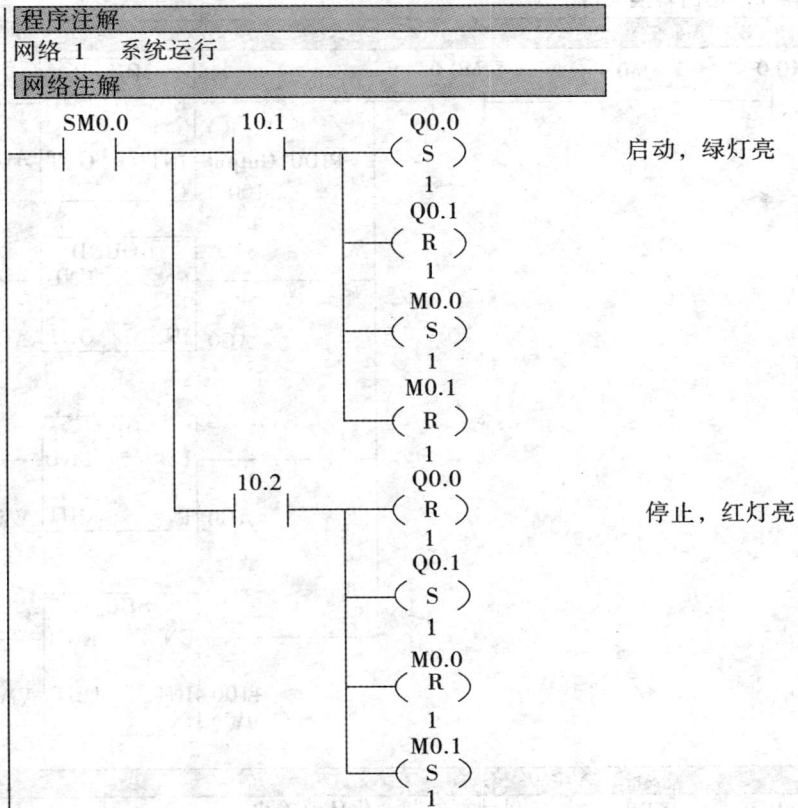

图 5-48　PLC 程序梯形图(1)

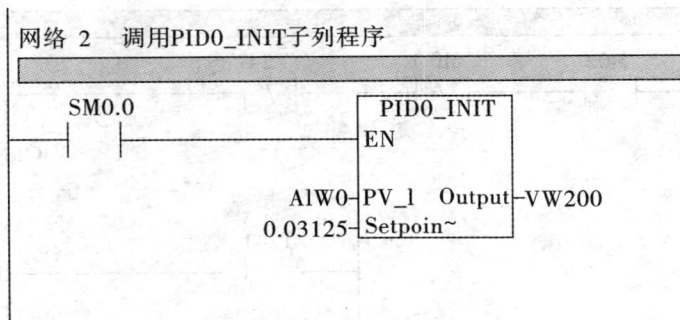

网络 2　调用PID0_INIT子列程序

```
     SM0.0               PID0_INIT
──┤├──────────┤├────────┤EN
                        │
                   AlW0─┤PV_l   Output├─VW200
                0.03125─┤Setpoin~
```

图 5-49　PLC 程序梯形图(2)

网络 3　PID输出转换成占空比

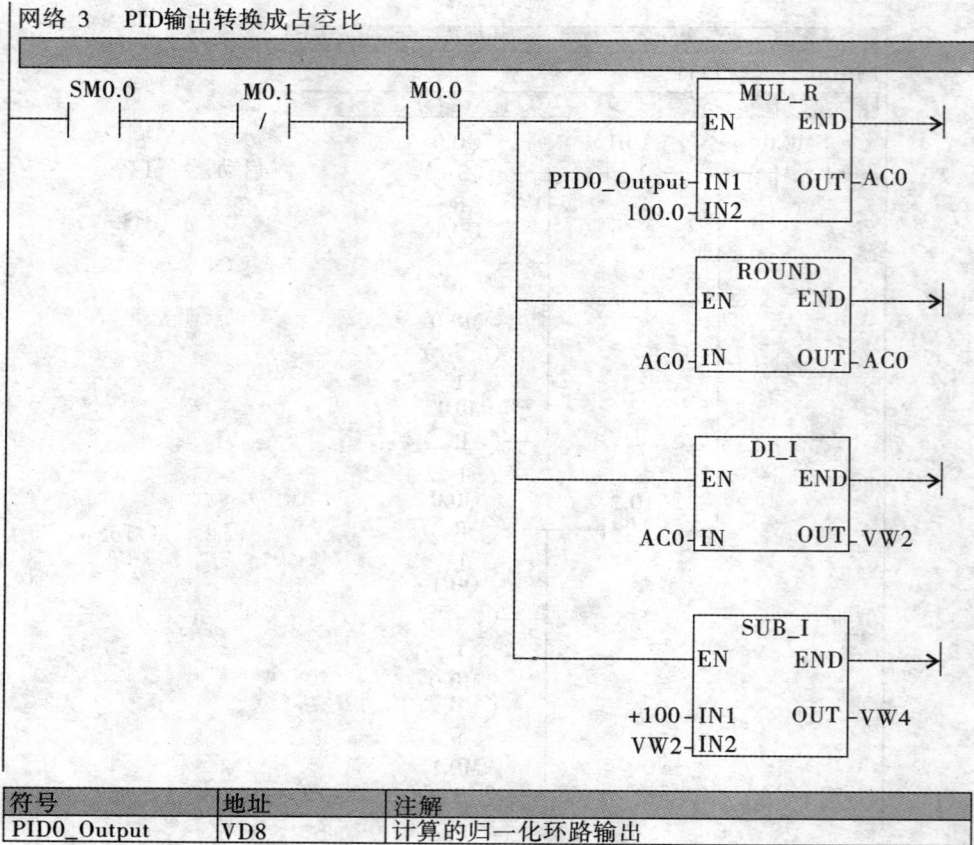

符号	地址	注解
PID0_Output	VD8	计算的归一化环路输出

图 5-50　PLC 程序梯形图(3)

网络 4　定时器控制加热时间

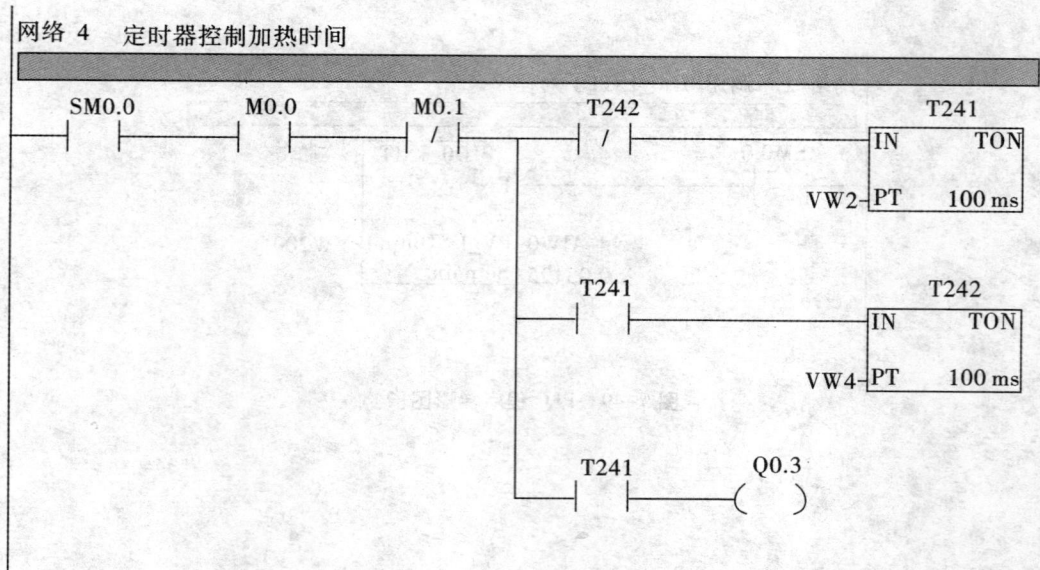

图 5-51　PLC 程序梯形图(4)

网络 5　温度当前值和设定值显示

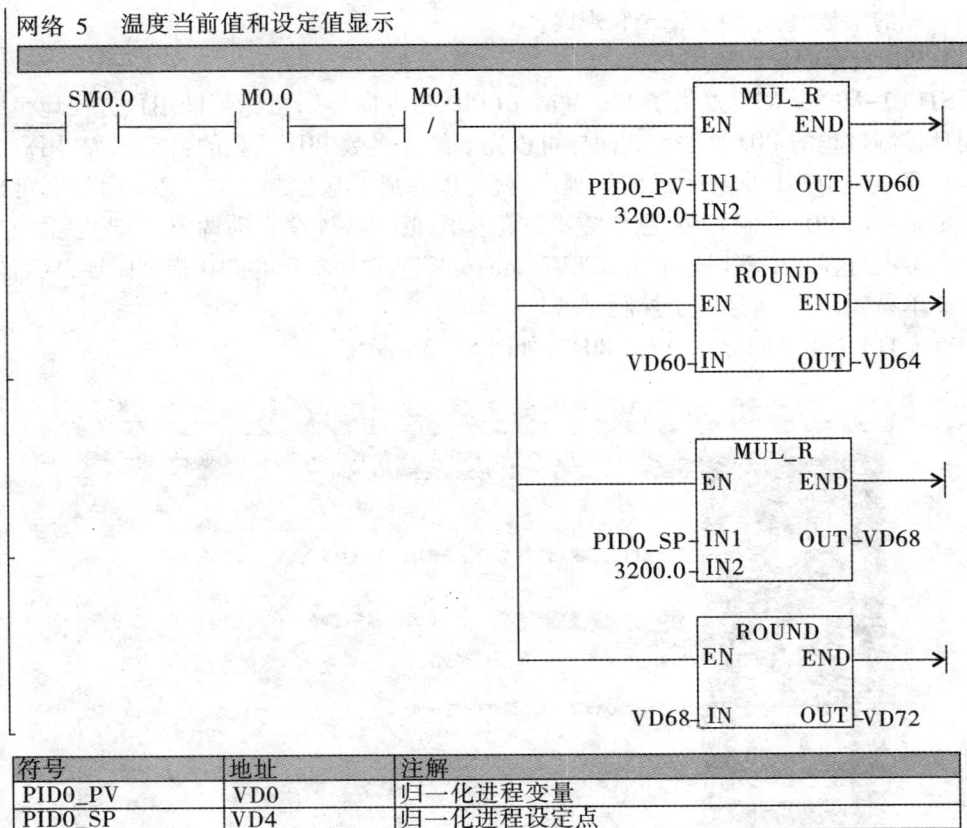

符号	地址	注解
PID0_PV	VD0	归一化进程变量
PID0_SP	VD4	归一化进程设定点

图 5-52　PLC 程序梯形图(5)

　　这里用 SM0.0 直接调用了编程软件自带的 PID 子程序,就是用 PID 指令向导编程。图 5-49 所示的指令中,PV_I 为反馈值,也就是热电偶将检测到的当前温度值送入温度模块后输出的模拟电压值 AIW0;Setpoint_R 为设定值。

　　每个 PID 回路都有两个输入变量,给定值 SP 和过程变量 PV。执行 PID 指令前必须把它们转换成标准的浮点型实数,即先把整数值转换成浮点型实数值,再把实数值进行归一化处理,使其为 0.0 ~ 1.0 的实数。归一化的公式为

$$R_1 = (R/S + M) \tag{5-1}$$

式中,R_1 为标准化的实数值;R 为未标准化的实数值;M 为偏置,单极性为 0.0,双极性为 0.5;S 为值域大小,为最大允许值减去最小允许值,单极性 32000,双极性 64000。

　　在本项目中,$R = 100$,即就是设定温度 100 ℃;$S = 32000$,$M = 0.0$,所以按照归一化公式 $R_1 = 100/32000 + 0.0 = 0.03125$,即 Setpoint_R 为 0.03125。

　　上述程序用了两个 100 ms 的定时器 T241 和 T242 来控制加热时间,其中 Q0.3 为连接固态继电器的输出端子。

　　图 5-52 所示网络的程序是为了在电脑上通过 STEP7-Micro/WIN 编程软件显示当前温度和设定温度值而写的,其实也就是归一化的逆过程。若无该网络,则显示的温度值都

是归一化的实数值,不便于记录和观察。

4. PID 指令向导的运用。

STEP7-Micro/WIN 提供了 PID Wizard(PID 指令向导),可以帮助用户方便地生成一个闭环控制过程的 PID 算法。此向导可以完成绝大多数 PID 运算的自动编程,用户只需在主程序中调用 PID 向导生成的子程序,就可以完成 PID 控制任务。PID 向导既可以生成模拟量输出 PID 控制算法,也支持开关量输出;既支持连续自动调节,也支持手动参与控制。本项目程序中就正好运用 STEP7-Micro/WIN 软件自带的 PID 指令向导,从而使得程序简单易懂,同时也达到了控制要求。

首先打开"指令向导",选择"PID",如图 5-53 所示。

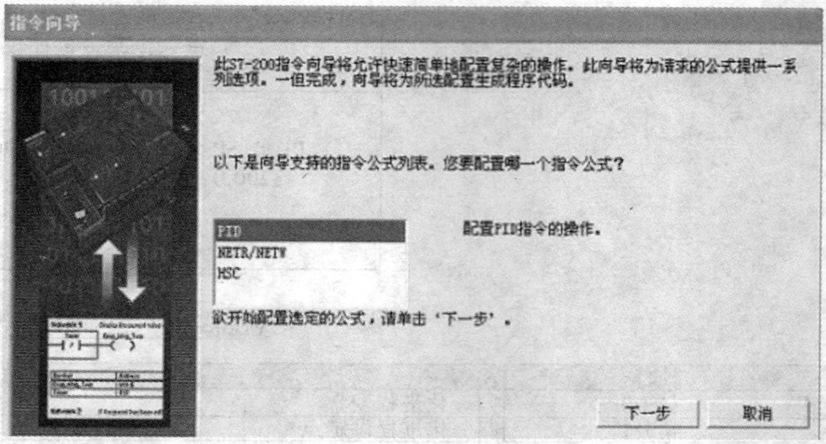

图 5-53　配置 PID 指令

点击"下一步"后出现如图 5-54 所示画面。

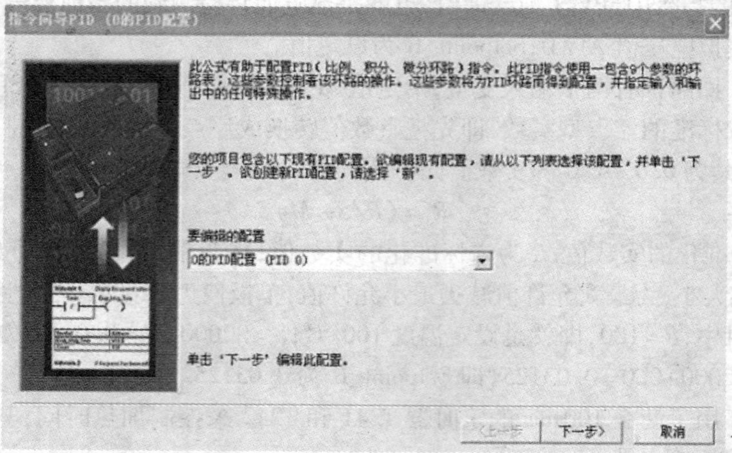

图 5-54　编辑"0 的 PID 配置"

PID 环路参数的配置如图 5-55 所示。其中,增益 $K_c = 120$,积分时间为 3 min,微分时间为 1 min,抽样时间为 10 s。还有,PID 环路的设定点设置为 0.0~1.0,便于归一化处理。

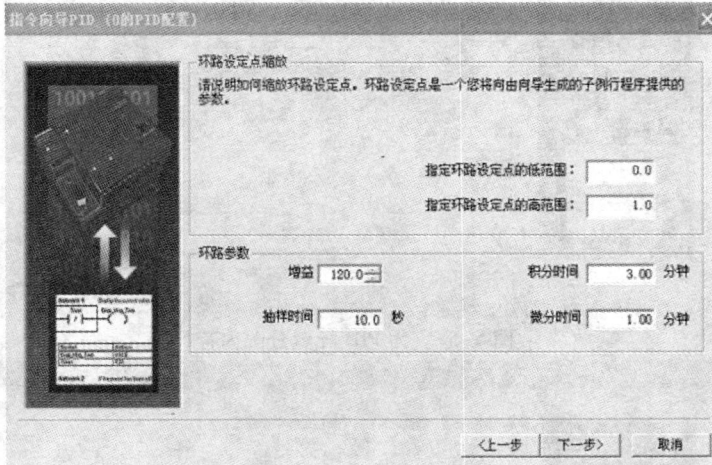

图 5-55　PID 参数设置

一般单极性的值域都是 0~32000,如图 5-56 所示。

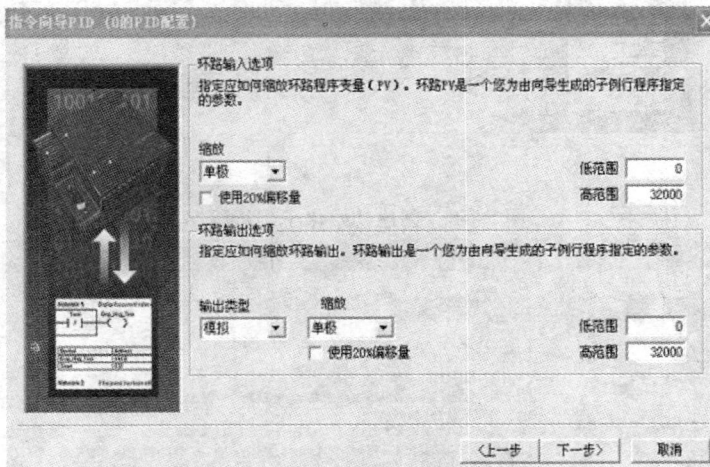

图 5-56　环路输入、输出设置

设置好以上所有步骤后,接下来需要根据回路表为 PID 参数分配存储地址,如图 5-57~图 5-59 所示。

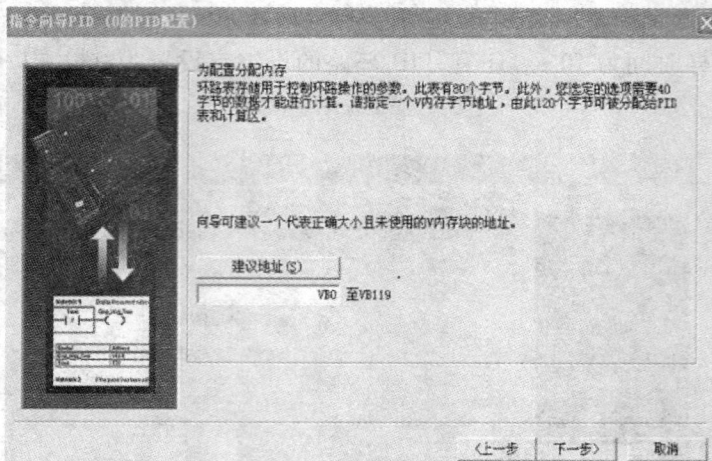

图 5-57　为 PID 配置分配内存

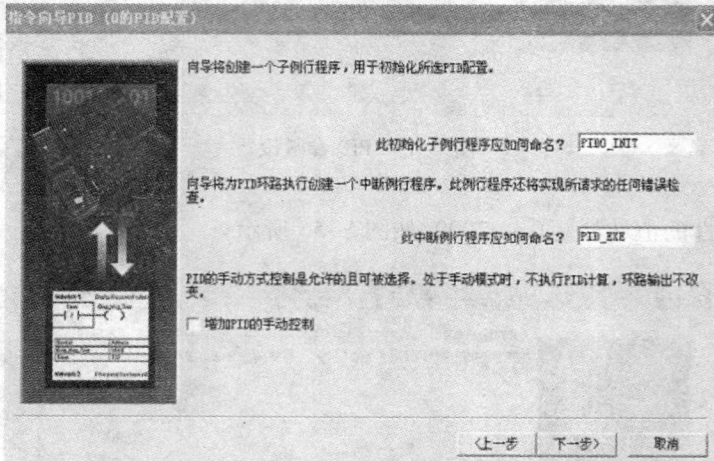

图 5-58　创建初始化子例行程序

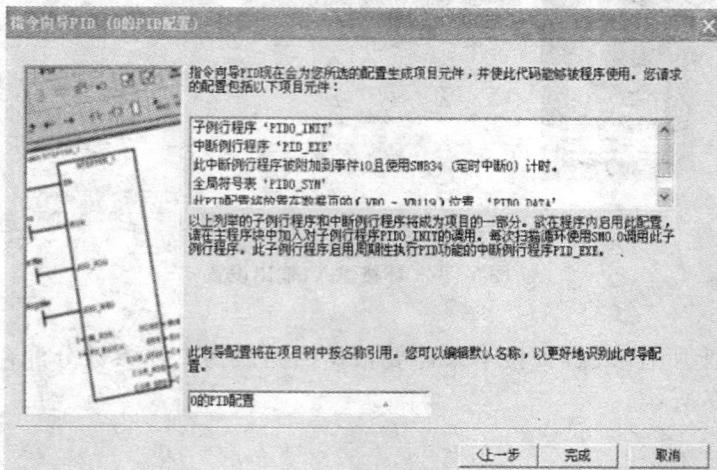

图 5-59　为配置生成项目元件

项目六

恒压变频供水监控系统设计

一、项目目标

1. 掌握组态王软件在复杂控制系统的应用。
2. 掌握实时报表、历史报表的创建及各项功能使用。
3. 进一步熟悉和掌握趋势曲线的创建及使用技巧。

二、项目任务

恒压供水控制系统包含三台水泵电机,它们组成变频循环运行方式。采用变频器实现对三相水泵电机的软启动和变频调速,运行切换采用"先启先停"的原则。压力传感器检测当前水压信号,送入 PLC 与设定值比较后进行 PID 运算,从而控制变频器的输出电压和频率,进而改变水泵电机的转速来改变供水量,最终保持管网压力稳定在设定值附近。通过工控机与 PLC 的连接,采用组态软件完成系统监控,实现了运行状态动态显示及数据、报警的查询。

任务 1　变频恒压供水系统控制方案

任务实施

(一) 变频恒压供水系统的组成及原理图

PLC 控制变频恒压供水系统主要有变频器、可编程控制器、压力变送器和现场的水泵机组一起组成一个完整的闭环调节系统。该系统的控制示意如图 6-1 所示。

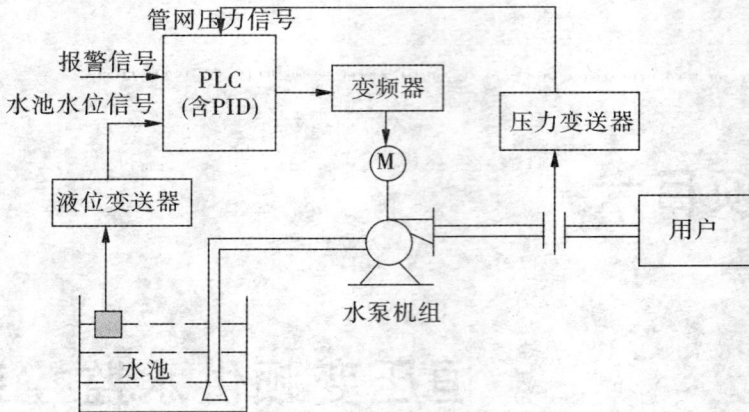

图 6-1　变频恒压供水系统控制示意

从图中可看出,系统可分为执行机构、信号检测机构、控制机构三大部分,具体功能如下所述。

（1）执行机构:执行机构是由一组水泵组成,它们用于将水供入用户管网,其中由一台变频泵和两台工频泵构成,变频泵是由变频调速器控制,可以进行变频调整的水泵,用以根据用水量的变化改变电机的转速,以维持管网的水压恒定;工频泵只运行于启、停两种工作状态,用以在用水量很大（变频泵达到工频运行状态都无法满足用水要求时）的情况下投入工作。

（2）信号检测机构:在系统控制过程中,需要检测的信号包括管网水压信号、水池水位信号和报警信号。管网水压信号反映的是用户管网的水压值,它是恒压供水控制的主要反馈信号。此信号是模拟信号,读入 PLC 时,需进行 A/D 转换。另外为加强系统的可靠性,还需对供水的上限压力和下限压力用电接点压力表进行检测,检测结果可以送给 PLC,作为数字量输入;水池水位信号反映水泵的进水水源是否充足。信号有效时,控制系统要对系统实施保护控制,以防止水泵空抽而损坏电机和水泵。此信号来自安装于水池中的液位传感器;报警信号反映系统是否正常运行、水泵电机是否过载、变频器是否有异常,该信号为开关量信号。

（3）控制机构:供水控制系统一般安装在供水控制柜中,包括供水控制器（PLC 系统）、变频器和电控设备三个部分。供水控制器是整个变频恒压供水控制系统的核心。供水控制器直接对系统中的压力、液位、报警信号进行采集,对来自人机接口和通讯接口的数据信息进行分析、实施控制算法,得出对执行机构的控制方案,通过变频调速器和接触器对执行机构（即水泵机组）进行控制;变频器是对水泵进行转速控制的单元,其跟踪供水控制器送来的控制信号改变调速泵的运行频率,完成对调速泵的转速控制。

根据水泵机组中水泵被变频器拖动的情况不同,变频器有两种工作方式,即变频循环式和变频固定式。变频循环式即变频器拖动某一台水泵作为调速泵,当这台水泵运行在 50 Hz 时,其供水量仍不能达到用水要求,需要增加水泵机组时,系统先将变频器从该水泵电机中脱出,将该泵切换为工频的同时用变频去拖动另一台水泵电机;变频固定式是变频器拖动某一台水泵作为调速泵,当这台水泵运行在 50 Hz 时,其供水量仍不能达到用水要求,需要增加水泵机组时,系统直接启动另一台恒速水泵,变频器不做切换,变频器固定拖动的水泵在系统运行前可以选择。本项目采用变频循环式工作方式。

由于本系统能适用于不同的供水领域,所以为了保证系统安全、可靠、平稳地运行,防止因电机过载、变频器报警、电网过大波动、供水水源中断造成故障,系统必须要对各种报警量进行监测,由 PLC 判断报警类别,进行显示和保护动作控制,以免造成不必要的损失。

变频恒压供水系统以供水出口管网水压为控制目标,在控制上实现出口总管网的实际供水压力跟随设定的供水压力。设定的供水压力可以是一个常数,也可以是一个时间分段函数,在每一个时段内是一个常数。所以,在某个特定时段内,恒压控制的目标就是使出口总管网的实际供水压力维持在设定的供水压力上。

变频恒压供水系统的结构框图如图6-2所示。

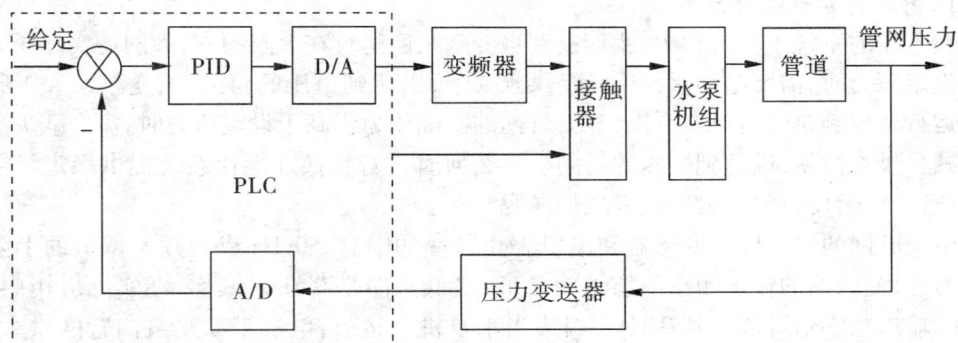

图6-2　变频恒压供水系统框图

恒压供水系统通过安装在用户供水管道上的压力变送器实时地测量参考点的水压,检测管网出水压力,并将其转换为 4～20 mA 的电信号,此检测信号是实现恒压供水的关键参数。由于电信号为模拟量,故必须通过 PLC 的 A/D 转换模块才能读入并与设定值进行比较,将比较后的偏差值进行 PID 运算,再将运算后的数字信号通过 D/A 转换模块转换成模拟信号作为变频器的输入信号,控制变频器的输出频率,从而控制电动机的转速,进而控制水泵的供水流量,最终使用户供水管道上的压力恒定,实现变频恒压供水。

(二)变频恒压供水系统控制流程

变频恒压供水系统控制流程如下。

(1)系统通电,按照接收到有效的自控系统启动信号后,首先启动变频器拖动变频泵M1工作,根据压力变送器测得的用户管网实际压力和设定压力的偏差调节变频器的输出频率,控制 M1 的转速,当输出压力达到设定值,其供水量与用水量相平衡时,转速才稳定到某一定值,这期间 M1 工作在调速运行状态。

(2)当用水量增加水压减小时,压力变送器反馈的水压信号减小,偏差变大,PLC 的输出信号变大,变频器的输出频率变大,所以水泵的转速增大,供水量增大,最终水泵的转速达到另一个新的稳定值。反之,当用水量减少水压增加时,通过压力闭环,减小水泵的转速到另一个新的稳定值。

（3）当用水量继续增加，变频器的输出频率达到上限频率50 Hz时，若此时用户管网的实际压力还未达到设定压力，并且满足增加水泵的条件（在下节有详细阐述）时，在变频循环式的控制方式下，系统将在PLC的控制下自动投入水泵M2（变速运行），同时变频泵M1做工频运行，系统恢复对水压的闭环调节，直到水压达到设定值为止。如果用水量继续增加，满足增加水泵的条件，将继续发生如上转换，将另一台工频泵M3投入运行，变频器输出频率达到上限频率50 Hz时，压力仍未达到设定值时，控制系统就会发出水压超限报警。

（4）当用水量下降，水压升高，变频器的输出频率降至下限频率，用户管网的实际水压仍高于设定压力值，并且满足减少水泵的条件时，系统将工频泵M2关掉，恢复对水压的闭环调节，使压力重新达到设定值。当用水量继续下降，并且满足减少水泵的条件时，将继续发生如上转换，将另一台工频泵M3关掉。

（三）水泵切换条件分析

在上述的系统工作流程中，我们提到当变频泵已运行在上限频率，管网的实际压力仍低于设定压力时，需要增加水泵来满足供水要求，以达到恒压的目的；当变频泵和工频泵都在运行且变频泵已运行在下限频率，管网的实际压力仍高于设定压力时，需要减少工频泵来减少供水流量，以达到恒压的目的。那么何时进行切换才能使系统提供稳定可靠的供水压力，同时使机组不过于频繁地切换呢？

由于电网的限制以及变频器和电机工作频率的限制，50 Hz成为频率调节的上限频率。另外，变频器的输出频率不能够为负值，最低只能是0 Hz。其实，在实际应用中，变频器的输出频率不可能降到0 Hz。因为当水泵机组运行，电机带动水泵向管网供水时，由于管网中的水压会反推水泵，给带动水泵运行的电机一个反向的力矩，同时这个水压也在一定程度上阻止源水池中的水进入管网，因此，当电机运行频率下降到一个值时，水泵就已经抽不出水了，实际的供水压力也不会随着电机频率的下降而下降。这个频率在实际应用中就是电机运行的下限频率。这个频率远大于0 Hz，具体数值与水泵特性及系统所使用的场所有关，一般在20 Hz左右。所以选择50 Hz和20 Hz作为水泵机组切换的上、下限频率。

当输出频率达到上限频率时，实际供水压力在设定压力上下波动。若出现$P_s > P_f$时就进行机组切换，很可能由于新增加了一台机组运行，供水压力一下就超过了设定压力。在极端的情况下，运行机组增加后，实际供水压力超过设定供水压力，而新增加的机组在变频器的下限频率运行，此时又满足了机组切换的停机条件，需要将一个在工频状态下运行的机组停掉。如果用水状况不变，供水泵站中的所有能够自动投切的机组将一直这样投入—切出—再投入—再切出地循环下去，这增加了机组切换的次数，使系统一直处于不稳定的状态之中，实际供水压力也会在很大的压力范围内震荡。这样的工作状态既无法提供稳定可靠的供水压力，也使得机组由于相互切换频繁而增大磨损，减少运行寿命。另外，实际供水压力超调的影响以及现场的干扰使实际压力的测量值有尖峰，这两种情况都可能使机组切换的判别条件在一个比较短的时间内满足。所以，在实际应用中，相应的判别条件是通过对上面两个判别条件的修改得到的，其实质就是增加了回滞环的应用和判别条件的延时成立。

实际的机组切换判别条件如下。

加泵条件：

$$f = f_{UP}，P_f < P_s - \frac{\Delta P_d}{2}，且延时判别成立 \tag{6-1}$$

减泵条件：

$$f = f_{LOW}，P_f > P_s + \frac{\Delta P_d}{2}，且延时判别成立 \tag{6-2}$$

式中，f_{UP} 为上限频率，f_{LOW} 为下限频率，P_s 为设定压力，P_d 为变化压力，P_f 为反馈压力。

任务2　系统硬件设计

任务实施

(一) 系统主电路分析及其设计

基于 PLC 的变频恒压供水系统主电路设计如图 6-3 所示。

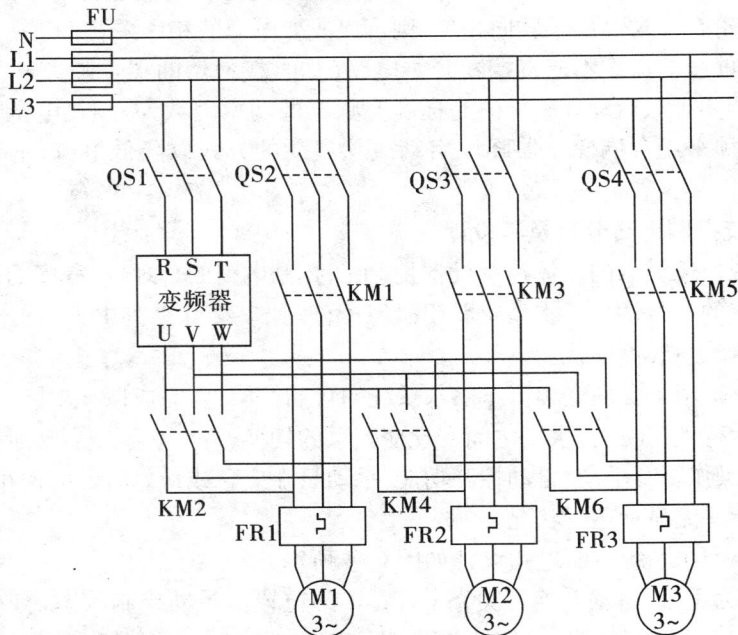

图 6-3　变频恒压供水系统主电路图

三台电机分别为 M1、M2、M3，它们分别带动水泵 1#、2#、3#；接触器 KM1、KM3、KM5 分别控制 M1、M2、M3 的工频运行；接触器 KM2、KM4、KM6 分别控制 M1、M2、M3 的变频运行；FR1、FR2、FR3 分别为三台水泵电机过载保护用的热继电器；QS1、QS2、QS3、QS4 分别为变频器和三台水泵电机主电路的隔离开关；FU 为主电路的熔断器。

本系统采用三泵循环变频运行方式,即三台水泵中只有一台水泵在变频器控制下作变速运行,其余水泵在工频下做恒速运行,在用水量小的情况下,如果变频泵连续运行时间超过 3 h,则要切换下一台水泵,即系统具有"倒泵功能",避免某一台水泵工作时间过长。因此在同一时间内只能有一台水泵工作在变频下,但不同时间段内三台水泵都可轮流做变频泵。

三相电源经低压熔断器、隔离开关接至变频器的 R、S、T 端,变频器的输出端 U、V、W 通过接触器的触点接至电机。当电机工频运行时,连接至变频器的隔离开关及变频器输出端的接触器断开,接通工频运行的接触器和隔离开关。主电路中的低压熔断器除接通电源外,同时实现短路保护,每台电动机的过载保护由相应的热继电器 FR 实现。变频和工频两个回路不允许同时接通。而且变频器的输出端绝对不允许直接接电源,故必须经过接触器的触点,当电动机接通工频回路时,变频回路接触器的触点必须先行断开。同样从工频转为变频时,也必须先将工频接触器断开,才允许接通变频器输出端接触器,所以 KM1 和 KM2、KM3 和 KM4、KM5 和 KM6 绝对不能同时动作,相互之间必须设计可靠的互锁。为监控电机负载运行情况,主回路的电流大小可以通过电流互感器和变送器将 4 ~ 20 mA 电流信号送至上位机来显示。同时可以通过转换开关接电压表显示线电压,并通过转换开关利用同一个电压表显示不同相之间的线电压。初始运行时,必须观察电动机的转向,使之符合要求。如果转向相反,则可以改变电源的相序来获得正确的转向。系统启动、运行和停止的操作不能直接断开主电路(如直接使熔断器或隔离开关断开),而必须通过变频器实现软启动和软停。为提高变频器的功率因数,必须接电抗器。当采用手动控制时,必须采用自耦变压器降压启动或软启动的方式以降低电流,本系统采用软启动器。

(二)系统控制电路分析及其设计

系统实现恒压供水的主体控制设备是 PLC,控制电路的合理性、程序的可靠性直接关系到整个系统的运行性能。本系统采用西门子公司 S7-200 系列 PLC,它体积小,执行速度快,抗干扰能力强,性能优越。

PLC 主要是用于实现变频恒压供水系统的自动控制,要完成以下功能:自动控制三台水泵的投入运行;能在三台水泵之间实现变频泵的切换;三台水泵在启动时要有软启动功能;对水泵的操作要有手动/自动控制功能,手动只在应急或检修时临时使用;系统要有完善的报警功能并能显示运行状况。

变频恒压供水系统控制电路设计如图 6-4 所示。

图中 SA 为手动/自动转换开关,SA 打在 1 的位置为手动控制状态,打在 2 的位置为自动控制状态。手动运行时,可用按钮 SB1 ~ SB6 控制三台水泵的启/停;自动运行时,系统在 PLC 程序控制下运行。

图 6-4 中的 HL10 为自动运行状态电源指示灯。对变频器频率进行复位时只提供一个干触发点信号,本系统通过一个中间继电器 KA 的触点对变频器进行复频控制。图中的 Q0.0 ~ Q0.5 及 Q1.1 ~ Q1.5 为 PLC 的输出继电器触点,它们旁边的 4、6、8 等数字为接线编号(可结合图 6-5 一起读图)。

系统在手动/自动控制下的运行过程分析如下。

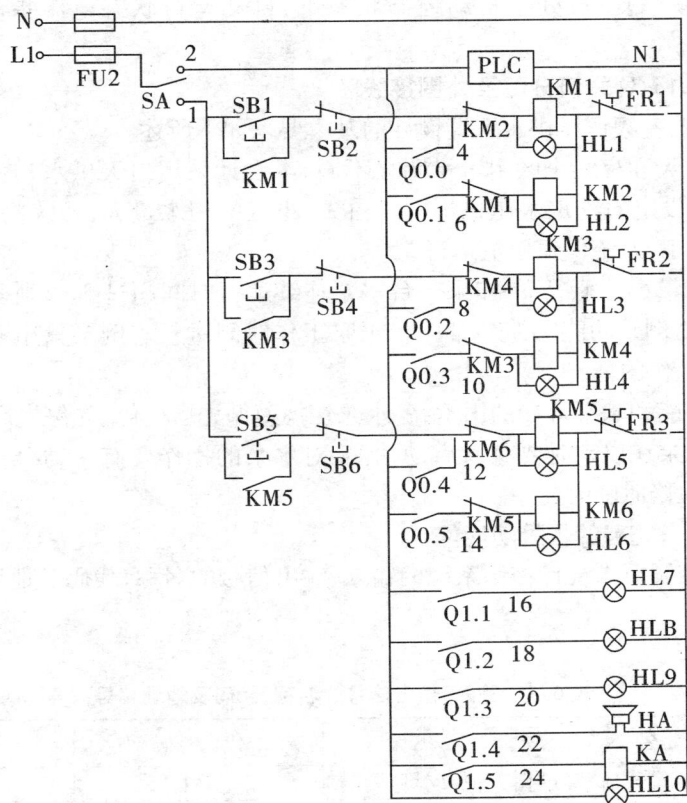

图 6-4　变频恒压供水系统控制电路图

（1）手动控制：手动控制只在检查故障原因时才会用到，便于电机故障的检测与维修。单刀双掷开关 SA 打至 1 端时开启手动控制模式，此时可以通过开关分别控制三台水泵电机在工频下的运行和停止。SB1 按下时由于 KM2 常闭触点接通电路使得 KM1 的线圈得电，KM1 的常开触点闭合，从而实现自锁功能，电机 M1 可以稳定地运行在工频下。只有当 SB2 按下时才会切断电路，KM1 线圈失电，电机 M1 停止运行。同理，可以通过按下 SB3、SB5 启动电机 M2、M3，通过按下 SB4、SB6 来使电机 M2、M3 停机。

（2）自动控制：在正常情况下变频恒压供水系统工作在自动状态下。单刀双掷开关 SA 打至 2 端时开启自动控制模式，自动控制的工作状况由 PLC 程序控制。Q0.0 输出 1# 水泵工频运行信号，Q0.1 输出 1# 水泵变频运行信号。当 Q0.0 输出 1 时，KM1 线圈得电，1# 水泵工频运行指示灯 HL1 点亮，同时 KM1 的常闭触点断开，实现 KM1、KM2 的电气互锁。当 Q0.1 输出 1 时，KM2 线圈得电，1# 水泵变频运行指示灯 HL2 点亮，同时 KM2 的常闭触点断开，实现 KM2、KM1 的电气互锁。同理，2#、3# 水泵的控制原理也是如此。当 Q1.1 输出 1 时，水池水位上下限报警指示灯 HL7 点亮；当 Q1.2 输出 1 时，变频器故障报警指示灯 HL8 点亮；当 Q1.3 输出 1 时，白天供水模式指示灯 HL9 点亮；当 Q1.4 输出 1 时，报警电铃 HA 响起；当 Q1.5 输出 1 时，中间继电器 KA 的线圈得电，常开触点 KA 闭合使得变频器的频率复位；处于自动控制状态下，自动运行状态电源指示灯 HL10 一直点亮。

（三）PLC 的 I/O 端口分配及外围接线图

基于 PLC 的变频恒压供水系统设计的基本要求如下所述。

（1）由于白天和夜间小区用水量明显不同，本设计采用白天供水和夜间供水两种模式，两种模式下设定的给定水压值不同。白天，小区的用水量大，系统高恒压值运行；夜间，小区用水量小，系统低恒压值运行。

（2）在用水量小的情况下，如果一台水泵连续运行时间超过 3 h，则要切换下一台水泵，即系统具有"倒泵功能"，避免某一台水泵工作时间过长。倒泵只用于系统只有一台变频泵长时间工作的情况下。

（3）考虑节能和水泵寿命的因素，各水泵切换遵循先启先停、先停先启原则。

（4）三台水泵在启动时要有软启动功能，对水泵的操作要有手动/自动控制功能，手动只在应急或检修时临时使用。

（5）系统要有完善的报警功能。

根据以上控制要求统计控制系统的输入、输出信号的名称、代码及地址编号如表 6-1 所示。

表 6-1　输入、输出信号的名称、代码及地址编号

	名　　称	代　　码	地址编号
输入信号	供水模式信号（1-白天，0-夜间）	SA1	I0.0
	水池水位上下限信号	SLHL	I0.1
	变频器报警信号	SU	I0.2
	试灯按钮	SB7	I0.3
	压力变送器输出模拟量电压值	Up	AIW0
输出信号	1#泵工频运行接触器及指示灯	KM1、HL1	Q0.0
	1#泵变频运行接触器及指示灯	KM2、HL2	Q0.1
	2#泵工频运行接触器及指示灯	KM3、HL3	Q0.2
	2#泵变频运行接触器及指示灯	KM4、HL4	Q0.3
	3#泵工频运行接触器及指示灯	KM5、HL5	Q0.4
	3#泵变频运行接触器及指示灯	KM6、HL6	Q0.5
输出信号	水池水位上下限报警指示灯	HL7	Q1.1
	变频器故障报警指示灯	HL8	Q1.2
	白天模式运行指示灯	HL9	Q1.3
	报警电铃	HA	Q1.4
	变频器频率复位控制	KA	Q1.5
	变频器输入电压信号	Uf	AQW0

结合系统控制电路图 6-4 和 PLC 的 I/O 端口分配表 6-1，画出 PLC 及扩展模块外围接线图，如图 6-5 所示。

变频恒压供水系统有五个输入量，其中包括四个数字量和一个模拟量。压力变送器

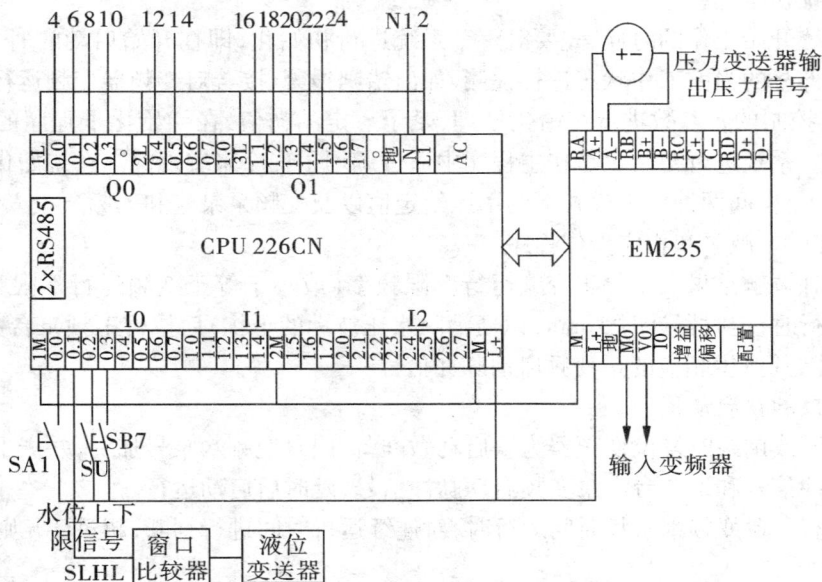

图 6-5　PLC 及扩展模块外围接线图

将测得的管网压力输入 PLC 的扩展模块 EM235 的模拟量输入端口作为模拟量输入;开关 SA1 用于控制白天/夜间两种模式之间的切换,它作为开关量输入 I0.0;液位变送器把测得的水池水位转换成标准电信号后送入窗口比较器,在窗口比较器中设定水池水位的上下限,当超出上下限时,窗口比较其输出高电平 1,送入 I0.1;变频器的故障输出端与 PLC 的 I0.2 相连,作为变频器故障报警信号;开关 SB7 与 I0.3 相连,作为试灯信号,用于手动检测各指示灯是否正常工作。

变频恒压供水系统有 11 个数字量输出信号和 1 个模拟量输出信号。Q0.0~Q0.5 分别输出三台水泵电机的工频/变频运行信号,Q1.1 输出水位超限报警信号,Q1.2 输出变频器故障报警信号,Q1.3 输出白天模式运行信号,Q1.4 输出报警电铃信号,Q1.5 输出变频器复位控制信号,AQW0 输出的模拟信号用于控制变频器的输出频率。

图 6-5 只是简单地表明 PLC 及扩展模块的外围接线情况,并不是严格意义上的外围接线情况。它忽略了以下因素:①直流电源的容量;②电源方面的抗干扰措施;③输出方面的保护措施;④系统的保护措施等。

任务 3　系统软件设计

任务实施

(一)控制系统主程序设计分析

PLC 主程序主要由系统初始化程序、水泵电机启动程序、水泵电机变频/工频切换程序、水泵电机换机程序、模拟量(压力、频率)比较计算程序和报警程序等构成。

1. 系统初始化程序。

在系统开始工作的时候,先要对整个系统进行初始化,即在开始启动的时候,先对系统的各个部分的当前工作状态进行检测,如出错则报警,接着对变频器变频运行的上下限频率、PID 控制的各参数进行初始化处理,赋予一定的初值,在初始化子程序的最后进行中断连接。系统进行初始化是在主程序中通过调用子程序来实现的。在初始化后紧接着要设定白天/夜间两种供水模式下的水压给定值以及变频泵泵号和工频泵投入台数。

2. 判断增、减泵和相应操作程序。

当 PID 调解结果大于等于变频运行上限频率(或小于等于变频运行下限频率)且水泵稳定运行时,定时器计时 5 min(以便消除水压波动的干扰)后执行工频泵台数加一(或减一)操作,并产生相应的泵变频启动脉冲信号。

3. 水泵的软启动程序。

增减泵或倒泵时复位变频器为软启动做准备,同时变频水泵号加一,并产生当前泵工频启动脉冲信号和下一台水泵变频启动脉冲信号,延时后启动运行。

当只有一台变频水泵长时间运行时,对连续运行时间进行判断,超过 3 h 则自动倒泵变频运行。

4. 各水泵变频运行控制逻辑程序。

各水泵变频运行控制逻辑大体上是相同的,现在只以 1#水泵为例进行说明。当第一次上电、故障消除或者产生 1#泵变频启动脉冲信号并且系统无故障产生、未产生复位 1#水泵变频运行信号、1#水泵未工作在工频状态时,Q0.1 置 1,KM2 常开触点闭合接通变频器,使 1#水泵变频运行,同时 KM2 常闭触点打开防止 KM1 线圈得电,从而在变频和工频之间实现良好的电气互锁,KM2 的常开触点还可实现自锁功能。

5. 各水泵工频运行控制逻辑程序。

水泵的工频运行不但取决于变频泵的泵号,还取决于工频泵的台数。由于各水泵工频运行控制逻辑大体上是相同的,现在只以 1#水泵为例进行说明。产生当前泵工频运行启动脉冲后,若当前 2#水泵处于变频运行状态且工频水泵数大于 0,或者当前 3#水泵处于变频运行状态且工频水泵数大于 1,则 Q0.0 置 1,KM1 线圈得电,使得 KM1 常开触点闭合,1#水泵工频运行,同时 KM1 常闭触点打开防止 KM2 线圈得电,从而实现变频和工频之间实现良好的电气互锁,KM1 的常开触点还可实现自锁功能。

6. 报警及故障处理程序。

系统中包括水池水位超越限报警指示灯、变频器故障报警指示灯、白天模式运行指示灯以及报警电铃。当故障信号产生时,相应的指示灯会出现闪烁现象,同时报警电铃响起。而试灯按钮按下时,各指示灯会一直点亮。

故障发生后重新设定变频水泵号和工频水泵运行台数,在故障结束后产生故障结束脉冲信号。

(二) 程序流程图的设计

主程序流程图设计如图 6-6 所示。水泵的变频和工频运行(以 2#泵为例)控制流程图设计如图 6-7 和图 6-8 所示。1#、3#泵的运行控制流程与 2#泵相似。

开始

↓

调用初始化
子程序

↓

设置两种模式
下水压给定值

↓

设定变频泵号

↓

变频器频
率上限 ──N──→

↓Y

定时5 min，滤波

↓

工频泵数加1，产
生变频启动脉冲

↓

变频器频
率下限 ──N──→

↓Y

定时5 min，滤波

↓

工频泵数减1，产
生变频启动脉冲

↓

是否增泵或倒泵 ──N──→

↓Y

复位变频器，
变频泵号加1

↓

调整变频泵
号，遇4变1

程序结束

↑

产生故障结束
脉冲

↑

变频泵号置1
工频泵数置0

↑Y

是否有报警 ──N──→

↑

变频器故障报警

↑Y

变频器故障 ──N──→

↑

水位越限报警

↑Y

水池水位越限 ──N──→

↑

1#、2#、3#泵工频
运行控制

↑

1#、2#、3#泵变频
运行控制

↑

产生倒泵信号

↑Y

变频泵单独运
行时间达3 h ──N──→

↑

产生当前泵工频
运行，下台泵变
频运行启动脉冲

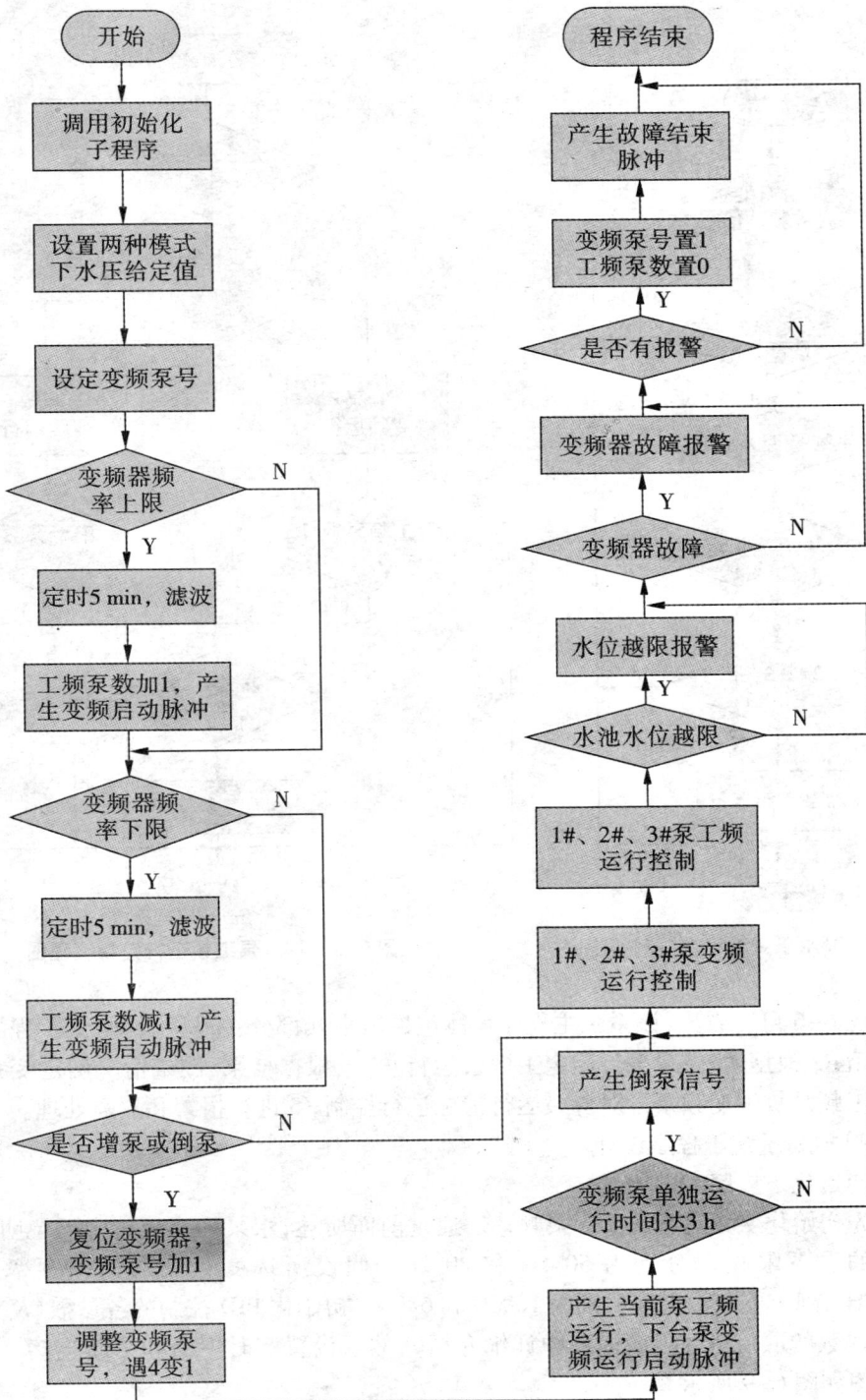

图6-6 变频恒压供水系统主程序流程图

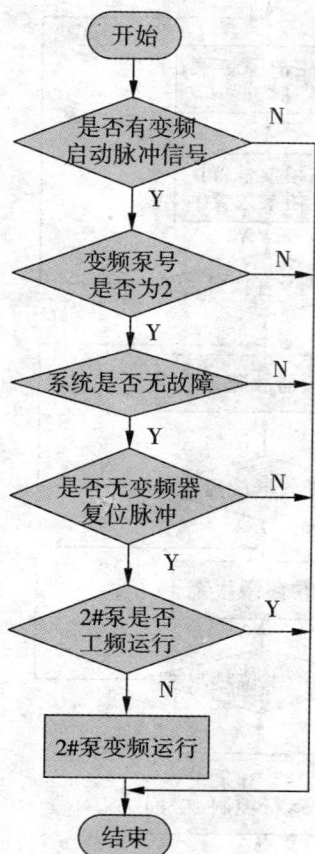

图 6-7　2#水泵变频运行控制流程图

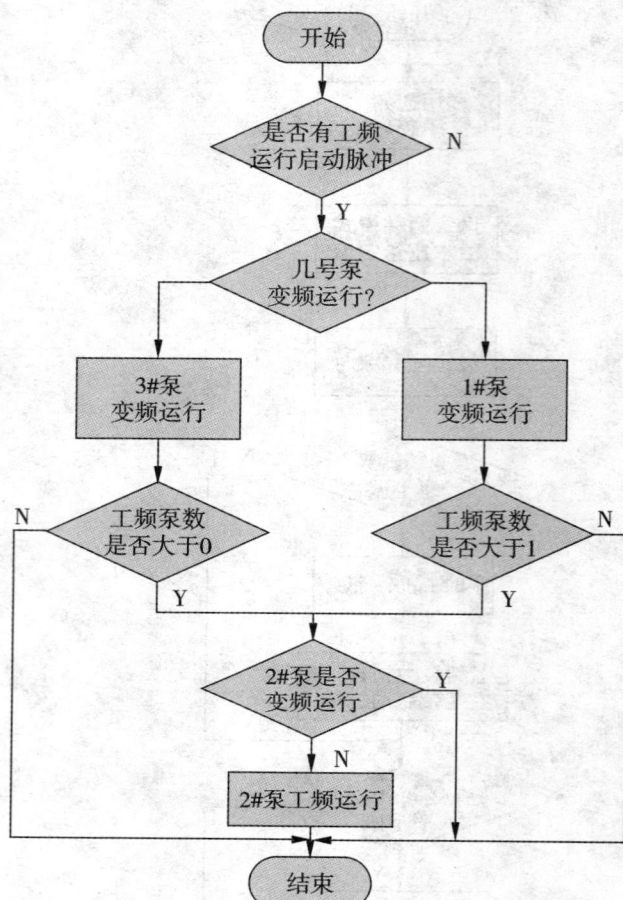

图 6-8　2#水泵工频运行控制流程图

由图 6-6 可以看出,该系统主程序大体包括以下几部分:①调用初始化子程序,设定各初始值;②根据增、减泵条件确定工频泵运行数;③根据增泵、倒泵情况确定变频泵号;④通过工频泵数和变频泵号对各泵运行情况进行控制;⑤进行报警和故障处理。

(三)控制系统子程序设计

1. 初始化子程序 SBR_0。

首先初始化变频运行的上下限频率。通过前面所述,水泵切换分析中已说明水泵变频运行的上下限频率分别为 50 Hz 和 20 Hz。假设所选变频器的输出频率范围为 0~100 Hz,则上下限给定值分别为 16000 和 6400。初始化 PID 控制的各参数(K_c、T_s、T_i、T_d)(各参数的取值将在后面内容中详细介绍),然后设置定时中断和中断连接。具体程序梯形图如图 6-9 所示。

2. PID 控制中断子程序。

首先将由 AIW0 输入的采样数据进行标准化转换,经过 PID 运算后,再将标准值转化成输出值,由 AQW0 输出模拟信号。具体程序梯形图如图 6-10 所示。

网络　1　　初始化子程序　SBR_0

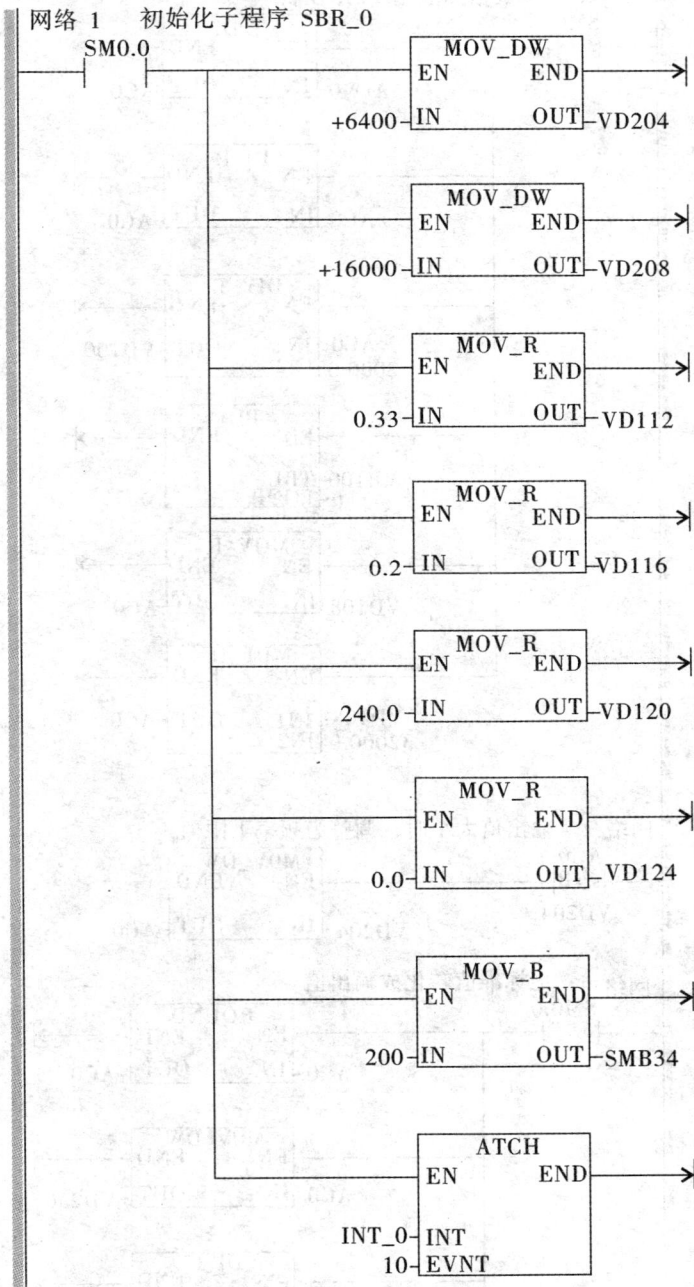

图 6-9　初始化子程序 SBR_0 梯形图

网络 1 采样数据标准化、PID控制

```
   SM0.0                  ┌─────────────┐
───┤ ├───────────┬───────┤     I_DI    │──────────>
                  │       │ EN      END │
                  │   ArW0┤ IN      OUT ├─AC0
                  │       └─────────────┘
                  │       ┌─────────────┐
                  ├───────┤     DI_R    │──────────>
                  │       │ EN      END │
                  │    AC0┤ IN      OUT ├─AC0
                  │       └─────────────┘
                  │       ┌─────────────┐
                  ├───────┤    DIV_R    │──────────>
                  │       │ EN      END │
                  │    AC0┤ IN1     OUT ├─VD100
                  │ 32000.0┤ IN2        │
                  │       └─────────────┘
                  │       ┌─────────────┐
                  ├───────┤     PID     │──────────>
                  │       │ EN      END │
                  │  VB100┤ TBL        │
                  │      0┤ LOOP       │
                  │       └─────────────┘
                  │       ┌─────────────┐
                  ├───────┤    MOV_R    │──────────>
                  │       │ EN      END │
                  │  VD108┤ IN      OUT ├─AC0
                  │       └─────────────┘
                  │       ┌─────────────┐
                  └───────┤    MUL_R    │──────────>
                          │ EN      END │
                    VD108 ┤ IN1     OUT ├─AC0
                  32000.0 ┤ IN2        │
                          └─────────────┘
```

网络 2 输出值太小时，调整为频率下限值

```
   AC0                    ┌─────────────┐
───┤<=R├──────────────────┤    MOV_DW   │──────────>
   VD204                  │ EN      END │
                    VD204 ┤ IN      OUT ├─AC0
                          └─────────────┘
```

网络 3 把标准值转化成输出值

```
   SM0.0                  ┌─────────────┐
───┤ ├───────────┬───────┤    ROUND    │──────────>
                  │       │ EN      END │
                  │    AC0┤ IN      OUT ├─AC0
                  │       └─────────────┘
                  │       ┌─────────────┐
                  ├───────┤    MOV_DW   │──────────>
                  │       │ EN      END │
                  │    AC0┤ IN      OUT ├─VD250
                  │       └─────────────┘
                  │       ┌─────────────┐
                  ├───────┤     DI_I    │──────────>
                  │       │ EN      END │
                  │    AC0┤ IN      OUT ├─AC0
                  │       └─────────────┘
                  │       ┌─────────────┐
                  └───────┤    MOV_W    │──────────>
                          │ EN      END │
                       AC0┤ IN      OUT ├─AQW0
                          └─────────────┘
```

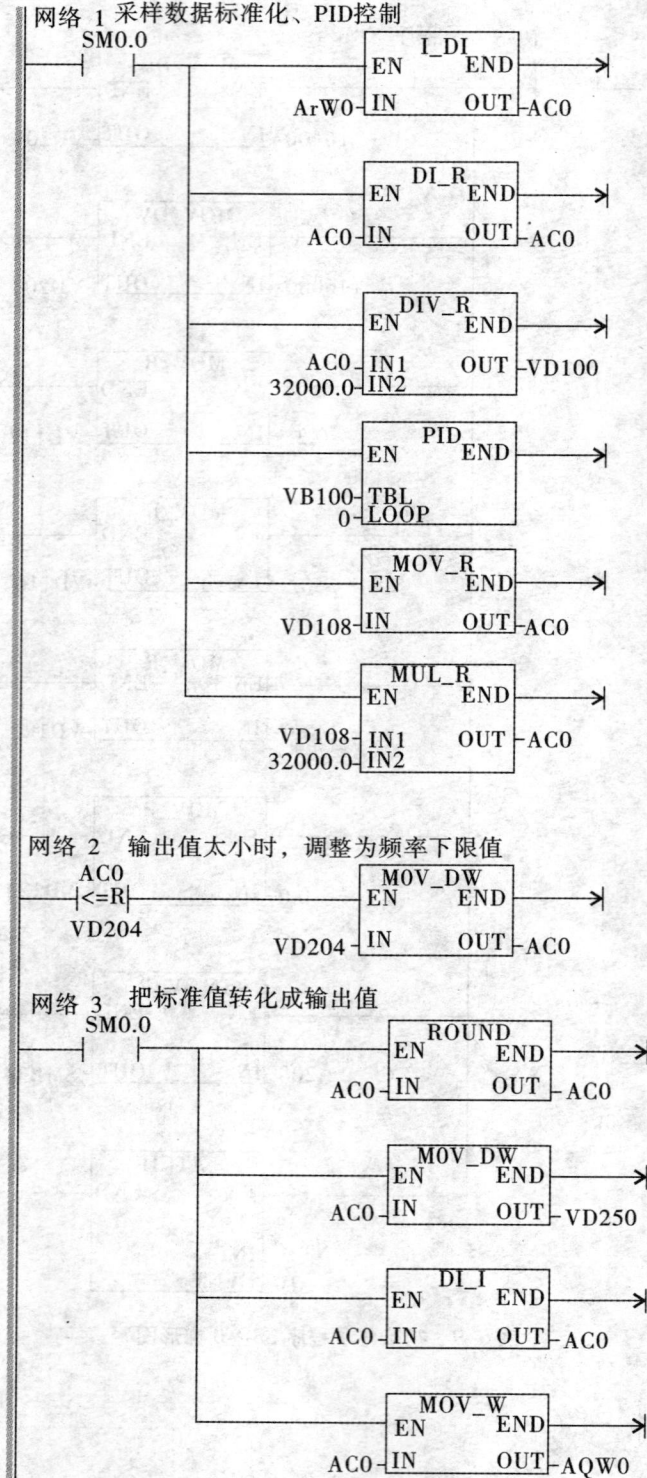

图 6-10 PID 控制中断子程序 INT_0 梯形图

任务4　监控系统设计

一、任务实施

(一)组态王的通信参数设置

系统设计中用 S7-200 的 PPI 编程电缆实现计算机与 CPU 模块的通信。由于使用串行通信接口 1,故双击工程浏览器的设备文件夹中的"COM1"图标,在出现的对话框中设置波特率为 19200 bit/s,如图 6-11 所示。

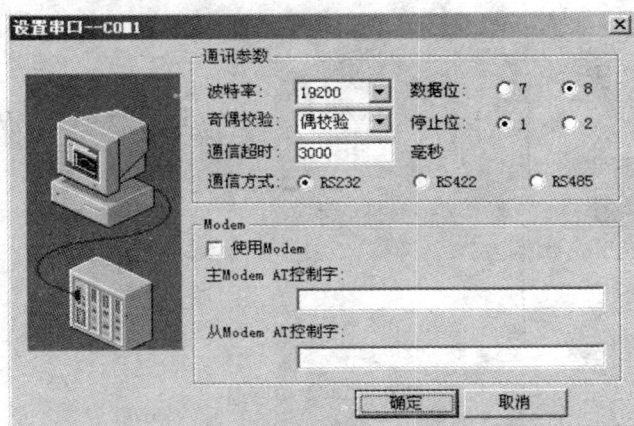

图 6-11　串行通信接口参数设置

选中"COM1"后,双击右侧工作区出现的"新建…"图标,在出现的对话框的"PLC"文件夹中选择西门子的 S7-200 系列,通信协议为 PPI,如图 6-12 所示,设置好后单击"下一步"直至"完成",这样在右侧会出现刚生成的"新 IO 设备"图标,通信设置结束。

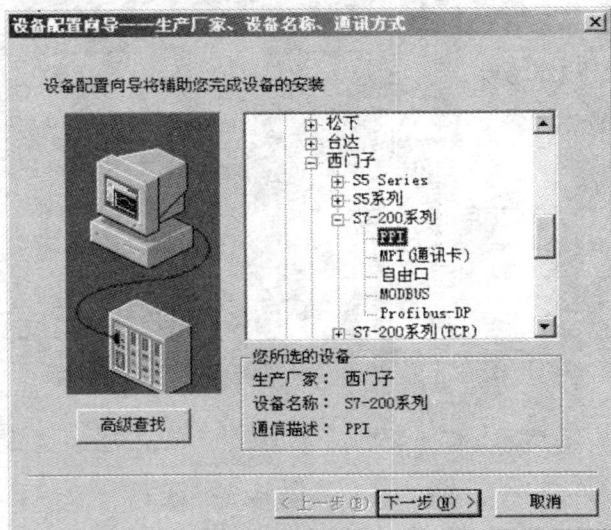

图 6-12　通信协议设置

(二) 监控画面设计

1. 主画界面显示恒压供水系统的设计。

在主画面下方设置了切换到各个子画面的按钮,如图 6-13 所示,点击按钮,便会执行按钮动画命令语言,切换到对应的子画面;双击按钮会出现"动画连接"对话框,如图6-14所示,单击"动画连接"对话框中的"弹起时"会出现命令语言的编辑窗口,如图6-15 所示。

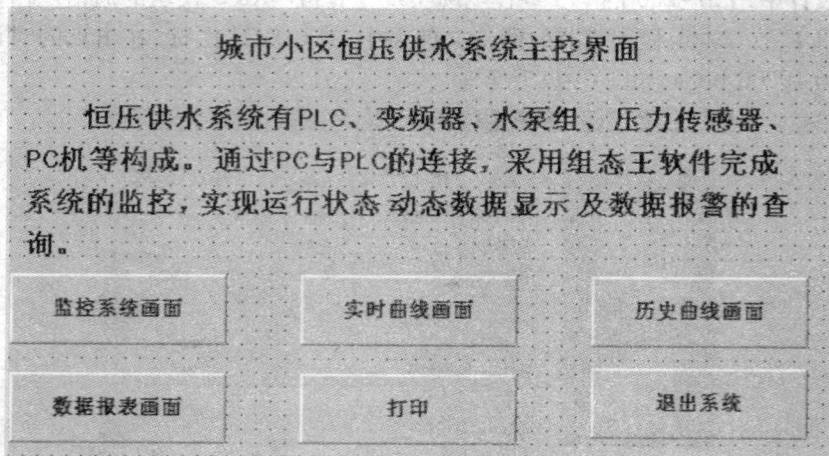

图 6-13　主控画面

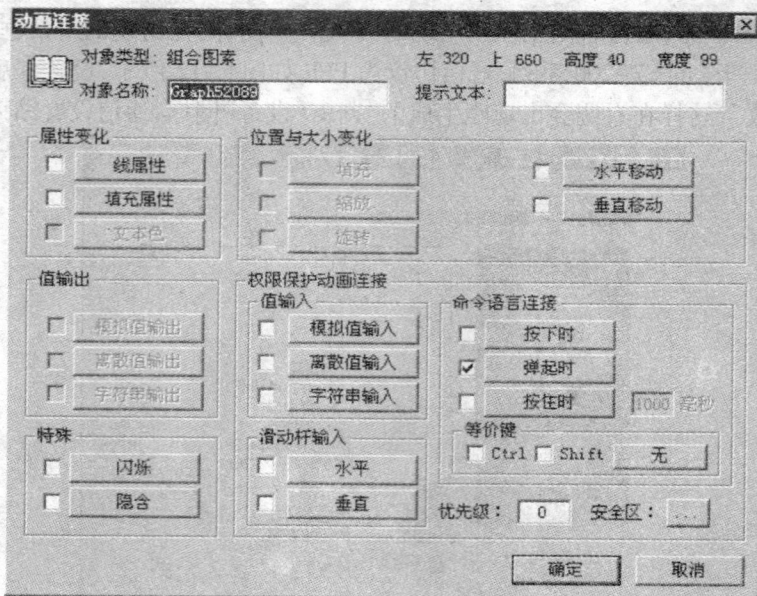

图 6-14　"动画连接"对话框

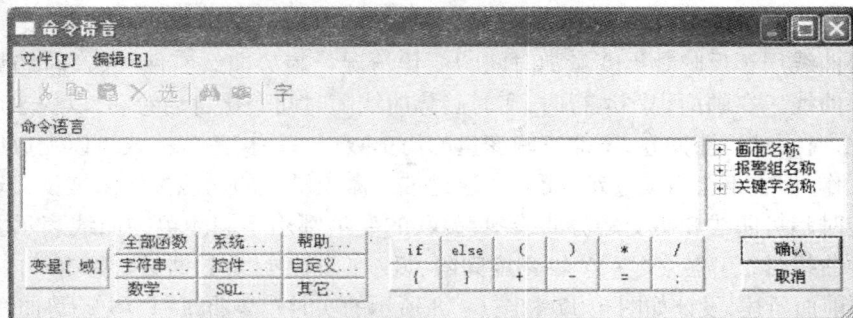

图 6-15 "命令语言"编辑窗口

主画面上的五个按钮的程序命令语言分别如下：

Show Picture（"主监控画面"）；

Show Picture（"实时曲线画面"）；

Show Picture（"历史曲线画面"）；

Show Picture（"数据报表画面"）；

Print Window（"监控系统"，0,0,0,10,10）；

2. 系统主监控画面设计。

按照前面所学内容进行系统主监控画面设计，设计系统运行主监控界面如图 6-16 所示。

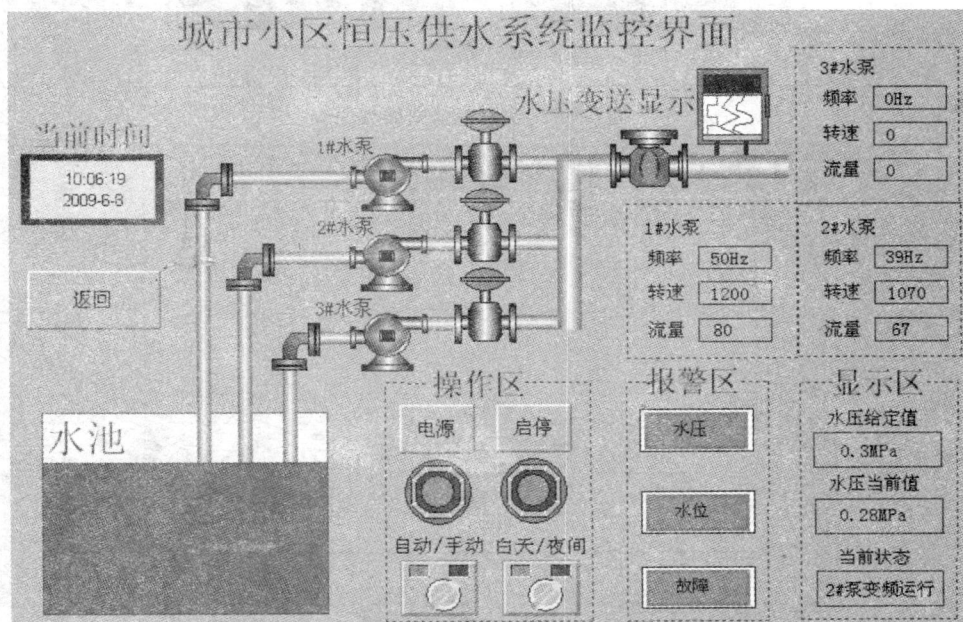

图 6-16 城市小区恒压供水系统监控界面

主界面实时显示了当前时间，设定的水压值和当前水压值，系统的自动/手动运行情况，三台水泵变频/工频运行状态、转速、运行频率，各设备的故障报警显示等。

3. 趋势曲线画面设计。

趋势曲线用于反映数据变量随时间的变化情况。趋势曲线有两种：实时趋势曲线和历史趋势曲线。在画面程序运行时，实时趋势曲线随时间变化自动卷动，以快速反应变量的新变化，时间轴不能回卷，不能查阅变量的历史数据。历史趋势曲线可以完成历史数据的查看工作，但它不会自动卷动，而需要通过带有命令语言的功能按钮来辅助实现查阅功能。在实时趋势曲线和历史趋势曲线中，关联的变量都用不同颜色的曲线表示。在建立以上两种曲线时，还需定义 X、Y 轴刻度间隔、显示标识数目及数据更新频率等内容。

按照前面所述，设计如图 6-17 和图 6-18 所示的实时趋势曲线和历史趋势曲线画面。

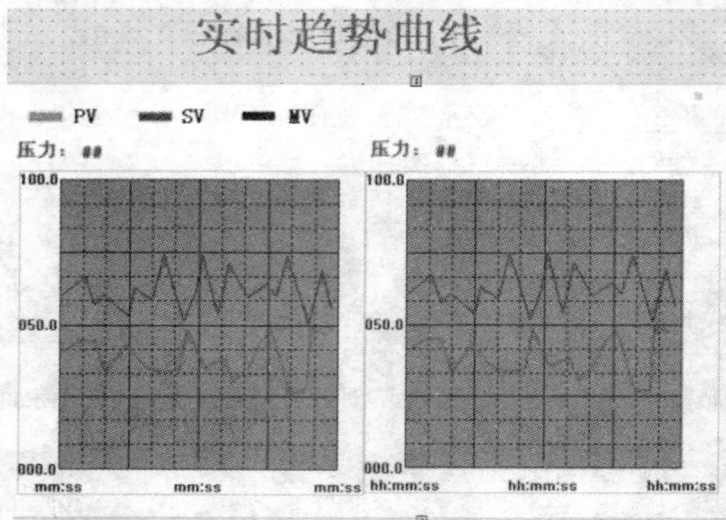

图 6-17　实时趋势曲线界面

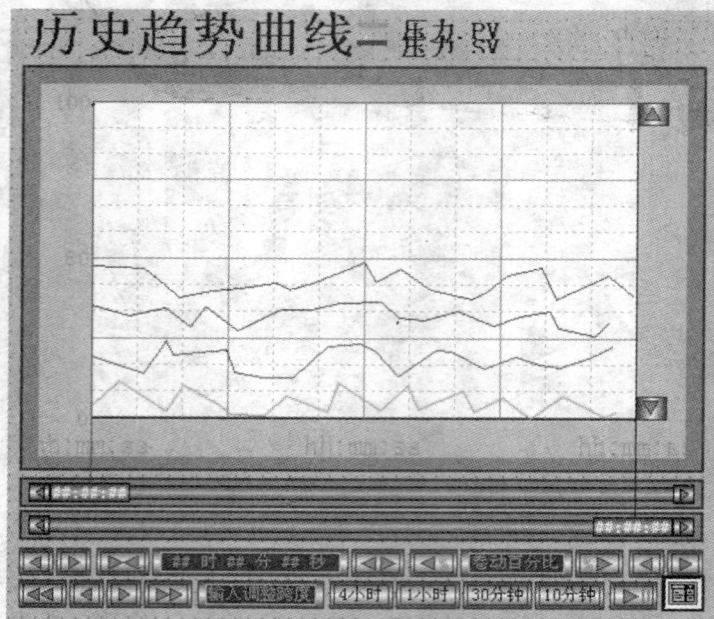

图 6-18　历史趋势曲线界面

　　实时趋势曲线中曲线的物理意义:绿色曲线(曲线1)表示测量值(压力和液位),红色曲线(曲线2)表示设定值(压力和液位),蓝色曲线(曲线3)表示控制器的设定值。

　　在该主画面下方可以设置切换到各个子画面的按钮,点击按钮,便会执行按钮动画命令语言,切换到对应的子画面。命令语言的编辑窗口如图6-15所示。其按钮的程序命令语言分别如下:

　　　　Show Picture("主监控画面");

　　　　Show Picture("参数设定");

　　　　Show Picture("历史曲线");

　　　　Show Picture("数据报表");

　　历史趋势曲线中曲线的物理意义:绿色曲线(曲线1)表示压力的测量值,红色曲线(曲线2)表示压力设定值,深绿色曲线(曲线3)表示液位测量值,紫色曲线(曲线4)表示液位的设定值。

　　在该主画面下方也可以设置切换到各个子画面的按钮,点击按钮,便会执行按钮动画命令语言,切换到对应的子画面。命令语言的编辑窗口如图6-15所示。其按钮的程序命令语言分别如下:

　　　　Show Picture("主监控画面");

　　　　Show Picture("参数设定");

　　　　Show Picture("实时曲线");

　　　　Show Picture("数据报表");

　　实时趋势曲线的和历史趋势曲线建立和变量的关联分别如图6-19和图6-20所示。

　　历史趋势曲线只是显示历史数据的一种方式,本身并不保存变量的历史数据。历史数据的存储是由组态王提供的历史库完成的。组态王历史库是一个高速数据库,支持毫秒级高速历史数据的存储和查询,支持存储的数据类型有离散型、整形和实型。组态王历史库并不是保存所有在数据词典中定义的类型符合的变量,只有在变量定义时设置变量的记录属性,组态王才会自动地按照设置时的方式存储变量的历史数据。变量记录和安全区属性的设置对话框如图6-21所示。

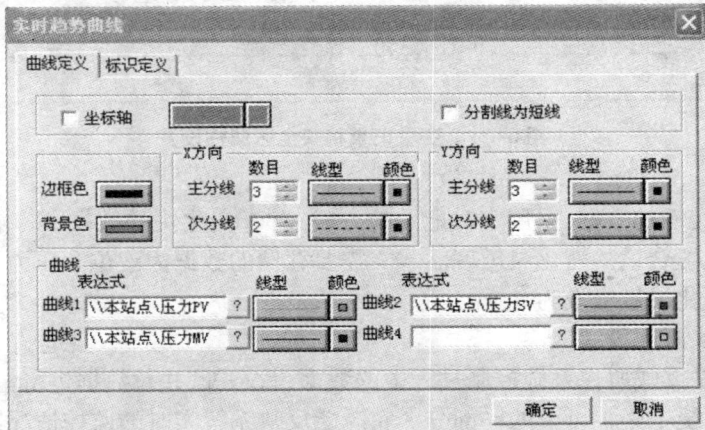

图6-19　实时趋势曲线的定义

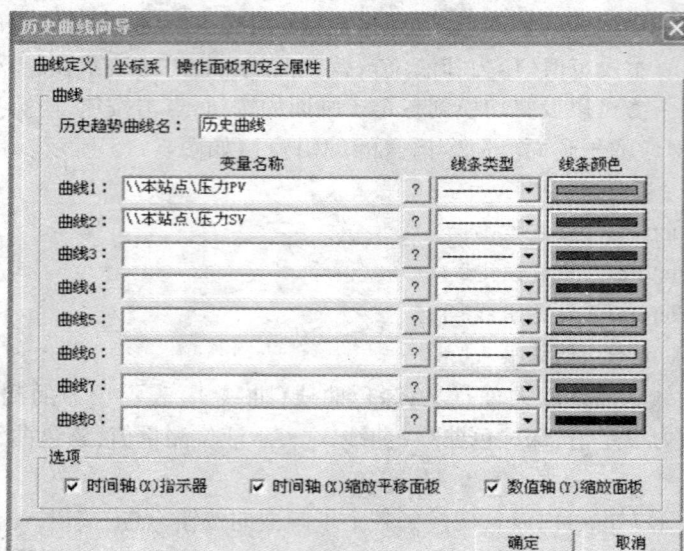

图 6-20　历史趋势曲线的定义

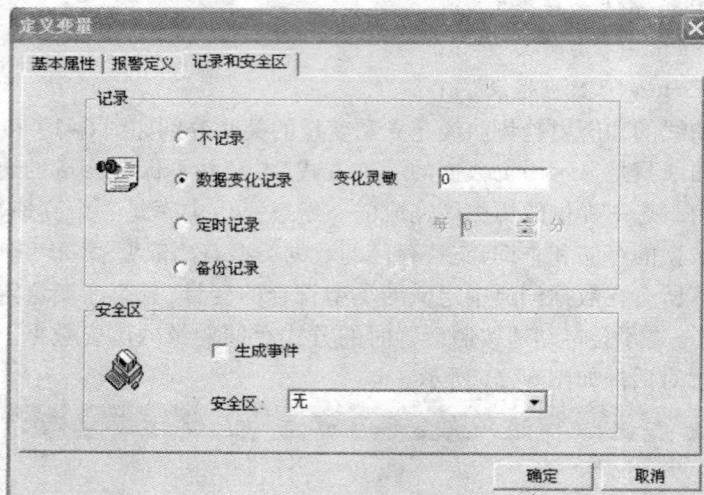

图 6-21　变量记录和安全区属性设置

　　对于变化缓慢的数据,采用定时记录的方式;对于变化快的数据,采用数据变化记录的方式,同时设置合适的变化灵敏度。本文需要存储的数据为液位和压力,采用数据变化记录的方式,变化灵敏度设为0。

　　4. 数据报表画面设计。

　　数据报表是反映监控系统控制过程中的数据、状态等,并对数据进行记录的一种重要形式,是监控系统中必不可少的一部分。它既能反映系统实时的监控情况,也能对长期的监控情况进行统计、分析,使设计人员能够实时掌握和分析监控系统的状态。利用组态王提供的内嵌式报表系统,开发了数据报表画面,如图 6-22 所示。

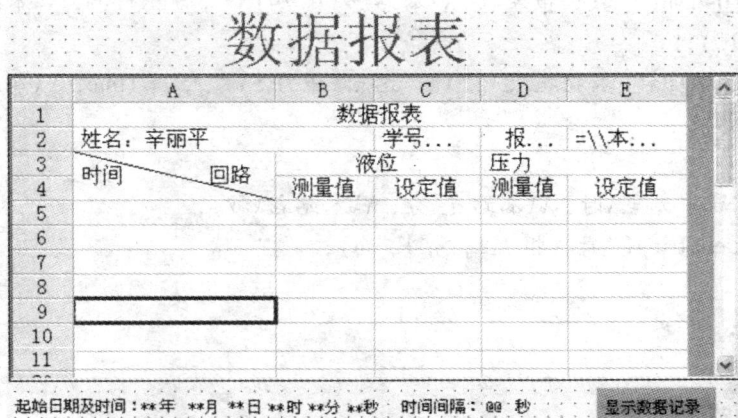

图 6-22　数据报表界面

　　报表中的一行数据代表的是一个完整的监控控制过程,记录了监控过程的日期和系统的被监控变量的不同时刻的状态以及监控过程的开始时间、结束时间和消耗时间,"报表"画面内放置一个名称为"显示数据记录"的按钮,用于实时显示一些参数值。该按钮的动画连接和命令语言如图 6-15 和图 6-23 所示。

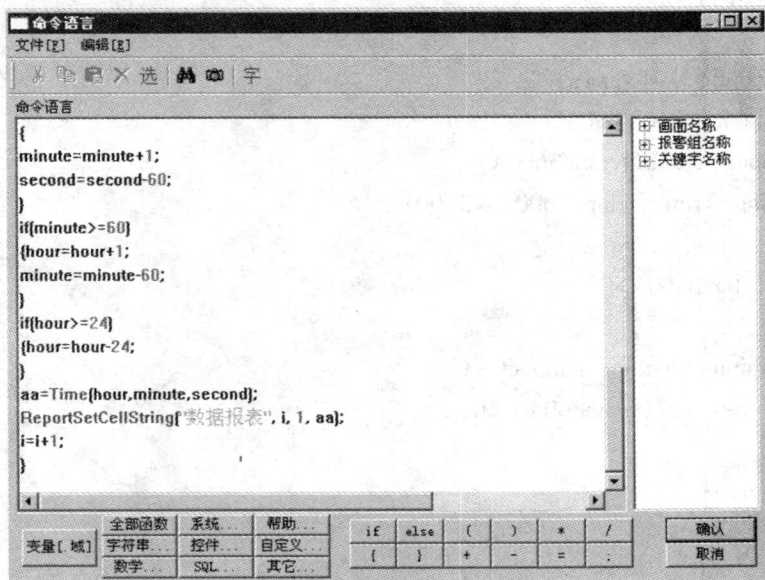

图 6-23　"显示数据记录"按钮命令语言对话框

命令语言如下:
long StartTime;
StartTime = HTConvertTime(\\本站点\年, \\本站点\月, \\本站点\日, \\本站点\时,

\\本站点\分,\\本站点\秒);

ReportSetHistData("数据报表","\\本站点\压力 PV", StartTime, \\本站点\时间间隔, "D5:D100");

ReportSetHistData("数据报表","\\本站点\压力 SV", StartTime, \\本站点\时间间隔, "E5:E100");

```
String aa;
aa=Time(\\本站点\时, \\本站点\分, \\本站点\秒);
ReportSetCellString("数据报表", 5, 1, aa);
long i;
long temp;
long hour;
long minute;
long second;
i=6;
temp=0;
hour=时;
minute=分;
second=秒;
while(i<=100)
{
temp=second+时间间隔;
if(Trunc(temp/3600)>0)
{hour=hour+Trunc(temp/3600);
temp=temp-Trunc(temp/3600) * 3600;
}
if(Trunc( temp/60)>0)
{
minute=minute+Trunc( temp/60);
temp=temp-Trunc(temp/60) * 60;
}
second=temp;

if(second>=60)
{
minute=minute+1;
second=second-60;
}
if(minute>=60)
```

```
{hour = hour+1;
minute = minute-60;
}
if( hour>=24 )
{hour = hour-24;
}
aa = Time( hour, minute, second );
ReportSetCellString( "数据报表", i, 1, aa);
i = i+1;
```

（三）数据库变量的定义

在组态王运行时,控制系统的状态要以动画的形式反映在屏幕上,同时设计人员在计算机前发布的指令也要迅速送达实验设备,所有这一切都是以实时数据库为中介环节,数据库是联系上位机和下位机的桥梁。

数据库中变量的集合形象地称为数据词典,数据词典记录了所有用户可使用的数据变量的详细信息。监控系统中用到的变量的定义如下:在目录显示区点击"数据词典"图标,则目录内容显示区显示"新建"图标,双击,即可进入"定义变量"对话框进行变量的定义,如图6-24所示。

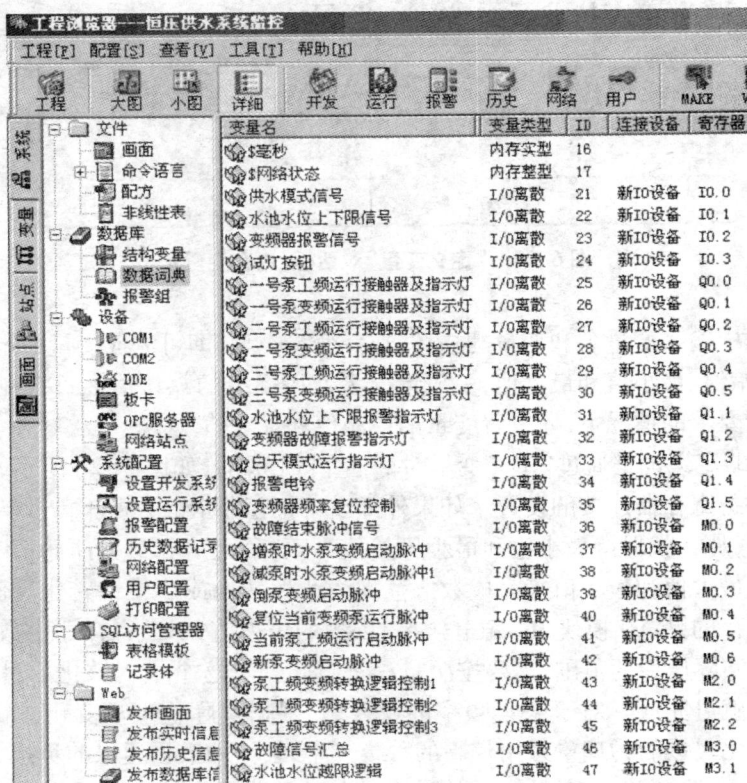

图6-24　变量定义界面

变量的基本类型共有两种：内存变量和 I/O 变量。内存变量是指不需要和外部设备交换数据，只在组态王内部使用的变量。I/O 变量是指可与外部数据采集程序直接进行数据交换的变量。变量的数据类型有整型变量、实型变量、离散变量和字符串型变量。

对于内存变量，主要用作程序的中间变量，在编程之前无法准确知道要用到那些内存变量，因此内存变量可以预先定义，也可在编程过程中需要时现定义；对于 I/O 变量，应该预先定义，每个 I/O 变量对应一个下位机的寄存器单元，寄存器单元中存放上位机需要读或写的数据或命令。每个下位机需要采集的数据、接受的命令都是固定的，所以预先定义了所有的 I/O 变量来对应下位机的寄存器单元，避免了分散定义时出现重复定义的问题。内存变量的定义通过"定义变量"对话框来完成，如图 6-25 所示。

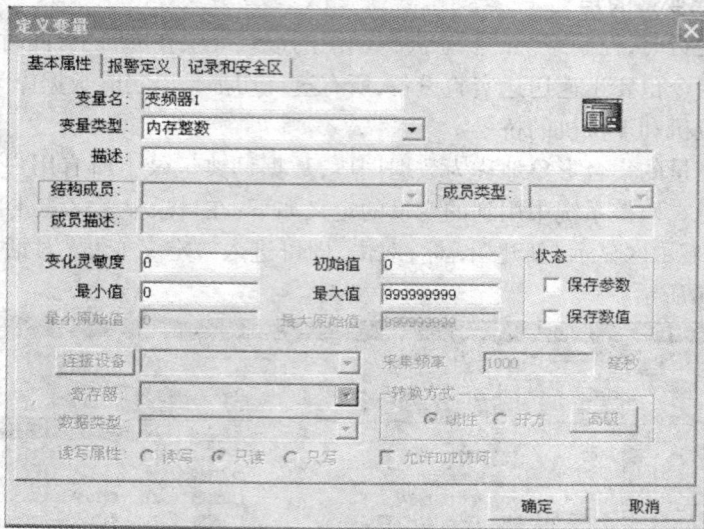

图 6-25 "定义变量"对话框（内存变量）

在对话框中输入变量名和变量的描述、选择变量类型，即可完成变量的定义。对于变化灵敏度、初始值、最小值和最大值，一般情况下使用系统的默认值。只有在对内存变量的变化范围有要求的情况下，才设置变量的最小值和最大值。

I/O 变量的定义也是通过"定义变量对话框"来完成的，如图 6-26 所示，不同的是增加了同外部设备寄存器连接的设置。如果外部设备寄存器中的数值不需要转换就可为上位机直接使用，那么就保持最小值和最小原始值一致，最大值和最大原始值一致。否则，就要分别设置最大值和最小值来完成数值范围的线性转换或非线性转化。例如，外部设备寄存器中保存的是 AD 模块（12 位分辨率）采集的压力值，那么寄存器中数值的范围为 0~4095，不是实际压力的范围，需要按照量程进行转换。这个量程转化的过程在 I/O 变量定义的时候就可完成。对于采集频率的设置，要根据实际物理量变化的快慢来完成。对于压力等变化缓慢的物理量采用较高的采集频率，会增加数据通讯的负担，设计中采用的频率为 5 s。在选择 I/O 变量读写属性时，对于只是获取数值的变量设置为只读属性，对于既要读取数值又要改写数值的变量设置为读写属性，对于只是改写值的变量设置为

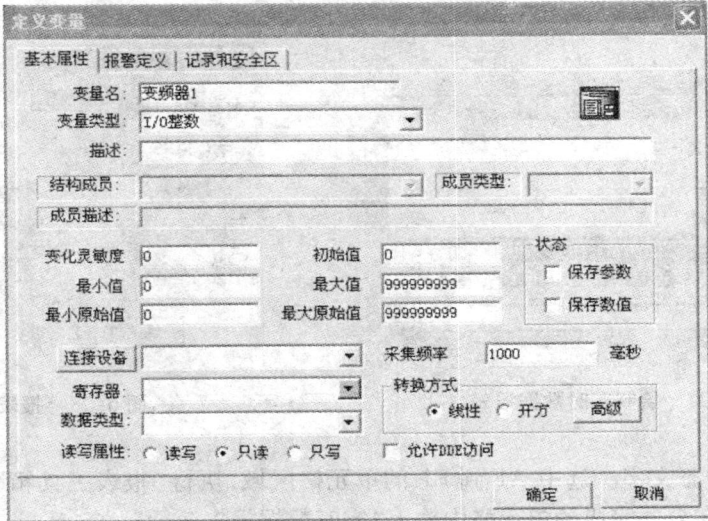

图 6-26　"定义变量"对话框（I/O 变量）

只写属性。当设置变量为只写属性时,采集频率要设为 0。

二、相关知识——数据报表系统

数据报表是反映生产过程中的过程数据、运行状态等,并对数据进行记录、统计的一种重要工具,是生产过程必不可少的一个重要环节。它既能反应系统实时的生产情况,又能对长期的生产过程数据进行统计、分析,使管理人员能够掌握和分析生产过程情况。

组态王提供内嵌式报表系统,工程人员可以任意设置报表格式,对报表进行组态。组态王为工程人员提供了丰富的报表函数,实现各种运算、数据转换、统计分析、报表打印等,既可以制作实时报表,又可以制作历史报表。另外,工程人员还可以制作各种报表模板,实现多次使用,以免重复工作。

（一）实时数据报表

1. 创建实时数据报表。

实时数据报表创建过程如下:

（1）新建一画面,名称为"实时数据报表画面"。

（2）选择工具箱中的 **T** 工具,在画面上输入文字"实时数据报表"。

（3）选择工具箱中的 工具,在画面上绘制一实时数据报表窗口,如图 6-27 所示。"报表工具箱"会自动显示出来,双击窗口的灰色部分,弹出"报表设计"对话框,如图 6-28 所示。

图 6-28 所示对话框设置如下。

报表控件名:Report1;

行数:6;

列数:10。

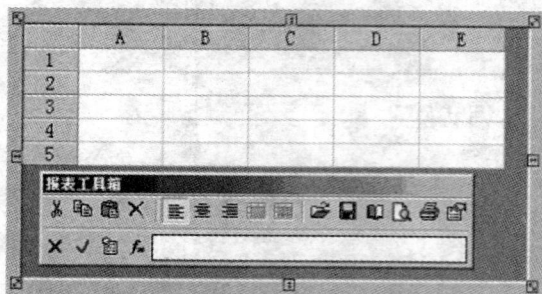

图6-27　绘制实时数据报表

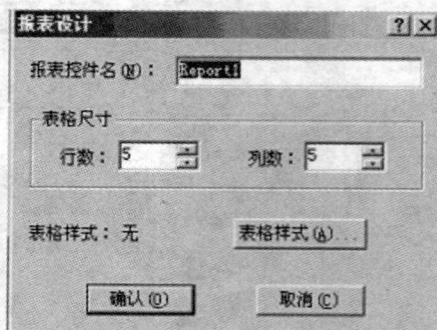

图6-28　报表设计

（4）输入静态文字。选中 A1 到 E1 的单元格区域,执行"报表工具箱"中的"合并单元格"命令,并在合并完成的单元格中输入"实时数据报表演示"。

利用同样方法输入其他静态文字,如图6-29所示。

图6-29　实时数据报表画面设置

（5）插入动态变量。合并 B2 和 C2 单元格,并在合并完成的单元格中输入" = \\本站点\ $ 日期"。（变量的输入可以利用"报表工具箱"中的"插入变量"按钮实现）

利用同样方法输入其他动态变量,如图6-30所示。

图6-30　实时数据报表画面设置完毕示意图

注意：如果变量名前没有添加"="符号的话此变量被当作静态文字来处理。

（6）单击"文件"菜单中的"全部存"命令，保存您所作的设置。

（7）单击"文件"菜单中的"切换到 VIEW"命令，进入运行系统。系统默认运行的画面可能不是您刚刚编辑完成的"实时数据报表画面"，您可以通过运行界面中"画面"菜单中的"打开"命令将其打开运行，如图6-31所示。

实时报表演示			
日期：	2011-08-23	时间：	1:29:49
原料液体液位：	96.00	米	
成品液体液位：	36.00	米	
液位之差：	60.00	米	
		操作人：	无

图6-31　实时报表演示运行示意图

2. 实时数据报表打印。

（1）实时数据报表自动打印设置过程：

1）在"实时数据报表画面"中添加一按钮，按钮文本为"实时数据报表自动打印"。

2）在按钮的弹起事件中输入如图6-32所示的命令语言。

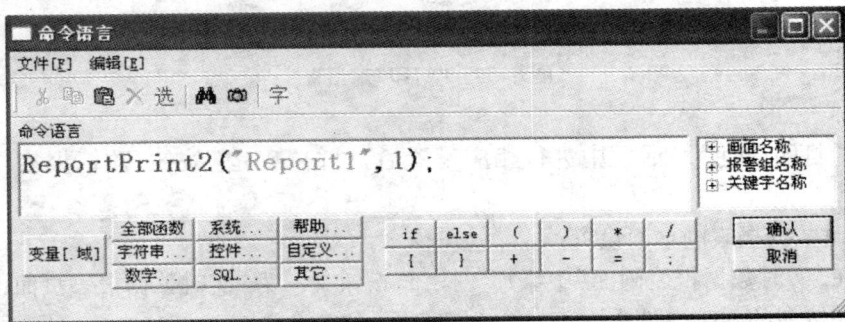

图6-32　实时数据报表自动打印命令语言

3）单击"确认"按钮关闭命令语言编辑框。当系统处于运行状态时，单击此按钮数据报表将被打印出来。

（2）实时数据报表手动打印设置过程：

1）在"实时数据报表画面"中添加一按钮，按钮文本为"实时数据报表手动打印"。

2）在按钮的弹起事件中输入如图6-33所示的命令语言。

3）单击"确认"按钮关闭命令语言编辑框。

4）当系统处于运行状态时，单击此按钮，弹出"打印属性"对话框，如图6-34所示。

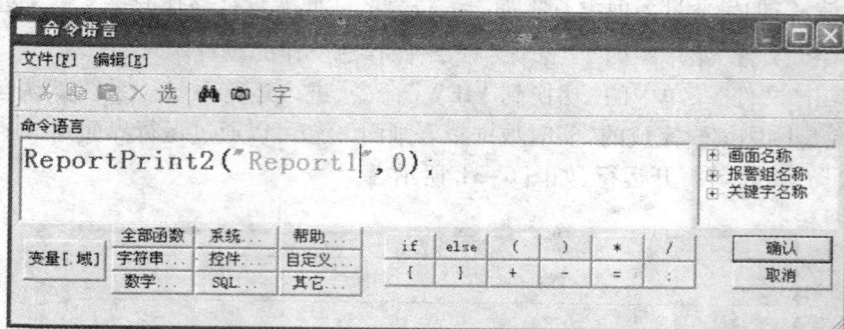

图6-33　实时数据报表手动打印命令语言

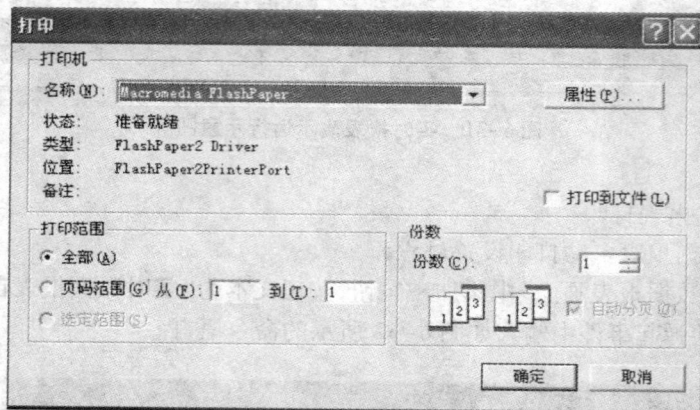

图6-34　"打印"对话框

5）在"打印属性"对话框中进行相应设置后，单击"确定"按钮，数据报表将被打印出来。

3. 实时数据报表的页面设置。

（1）在"实时数据报表画面"中添加一按钮，按钮文本为"实时数据报表页面设置"。

（2）在按钮的弹起事件中输入如图6-35所示的命令语言。

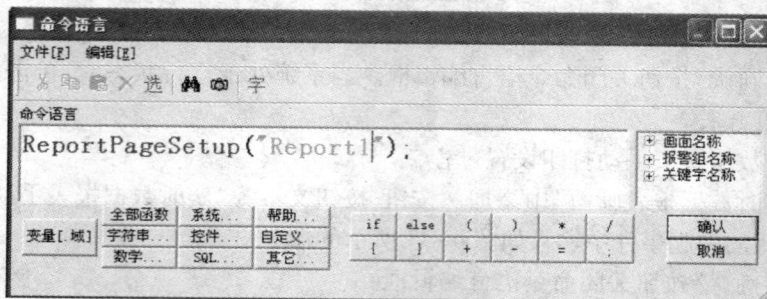

图6-35　页面设置命令语言

（3）单击"确认"按钮关闭命令语言编辑框。

（4）当系统处于运行状态时，单击此按钮，弹出"页面设置"对话框，如图6-36所示。

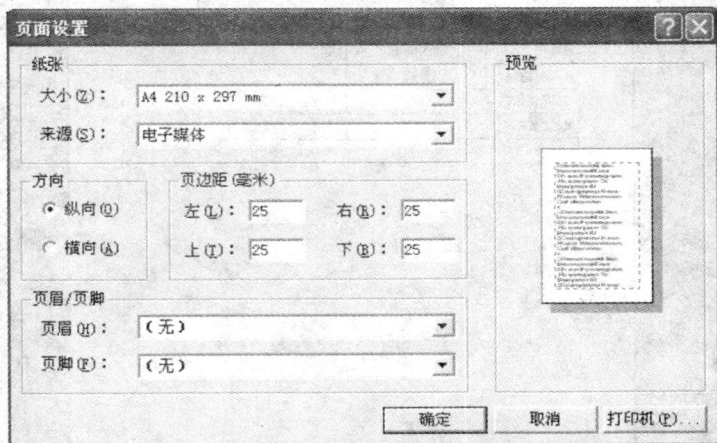

图6-36　"页面设置"对话框

（5）在"页面设置"对话框中对报表的页面属性进行相应设置后，单击"确定"按钮，完成报表的页面设置。

4．实时数据报表打印预览设置。

（1）在"实时数据报表画面"中添加一按钮，按钮文本为"实时数据报表打印预览"。

（2）在按钮的弹起事件中输入如图6-37所示的命令语言。

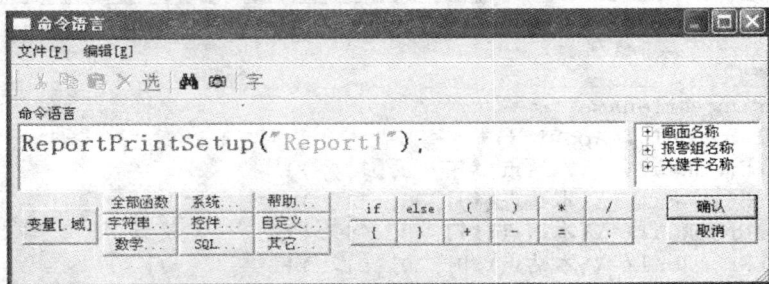

图6-37　打印预览命令语言

（3）单击"确认"按钮关闭命令语言编辑框。

（4）当系统处于运行状态时，页面设置完毕后，单击此按钮，系统会自动隐藏组态王的开发系统和运行系统窗口，并进入打印预览窗口，如图6-38所示。

（5）在打印预览窗口中使用打印预览查看打印后的效果，单击"关闭"按钮结束预览，系统自动恢复组态王的开发系统和运行系统窗口。

5．实时数据报表的存储。

实现以当前时间为文件名将实时数据报表保存到指定文件夹下的操作过程如下。

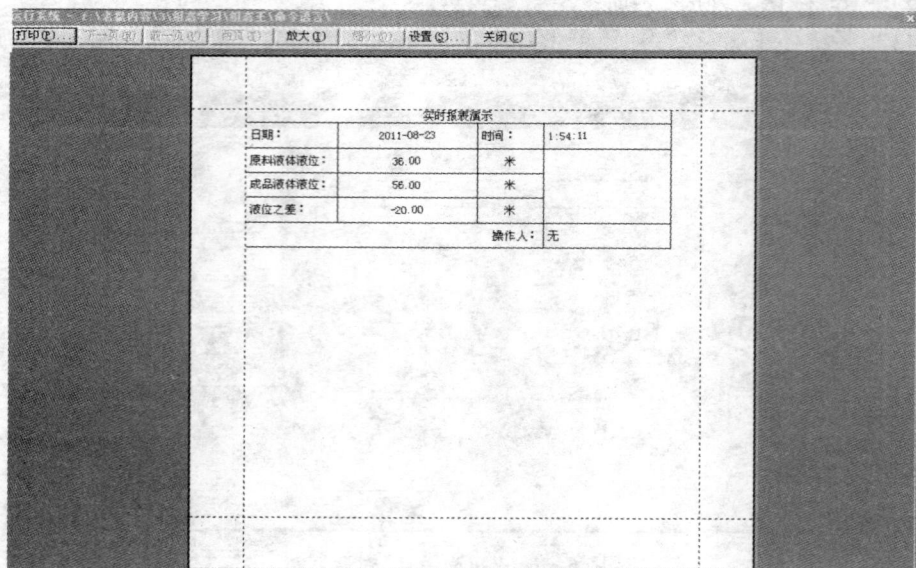

图 6-38　运行中的打印预览窗口

（1）在当前工程路径下建立一文件夹，命名为"实时数据文件夹"。
（2）在"实时数据报表画面"中添加一按钮，按钮文本为"保存实时数据报表"。
（3）在按钮的弹起事件中输入如图 6-39 所示的命令语言。

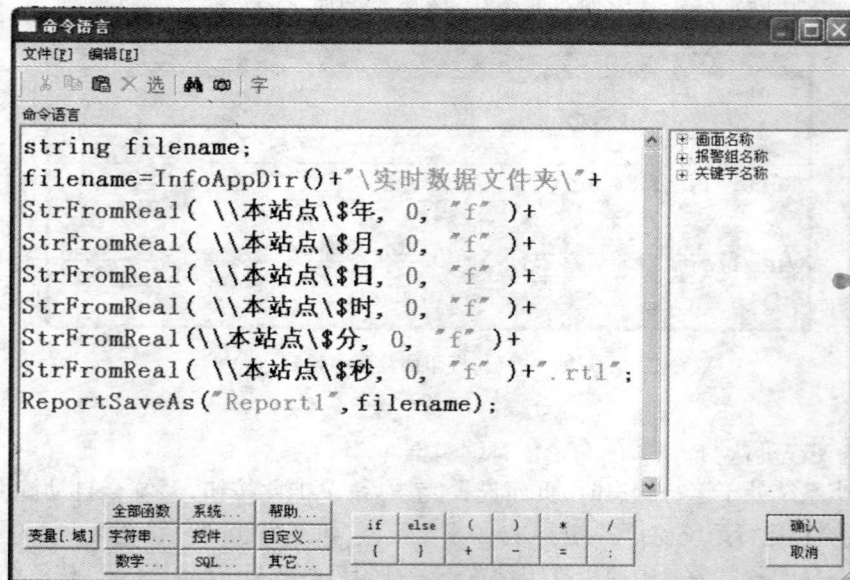

图 6-39　实时数据报表存贮命令语言

命令语言如下所示：

```
string filename;
filename = InfoAppDir( )+" \实时数据文件夹\" +
StrFromReal( \\本站点\ $年, 0, "f" )+
StrFromReal( \\本站点\ $月, 0, "f" )+
StrFromReal( \\本站点\ $日, 0, "f" )+
StrFromReal( \\本站点\ $时, 0, "f" )+
StrFromReal( \\本站点\ $分, 0, "f" )+
StrFromReal( \\本站点\ $秒, 0, "f" )+". rtl";
ReportSaveAs( "Report1",filename );
```

(4)单击"确认"按钮关闭命令语言编辑框。当系统处于运行状态时,单击此按钮数据报表将以当前时间作为文件名保存实时数据报表。

6. 实时数据报表的查询。

利用系统提供的命令语言可将实时数据报表以当前时间为文件名保存在指定的文件夹中,对于已经保存到文件夹中的报表文件,如何在组态王中进行查询呢? 下面介绍一下实时数据报表的查询过程。

利用组态王提供的下拉式组合框与一报表窗口控件可以实现上述功能。

(1)在工程浏览器窗口的数据词典中定义一个内存字符串变量:

变量名:报表查询变量;

变量类型:内存字符串;

初始值:空。

(2)新建一画面,名称为"实时数据报表查询画面"。

(3)选择工具箱中的 **T** 工具,在画面上输入文字"实时数据报表查询"。

(4)选择工具箱中的 工具,在画面上绘制一实时数据报表窗口,控件名称为"Report2"。

(5)选择工具箱中的 工具,在画面上插入一"下拉式组合框"控件,控件属性设置如图6-40所示。

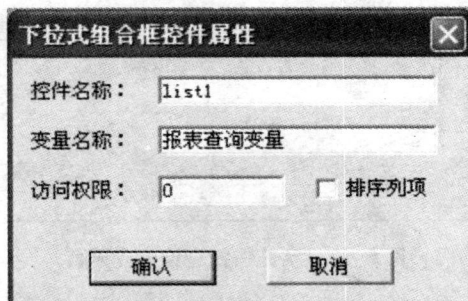

图6-40　"下拉式组合框控件属性"对话框

（6）在画面中单击鼠标右键，在画面属性的命令语言中输入如图6-41所示的命令语言。

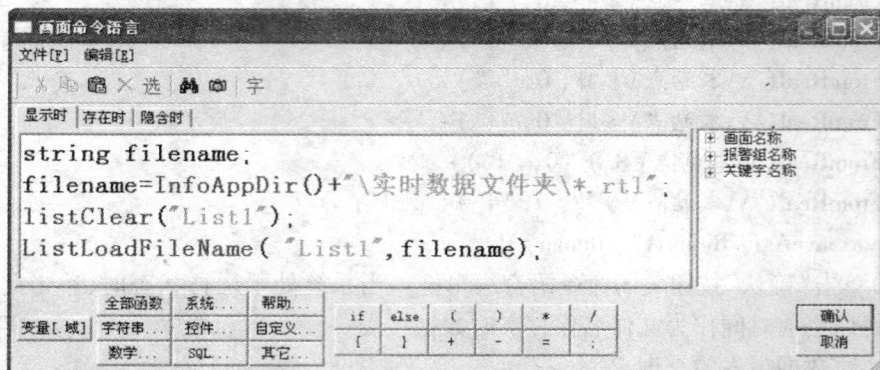

图6-41　存贮实时报表文件名称显现命令语言

命令语言如下所示：

string filename；

filename＝InfoAppDir( )+"\实时数据文件夹\＊.rtl"；

listClear("List1")；

ListLoadFileName("List1",filename)；

上述命令语言的作用是将已经保存到"当前组态王工程路径下实时数据文件夹"中的实时报表文件名称在下拉式组合框中显示出来。

（7）在画面中添加一按钮，按钮文本为"实时数据报表查询"。

（8）在按钮的弹起事件中输入如图6-42所示的命令语言。

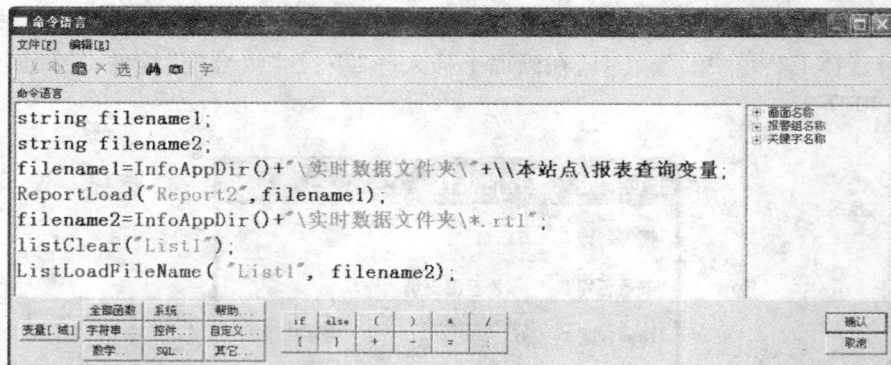

图6-42　实施按钮查询命令语言

命令语言如下所示：

string filename1；

string filename2；

filename1 = InfoAppDir( ) +" \ 实时数据文件夹\" + \\本站点\报表查询变量;

ReportLoad("Report2" ,filename1) ;

filename2 = InfoAppDir( ) +" \ 实时数据文件夹\ * . rtl" ;

listClear("List1") ;

ListLoadFileName("List1" , filename2) ;

上述命令语言的作用是将下拉式组合框中选中的报表文件的数据显示在 Report2 报表窗口中,其中"\\本站点\报表查询变量"保存了下拉式组合框中选中的报表文件名。

(9)设置完毕后单击"文件"菜单中的"全部存"命令,保存您所作的设置。

(10)单击"文件"菜单中的"切换到 VIEW"命令,运行此画面。当您单击下拉式组合框控件时保存在指定路径下的报表文件全部显示出来,选择任一报表文件名,单击"实时数据报表查询"按钮后此报表文件中的数据会在报表窗口中显示出来,从而达到实时数据报表查询的目的。

(二)历史数据报表

1. 创建历史数据报表。

历史数据报表创建过程如下:

(1)新建一画面,名称为"历史数据报表画面"。

(2)选择工具箱中的 **T** 工具,在画面上输入文字"历史数据报表"。

(3)选择工具箱中的 工具,在画面上绘制一历史数据报表窗口,**控件名称为**"Report5",并设计表格,如图 6-43 所示。

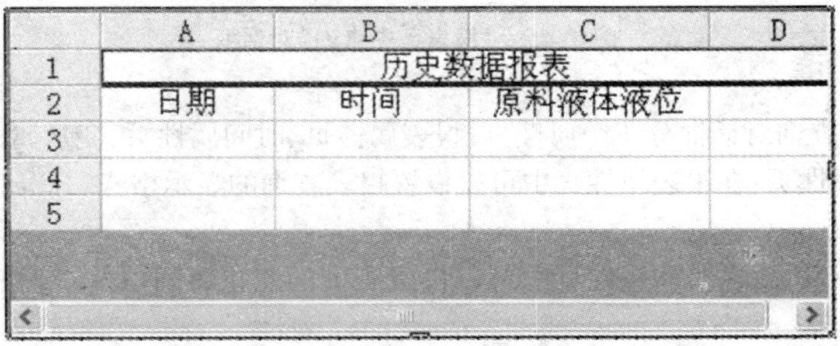

	A	B	C	D
1	历史数据报表			
2	日期	时间	原料液体液位	
3				
4				
5				

图 6-43 创建历史数据报表画面

2. 历史数据报表查询。

利用组态王提供的 ReportSetHistData2 函数可从组态王记录的历史库中按指定的起始时间和时间间隔查询指定变量的数据,设置过程如下:

(1)在画面中添加一按钮,按钮文本为"历史数据报表查询"。

(2)在按钮的弹起事件中输入如图 6-44 所示的命令语言。

(3)设置完毕后单击"文件"菜单中的"全部存"命令,保存您所作的设置。

(4)单击"文件"菜单中的"切换到 VIEW"命令,运行此画面。单击"历史数据报表查询"按钮,弹出"报表历史查询"对话框,如图 6-45 所示。

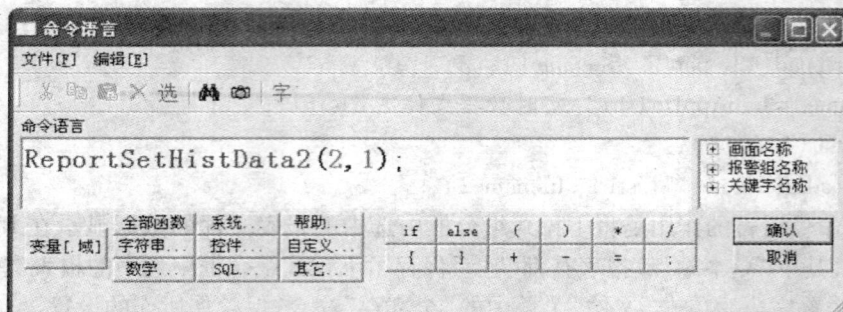

图 6-44　实施按钮查询命令语言

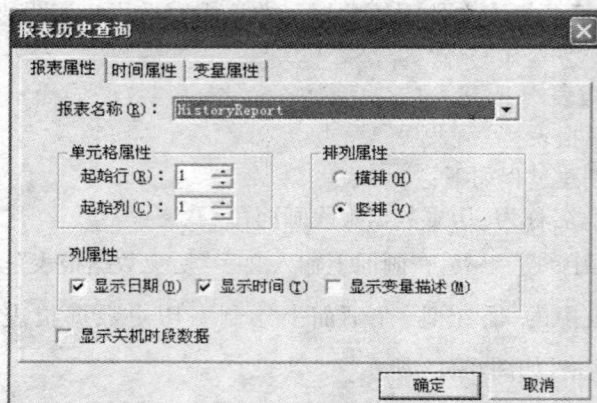

图 6-45　"报表历史查询"对话框

　　报表历史查询对话框分三个属性页：报表属性页、时间属性页、变量属性页。

　　■ 报表属性页：在报表属性页中可以设置报表查询的显示格式。此属性页设置如图 6-45 所示。

　　■ 时间属性页：在时间属性页中可以设置查询的起止时间以及查询的时间间隔，如图 6-46 所示。

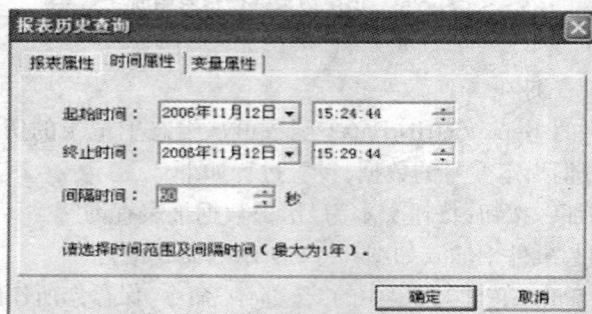

图 6-46　"报表历史查询"对话框"时间属性"选项卡

■ 变量属性页:在变量属性页中可以选择欲查询历史数据的变量,如图 6-47 所示。

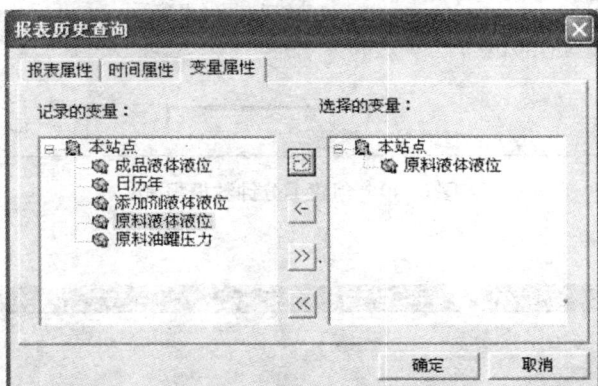

图 6-47 "报表历史查询"对话框"变量属性"选项卡

(5)设置完毕后单击"确定"按钮,原料油液位变量的历史数据即可显示在历史数据报表控件中,从而达到历史数据查询的目的,如图 6-48 所示。

图 6-48 运行中的历史数据报表查询示意图

3.历史数据报表的其他应用。

(1)1 分钟数据报表演示:利用报表窗口工具结合组态王提供的命令语言可实现一个 1 分钟的数据报表,设置过程如下。

1)新建一画面,名称为"1 分钟数据报表画面"。

2)选择工具箱中的 T 工具,在画面上输入文字"1 分钟数据报表"。

3)选择工具箱中的 工具,在画面上绘制一报表窗口(64 行 5 列),控件名称为 "Report6",并设计表格,如图 6-49 所示。

4)在工程浏览器窗口左侧"工程目录显示区"中选择"命令语言"中的"数据改变命令语言"选项,在右侧"目录内容显示区"中双击"新建"图标,在弹出的编辑框中输入脚本语言,如图 6-50 所示。

命令语言如下所示(当系统变量"\\本站点\$秒"变化时,执行该脚本程序):

long row;

图6-49　创建1分钟数据报表

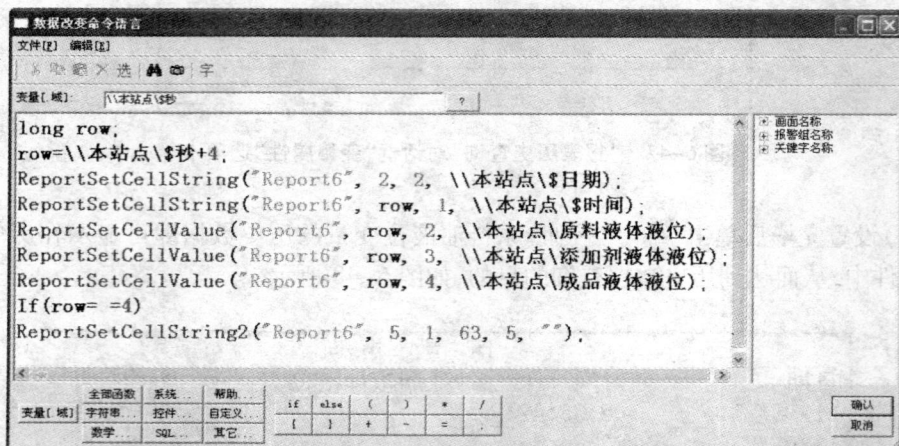

图6-50　实施自动写数据命令语言

row=\\本站点\$秒+4；

ReportSetCellString("Report6", 2, 2, \\本站点\$日期)；

ReportSetCellString("Report6", row, 1, \\本站点\$时间)；

ReportSetCellValue("Report6", row, 2, \\本站点\原料液体液位)；

ReportSetCellValue("Report6", row, 3, \\本站点\添加剂液体液位)；

ReportSetCellValue("Report6", row, 4, \\本站点\成品液体液位)；

If(row= =4)

ReportSetCellString2("Report6", 5, 1, 63, 5, "")；

　　上述命令语言的作用是将\\本站点\原料液体液位、\\本站点\添加剂液位和\\本站点\成品液体液位变量每秒的数据自动写入报表控件中。

　　5）设置完毕后单击"文件"菜单中的"全部存"命令，保存您所作的设置。

　　6）单击"文件"菜单中的"切换到VIEW"命令，运行此画面。系统自动将数据写入报表控件中，如图6-51所示。

1分钟数据报表演示			
日期	时间	原料液体液位	成品液体液位
2011-08-23	2:47:01	96.00	36.00
2011-08-23	2:47:02	96.00	36.00
2011-08-23	2:47:03	93.00	37.00
2011-08-23	2:47:04	90.00	38.00
2011-08-23	2:47:05	87.00	39.00
2011-08-23	2:47:06	84.00	40.00
2011-08-23	2:47:07	81.00	41.00
2011-08-23	2:47:08	81.00	41.00
2011-08-23	2:47:09	78.00	42.00
2011-08-23	2:47:10	75.00	43.00
2011-08-23	2:47:11	72.00	44.00
2011-08-23	2:47:12	69.00	45.00

图 6-51　运行 1 分钟数据报表示意图

(2)1 分钟数据查询报表演示(间隔时间为 2 秒):利用组态王历史数据查询函数 ReportSetHistData()实现定时自动查询历史数据,并获取 1 分钟数据的平均值,设置过程如下:

1)新建一画面,名称为“1 分钟数据查询报表画面”。

2)选择工具箱中的 T 工具,在画面上输入文字“1 分钟数据查询报表”。

3)选择工具箱中的工具,在画面上绘制一报表窗口(33 行 5 列),控件名称为“Report7”,并设计表格,如图 6-52 所示。

	A	B	C	D
1	1分钟数据查询报表演示			
2	时间	原料液体液位	添加剂液体液位	成品液体液位
3				
4				
5				
6				
7				
8				
9				

图 6-52　创建 1 分钟数据查询报表

4)在报表窗口的 b33 单元格中填写“ =Average('b3:b32')”,在 c33 单元格中填写“ =Average('c3:c32')”,在 d33 单元格中填写“=Average('d3:d32')”,如图 6-53 所示。

5)在工程浏览器窗口左侧“工程目录显示区”中选择“命令语言”中的“数据改变命令语言”选项,在右侧“目录内容显示区”中双击“新建”图标,在弹出的编辑框中输入脚本语言,如图 6-54 所示。

或在报表画面旁边画一按钮,命名“分钟查询”,应用按钮命令语言,选择“弹起时候”,在对应命令语言对话框中输入如图 6-54 所示的命令语言。

图 6-53   1 分钟数据查询报表相应设置

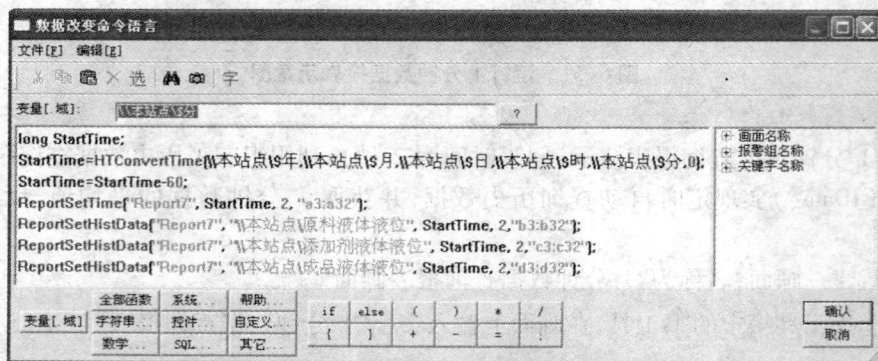

图 6-54   实施 1 分钟数据查询命令语言

数据改变命令语言如下(当系统变量\\本站点\$分变化时,执行该脚本程序):

long StartTime;

StartTime=HTConvertTime(\\本站点\\$年,\\本站点\\$月,\\本站点\\$日,\\本站点\\$时,\\本站点\\$分,0);

StartTime=StartTime-60;

ReportSetTime("Report7", StartTime, 2, "a3:a32");

ReportSetHistData("Report7", "\\本站点\原料液体液位", StartTime, 2,"b3:b32");

ReportSetHistData("Report7", "\\本站点\添加剂液体液位", StartTime, 2,"c3:c32");

ReportSetHistData("Report7", "\\本站点\成品液体液位", StartTime, 2,"d3:d32");

上述命令语言的作用是查询\\本站点\原料液体液位、\\本站点\添加剂液体液位和\\本站点\成品液体液位变量当前时间前一分钟的数据,查询间隔为 2 秒,把时间显示在报表 Report7 的 a3 到 a32 单元格中,数据的查询结果分别显示在报表 Report7 的 b3 到 b32、c3 到 c32 和 d3 到 d32 单元格中。

6）设置完毕后单击"文件"菜单中的"全部存"命令，保存您所作的设置。

7）单击"文件"菜单中的"切换到 VIEW"命令，运行此画面。系统自动将数据写入报表控件中，或点击"分钟查询"实现手动数据写入，如图 6-55 所示。

时间	原料液体液位	添加剂液体液位	成品液体液位
2011/08/24 02:32:00	5.00	3.00	100.00
2011/08/24 02:32:02	2.00	0.00	0.00
2011/08/24 02:32:04	97.00	95.00	2.00
2011/08/24 02:32:06	91.00	89.00	4.00
2011/08/24 02:32:08	88.00	86.00	5.00
2011/08/24 02:32:10	82.00	80.00	7.00
2011/08/24 02:32:12	76.00	74.00	9.00
2011/08/24 02:32:14	73.00	71.00	10.00
2011/08/24 02:32:16	67.00	65.00	12.00
2011/08/24 02:32:18	61.00	59.00	14.00
2011/08/24 02:32:20	58.00	56.00	15.00
2011/08/24 02:32:22	52.00	50.00	17.00
2011/08/24 02:32:24	46.00	44.00	19.00

图 6-55　1 分钟数据查询报表演示运行示意图

8）在 1 分钟数据查询报表中，\\本站点\原料液体液位、\\本站点\添加剂液体液位和\\本站点\成品液体液位变量的查询结果的平均值分别显示在 b33、c33 和 d33 单元格中，如图 6-56 所示。

2011/08/24 02:32:32	25.00	23.00	26.00
2011/08/24 02:32:34	22.00	20.00	27.00
2011/08/24 02:32:36	16.00	14.00	29.00
2011/08/24 02:32:38	10.00	8.00	31.00
2011/08/24 02:32:40	7.00	5.00	32.00
2011/08/24 02:32:42	1.00	100.00	34.00
2011/08/24 02:32:44	96.00	94.00	36.00
2011/08/24 02:32:46	93.00	91.00	37.00
2011/08/24 02:32:48	87.00	85.00	39.00
2011/08/24 02:32:50	81.00	79.00	41.00
2011/08/24 02:32:52	78.00	76.00	42.00
2011/08/24 02:32:54	72.00	70.00	44.00
2011/08/24 02:32:56	66.00	64.00	46.00
2011/08/24 02:32:58	63.00	61.00	47.00
平均值	54.10	55.47	26.40

图 6-56　自动计算平均值演示

项目七

数据库连接、安全设置及网络发布

一、项目目标

1. 掌握数据库连接的方法与技巧。
2. 掌握系统用户管理与权限设置的方法与技巧。
3. 了解及掌握网络连接功能实施的方法与技巧。
4. 了解及掌握组态王 Web 发布功能实施的方法与技巧。

二、项目任务

1. 以项目二内容为例,建立对应数据库,并进行相应连接,掌握数据库建立及连接的方法与技巧,

2. 以项目二内容为例,在相应系统项目中建立不同用户,并给予不同用户以不同权限,通过实践掌握用户管理和权限设置的方法与技巧。

3. 进行相应网络设置,实施远程监控功能。

4. 建立相应的 Web 发布,实施远程监控功能。

任务 1   数据库连接

任务实施

组态王软件 SQL 访问功能实现组态王和其他外部数据库(通过 ODBC 访问接口)之间的数据传输。它包括组态王软件的 SQL 访问管理器和相关的 SQL 函数。

SQL 访问管理器用于建立数据库字段和组态王变量之间的联系,包括

"表格模板"和"记录体"两部分。通过表格模板在数据库表中建立相应的表格,通过记录体建立数据库字段和组态王之间的联系。同时,允许组态王通过记录体直接操作数据库中的数据。

（一）创建数据源及数据库

首先外建一个数据库,这里我们选用 Access 数据库(路径:d:\peixun ,数据库名为:mydb. mdb)。

然后,用 Windows 控制面板中自带的 ODBC Data Sources（32 bit)管理工具新建一个 Microsoft Access Driver(∗. mdb)驱动的数据源,名为"mine",然后配置该数据源,指向刚才建立的 Access 数据库(即 mydb. mdb),如图 7-1 所示。

图 7-1 ODBC 数据源的建立

（二）创建表格模板

(1)在工程浏览器窗口左侧"工程目录显示区"中选择"SQL 访问管理器"中的"表格模板"选项,在右侧"目录内容显示区"中双击"新建"图标弹出"创建表格模板"对话框,在对话框中建立三个字段,如图 7-2 所示。

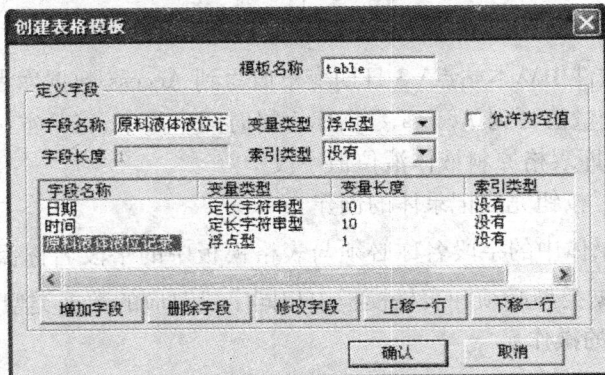

图 7-2 "创建表格模板"对话框

(2)单击"确认"按钮完成表格模板的创建。

建立表格模板的目的是定义数据库格式,在后面用到 SQLCreatTable( )函数时以此格式在 Access 数据库中自动建立表格。

(三)创建记录体

(1)在工程浏览器窗口左侧"工程目录显示区"中选择"SQL 访问管理器"中的"记录体"选项,在右侧"目录内容显示区"中双击"新建"图标弹出"创建记录体"对话框,对话框设置如图 7-3 所示。

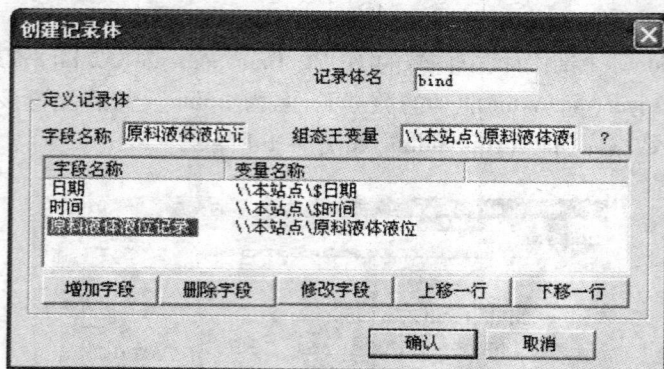

图 7-3 "创建记录体"对话框

记录体中定义了 Access 数据库表格字段与组态王变量之间的对应关系,对应关系如表 7-1 所示。

表 7-1 数据库表格字段与组态王软件变量之间的对应关系

Access 数据库表格字段	组态王软件变量
日期字段	\\本站点\ $ 日期
时间字段	\\本站点\ $ 时间
原料液体液位值	\\本站点\原料液体液位

即:将组态王软件中\\本站点\ $ 日期变量值写到 Access 数据库表格日期字段中,将\\本站点\ $ 时间变量值写到 Access 数据库表格时间字段中,将\\本站点\原料液体液位值写到 Access 数据库表格原料液体液位值字段中。

(2)单击"确认"按钮完成记录体的创建。

🔔 **注意**:记录体中的字段名称必须与表格模板中的字段名称保持一致,记录体中字段对应的变量数据类型必须和表格模板中相同字段对应的数据类型相同。

(四)对数据库的操作

1. 连接数据库。

(1)在工程浏览器窗口的数据词典中定义一个内存整型变量:

　　变量名:DeviceID。

　　变量类型:内存整型。

(2)新建一画面,名称为"数据库操作画面"。

（3）选择工具箱中的 **T** 工具，在画面上输入文字"数据库操作"。

（4）在画面中添加一按钮，按钮文本为"数据库连接"。

（5）在按钮的弹起事件中输入命令语言，如图7-4所示。

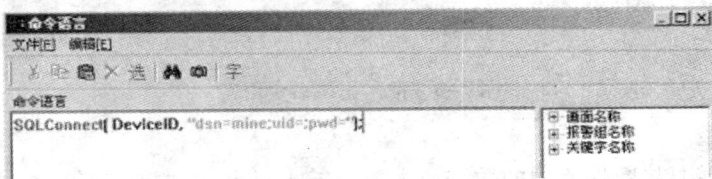

图7-4　数据库连接命令语言

上述命令语言的作用是使组态王与 mine 数据源建立了连接（即与 mydb.mdb 数据库建立了连接）。

在实际工程中将此命令写入：工程浏览器〉命令语言〉应用程序命令语言〉启动时中，即系统开始运行时就连接到数据库上。

2. 创建数据库表格。

（1）在数据库操作画面中添加一按钮，按钮文本为"创建数据库表格"。

（2）在按钮的弹起事件中输入命令语言，如图7-5所示。

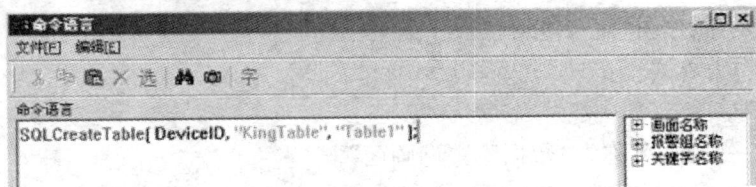

图7-5　创建数据库表格命令语言

上述命令语言的作用是以表格模板"Table1"的格式在数据库中建立名为"King Table"的表格。在生成的 KingTable 表格中，将生成三个字段，字段名称分别为：日期、时间、原料油液位值，每个字段的变量类型、变量长度及索引类型与表格模板"Table1"中的定义一致。

此命令语言只需执行一次即可，如果表格摸板有改动，需要用户先将数据库中的表格删除才能重新创建。在实际工程中将此命令写入：工程浏览器〉命令语言〉应用程序命令语言〉启动时中，即系统开始运行时就建立数据库表格。

3. 插入记录。

（1）在数据库操作画面中添加一按钮，按钮文本为"插入记录"。

（2）在按钮的弹起事件中输入命令语言，如图7-6所示。

上述命令语言的作用是在表格 KingTable 中插入一个新的纪录。

按下此按钮后，组态王会将 bind1 中关联的组态王变量的当前值插入到 Access 数据库表格"KingTable"中，从而生成一条记录，从而达到了将组态王数据写到外部数据库中的目的。

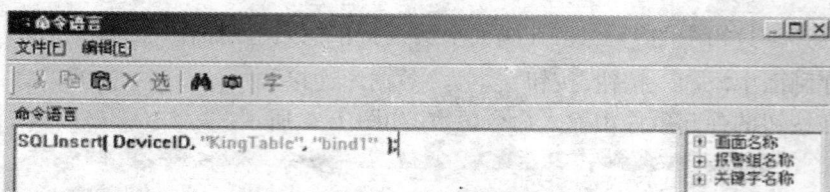

图 7-6　插入记录命令语言

4. 查询记录。

用户如果需要将数据库中的数据调入组态王来显示,需要另外建立一个记录体,此记录体的字段名称要和数据库表格中的字段名称一致,连接的变量与数据库中字段的类型一致,操作过程如下。

(1)在工程浏览器窗口的数据词典中定义三个内存变量:

①变量名:记录日期;

变量类型:内存字符串;

初始值:空。

②变量名:记录时间;

变量类型:内存字符串;

初始值:空。

③变量名:原料液体液位返回值;

变量类型:内存实型;

初始值:0。

(2)新建一画面,名称为"数据库查询画面"。

(3)选择工具箱中的 **T** 工具,在画面上输入文字"数据库查询"。

(4)在画面上添加三个文本框,在文本框的"字符串输出"、"模拟量值输出"动画中分别连接变量\\本站点\记录日期、\\本站点\记录时间、\\本站点\原料液体液位返回值,用于显示查询出来的结果。

(5)在工程浏览窗口中定义一个记录体,记录体属性设置如图 7-7 所示。

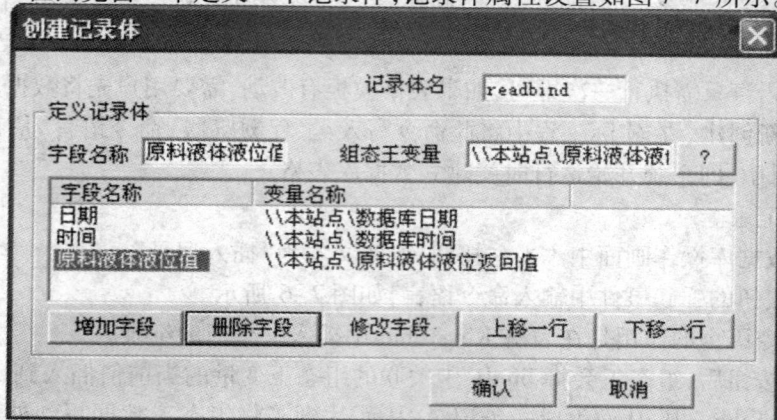

图 7-7　记录体属性设置

（6）在画面中添加一按钮，按钮文本为"得到选择集"。

（7）在按钮的弹起事件中输入命令语言，如图7-8所示。此命令语言的作用是：以记录体 Bind2 中定义的格式返回 KingTable 表格中第一条数据记录。

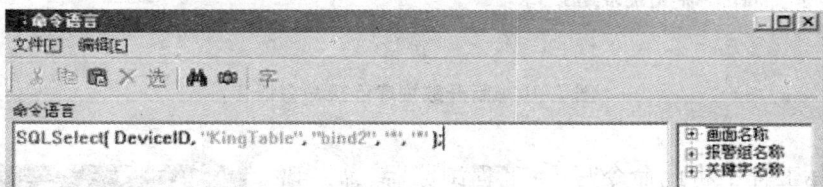

图7-8　记录查询命令语言

（8）单击"文件"菜单中的"全部存"命令，保存您所作的设置。

（9）单击"文件"菜单中的"切换到 VIEW"命令，进入运行系统。运行此画面，单击"得到选择集"按钮数据库中的数据记录显示在文本框中，如图7-9所示。

图7-9　数据库记录查询

（10）在画面上添加四个按钮，按钮属性设置如下。

1）按钮文本——第一条记录：

　　"弹起时"动画连接：SQLFirst(DeviceID)；

2）按钮文本——下一条记录：

　　"弹起时"动画连接：SQLNext(DeviceID)；

3）按钮文本——上一条记录：

　　"弹起时"动画连接：SQLPrev(DeviceID)；

4）按钮文本——最后一条记录：

　　"弹起时"动画连接：SQLLast(DeviceID)；

上述命令语言的作用分别为查询数据中第一条记录、下一条记录、上一条记录和最后一条记录，从而达到数据查询的目的。

5. 断开连接。

（1）在"数据库操作画面"中添加一按钮，按钮文本为"断开数据库连接"。

（2）在按钮的弹起事件中输入命令语言，如图7-10所示。

图 7-10 断开数据库连接命令语言

在实际工程中将此命令写入:工程浏览器〉命令语言〉应用程序命令语言〉退出时中,即系统退出后断开与数据库的连接。

(五)数据库查询控件

利用组态王提供的 KVADODBGrid Class 控件可方便地实现数据库查询工作,操作过程如下。

(1)单击工具箱中的"插入通用控件"工具或选择菜单命令"编辑"\"插入通用控件",则弹出控件对话框。在控件对话框内选择"KVADODBGrid Class"选项,如图 7-11 所示。

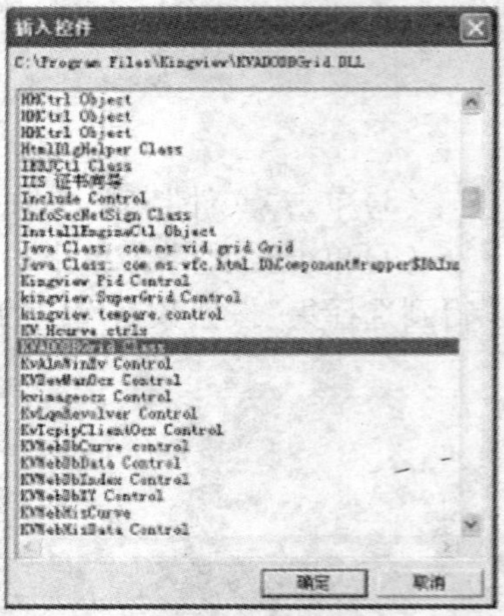

(2)在画面中添加一 KVADODBGrid Class 控件,选中并双击控件,在弹出的动画连接属性对话框中设置控件名称为"grid1"。

(3)选中控件并单击鼠标右键,在弹出的下拉菜单中执行"控件属性"命令,弹出控件属性对话框,如图 7-12 所示。

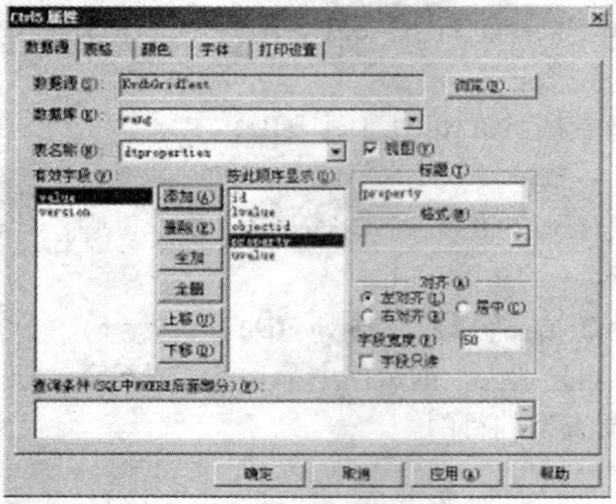

图 7-11 通用控件对话框

图 7-12 控件属性对话框

单击窗口中的"浏览"按钮,在弹出的数据源选择对话框中选择前面创建的 mine 数据源,此时与此数据源连接的数据库中所有的表格显示在"表名称"的下拉框中,从中选择欲查询的数据库表格（在这里我们选择前面建立的 KingTable 表格），此表格中建立的所有字段将显示在"有效字段"中，利用 添加(A) 和 删除(E) 可选择您所查询的字段名称，并可通过"标题"和"格式"编辑框对字段进行编辑。

(4)设置完毕后关闭此对话框，利用按钮的命令语言实现数据库查询和打印工作，设置如下。

按钮一——查询全部记录：

```
grid1.FetchData( );
grid1.FetchEnd( );
```

按钮二——条件查询：

```
long aa;
aa = grid1.QueryDialog( );
if ( aa = = 1 )
{
grid1.FetchData( );
grid1.FetchEnd( );
}
```

按钮三——打印控件：

```
grid1.Print( );
```

按钮四——保存（将控件查询出的数据以 CSV 为后缀名，保存到指定路径）：

```
grid1.SaveToCSV( "d:\peixun\data.CSV" );
```

任务2　用户管理与权限

任务实施

在组态王系统中，为了保证运行系统的安全运行，对画面上的图形对象设置了访问权限，同时给操作者分配了访问优先级和安全区，只有操作者的优先级大于对象的优先级且操作者的安全区在对象的安全区内时才可访问，否则不能访问画面中的图形对象。

(一)设置用户的安全区与权限

优先级分 1 ~ 999 级，1 级最低，999 级最高。每个操作者的优先级别只有一个。系统安全区共有 64 个，用户在进行配置时。每个用户可选择除"无"以外的多个安全区，即一个用户可有多个安全区权限。用户安全区及权限设置过程如下：

(1)在工程浏览器窗口左侧"工程目录显示区"中双击"系统配置"中的"用户配置"选项，弹出"用户和安全区配置"对话框，如图 7-13 所示。

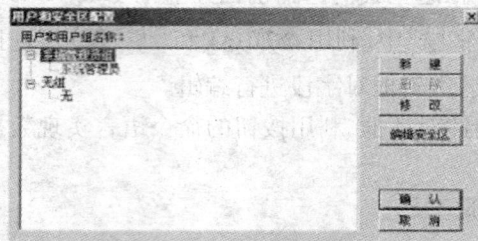

图 7-13 "用户和安全区配置"对话框

（2）单击此对话框中的"编辑安全区"按钮，弹出"安全区配置"对话框，如图 7-14 所示。

图 7-14 "安全区配置"对话框

选择"A"安全区并利用"修改"按钮将安全区名称修改为"反应车间"。

（3）单击"确认"按钮关闭对话框，在"用户和安全区配置"对话框中单击"新建"按钮，在弹出的"定义用户组和用户"对话框中配置用户组，如图 7-15 所示。

对话框设置如下：

类型：用户组；

用户姓名：反应车间组；

安全区：无。

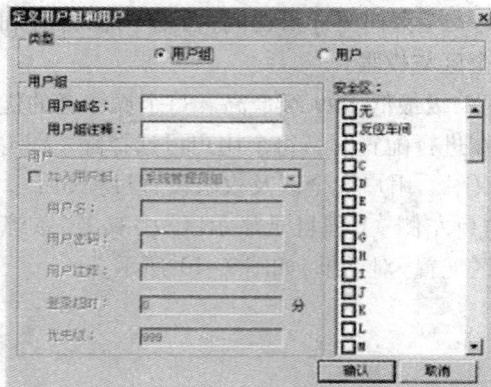

图 7-15 "定义用户组和用户"对话框（用户组）

　　(4)单击"确认"按钮关闭对话框,回到"用户和安全区配置"对话框后再次单击"新建"按钮,在弹出的"定义用户组和用户"对话框中配置用户,对话框的设置如图7-16所示。

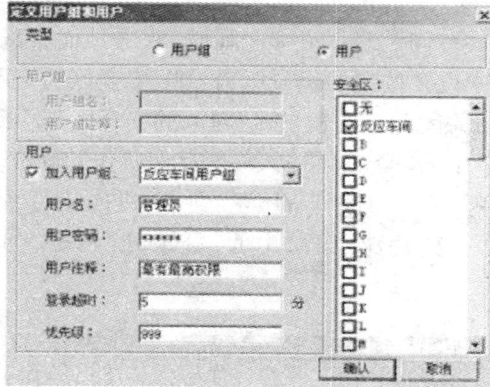

图7-16　"定义用户组和用户"对话框(用户)

用户密码设置为:master。

　　(5)利用同样方法再建立两个操作员用户,用户属性设置如下所示:

1)操作员 1:

　　　类型:用户;

　　　加入用户组:反应车间用户组;

　　　用户名:操作员 1;

　　　用户密码:operater1;

　　　用户注释:具有一般权限;

　　　登陆超时:5;

　　　优先级:50;

　　　安全区:反应车间。

2)操作员 2:

　　　类型:用户;

　　　加入用户组:反应车间用户组;

　　　用户名:操作员 2;

　　　用户密码:operater2;

　　　用户注释:具有一般权限;

　　　登陆超时:5;

　　　优先级:150;

　　　安全区:无。

　　(6)单击"确认"按钮关闭定义用户对话框,用户安全区及权限设置完毕。

(二)设置图形对象的安全区与权限

与用户一样,图形对象同样具有优先级别 1 ~ 999 和 64 个安全区,对于项目二,画面中设置的"退出"按钮,其功能是退出组态王运行环境。而对一个实际的系统来说,可能不是每个登录用户都有权利使用此按钮,只有上述建立的反应车间用户组中的"管理员"登录时可以按此按钮退出运行环境,反应车间用户组的"操作员"登录时就不可操作此按钮。其对象安全属性设置过程如下。

(1)在工程浏览窗口中打开"监控中心"画面,双击画面中的"系统退出"按钮,在弹出的"动画连接"对话框中设置按钮的优先级为100,安全区为"反应车间"。

(2)单击"确定"按钮关闭此对话框,按钮对象的安全区与权限设置完毕。

(3)单击"文件"菜单中的"全部存"命令,保存您所作的修改。

(4)单击"文件"菜单中的"切换到 VIEW"命令,进入运行系统,运行"监控中心"画面。在运行环境界面中单击"特殊"菜单中的"登录开"命令,弹出"登录"对话框,如图7-17 所示。

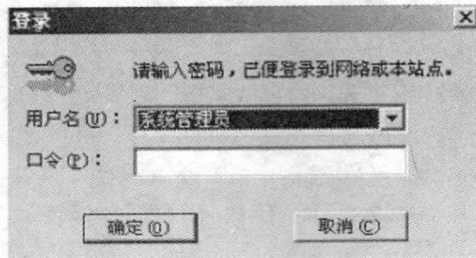

图7-17 "登录"对话框

当以上述所建的"管理员"登录时,画面中的"系统退出"按钮为可编辑状态,单击此按钮退出组态王运行系统。当分别以"操作员 1"和"操作员 2"登录时,"系统退出"按钮为不可编辑状态,此时按钮是不能操作的。这是因为对"操作员 1"来说,他的操作安全区包含了按钮对象的安全区(即反应车间安全区),但是权限小于按钮对象的权限(按钮权限为100,操作员 1 的权限为50)。对于"操作员 2"来说,他的操作权限虽然大于按钮对象的权限(按钮权限为100,操作员 2 的权限为150),但是安全区没有包含按钮对象的安全区,所以这两个用户登录后都不能操作按钮。

任务3　网络连接

一、任务实施

(一)网络配置

要实现组态王的网络功能,除了具备硬件设施外,还必须对组态王各个站点进行网络配置,设置网络参数并定义在网络上进行数据交换的变量、报警数据和历史数据的存储和引用等。下面以一台服务器和一台客户机为例介绍网络配置的过程。

1. 服务器配置。

服务器端计算机配置过程如下：

(1)将组态王的网络工程(即 d:\peixun\我的工程)设置为完全共享。

(2)在工程浏览器窗口左侧"工程目录显示区"中双击"系统配置"中的"网络配置"选项，弹出"网络配置"对话框，网络参数配置如图 7-18 所示。

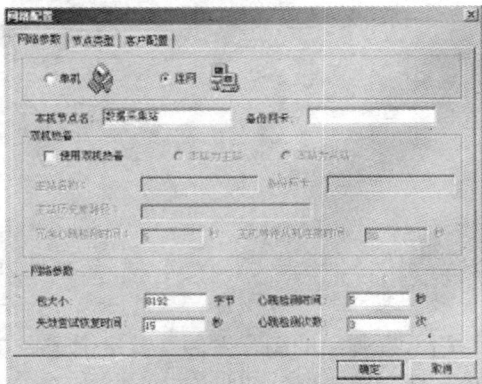

图 7-18　服务器"网络参数"属性页

🔔 **注意**："本机节点名"必须是计算机的名称或本机的 IP 地址。

(3)单击网络配置窗口中的"节点类型"属性页，其属性页的配置如图 7-19 所示。

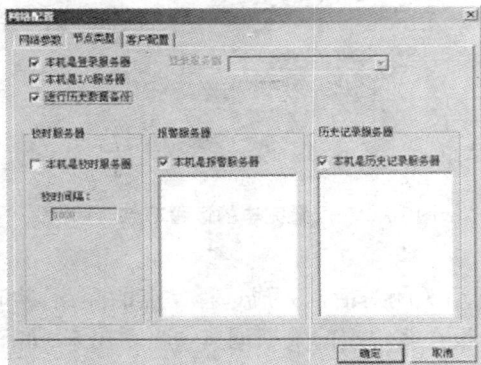

图 7-19　服务器"节点类型"属性页

设置完成后本机器就具备了五种功能，它既是登录服务器又是 I/O 服务器、报警服务器和历史记录服务器，同时又实现了历史数据备份的功能。

2.客户端计算机配置。

(1)在装有组态王软件的客户端机器中新建一工程，工程名为"客户端工程"，并打开工程。

(2)单击工程浏览器窗口最左侧"站点"标签，在站点编辑区中单击鼠标右键，在弹出的下拉菜单中执行"新建远程站点"命令，如图 7-20 所示。

（3）执行此命令后弹出"远程节点"对话框，如图 7-21 所示。

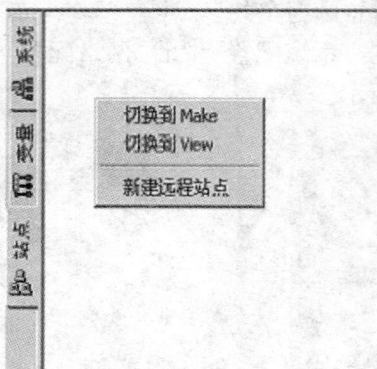

图 7-20　新建远程站点菜单

图 7-21　"远程节点"对话框

　　单击"读取节点配置"按钮，在弹出的浏览文件夹窗口中选择在服务器中共享的网络工程（即 d:\peixun\我的工程），此时服务器的配置信息会自动显示出来，如图 7-22 所示。

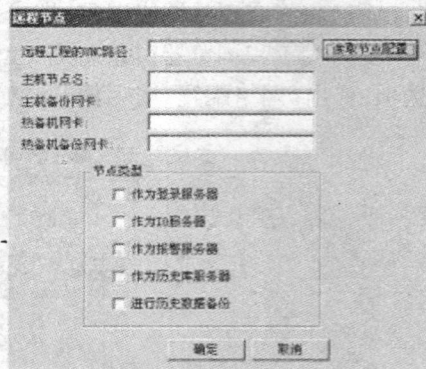

图 7-22　配置完毕的远程节点对话框

　　（4）单击"确定"按钮后关闭对话框完成远程站点的配置，此时您会看到远程站点（即服务器）中建立的所有变量在客户端的数据词典中显示出来，如图 7-23 所示。

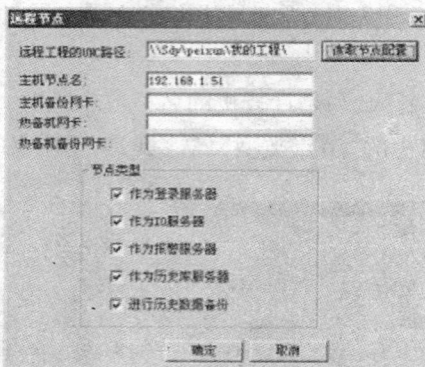

图 7-23　服务器中变量在客户端显示

（5）在工程浏览器窗口左侧"工程目录显示区"中双击"系统配置"中的"网络配置"选项，弹出"网络配置"对话框，对话框配置如图 7-24 所示。

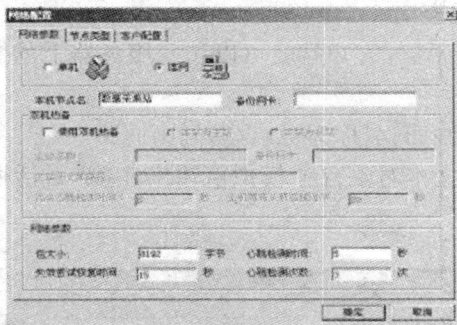

图 7-24　客户端网络参数页对话框

注意："本机节点名"必须是计算机的名称或本机的 IP 地址。

（6）单击网络配置窗口中的"节点类型"属性页，其属性页的配置如图 7-25 所示。

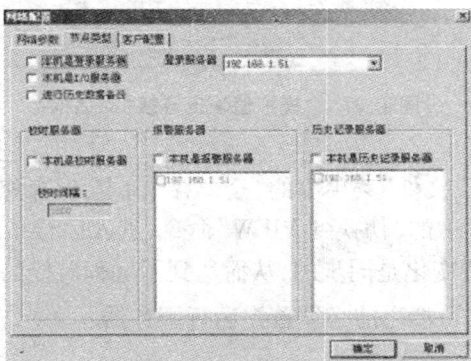

图 7-25　客户端"节点类型"属性页

在"登录服务器"后面的下拉框中选择服务器的 IP 地址。

（7）单击网络配置窗口中的"客户配置"属性页，其属性页的配置如图 7-26 所示。

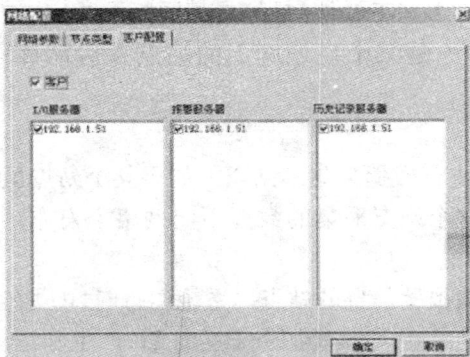

图 7-26　客户端"客户配置"属性页

设置完毕后本机器既是 IO 服务器的客户端又是报警服务器和历史记录服务器的客户端。

（二）I/O 变量的远程查询

客户端网络配置完成后，在客户端就可以访问服务器上的变量了。变量访问过程如下所述。

（1）在客户端新建一画面，名称为"数据访问画面"。

（2）在画面中添加一文本对象，在"模拟值输出连接"对话框中连接服务器中定义的变量，如图 7-27 所示。

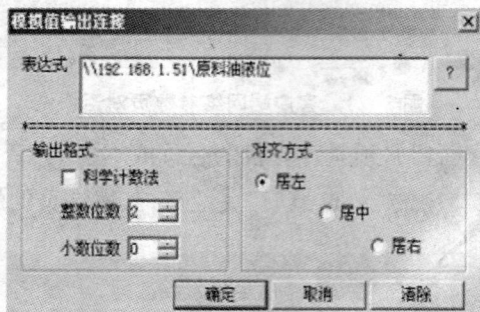

图 7-27 "模拟值输出连接"对话框

（3）设置完毕后单击"文件"菜单中的"全部存"命令，保存您所作的设置。

（4）单击"文件"菜单中的"切换到 VIEW"命令，进入运行系统，此时您会看到原料油变量数据的变化同服务器变化是同步的，从而达到了远程监控的目的。

⚠ **注意**：在运行客户端之前必须首先运行服务器。

二、相关知识

■ 网络连接说明

1. 概述。

组态王网络结构是真正的客户/服务器模式，客户机和服务器必须安装 WindowsNT/2000 操作系统并同时运行组态王软件（最好是相同版本的）。在配置网络时要绑定 TCP/IP 协议，即 PC 机必须首先是某个局域网上的站点并启动该网。网络结构如图 7-28 所示。

2. 常用站点简介。

（1）IO 服务器：负责进行数据采集的站点。如果某个站点虽然连接了设备，但没有定义其为 IO 服务器，那么这个站点采集的数据不向网络上发布。IO 服务器可以按照需要设置为一个或多个。

（2）报警服务器：存储报警信息的站点。系统运行时，IO 服务器上产生的报警信息将会传输到指定的报警服务器上，经报警服务器验证后，产生和记录报警信息。

（3）历史记录服务器：存储历史数据的站点。系统运行时，IO 服务器上需要存储的历

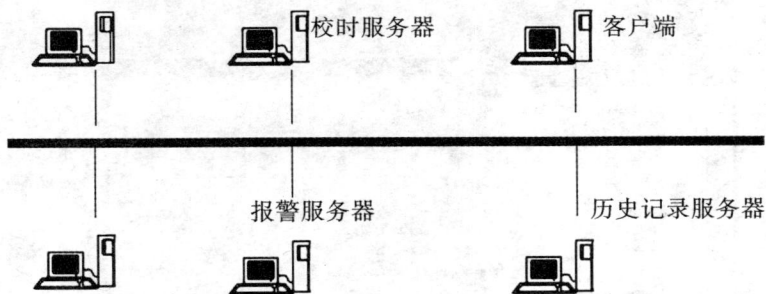

图 7-28　网络结构图

史数据将会传输到指定的历史记录服务器上保存起来。

（4）登录服务器：登录服务器负责网络中用户登录的校验。在网络中只可以配置一个登录服务器。

（5）校时服务器：统一网络上各个站点的系统时间。

（6）客户端：某个站点被指定为客户后可以访问其指定的服务器。一个站点被定义为服务器的同时，也可以被指定为其他服务器的客户（如一台机器被指定为校时服务器的同时也可指定为 IO 服务器的客户）。

任务4　组态王 WEB 发布

一、任务实施

▇ Web 发布的配置

1. 站点信息及 LOGO 信息的设置。

进入组态王工程浏览器界面。在工程浏览器窗口左侧的目录树的最后一个节点为 Web 目录，双击 Web 目录，将弹出"页面发布向导"配置对话框，如图 7-29 所示。

端口号是指 IE 与运行系统进行网络连接的应用程序端口号，默认为 8001。如果所定义的端口号与本机的其他程序的端口号出现冲突，用户可以按照实际情况进行修改。

2. 发布画面。

在组态王 6.52web 的画面发布中，发布功能采用分组方式。可以将画面按照不同的需要分成多个组进行发布，每个组都有独立的安全访问设置，可以供不同的客户群浏览。

画面发布过程如下所述：

（1）在工程管理器中选择"Web"目录，在工程管理器的右侧窗口，双击"新建"图标，弹出"Web 发布组配置"对话框，如图 7-30 所示。

组名称是 web 发布组的唯一的标识，由用户指定，同一工程中组名不能相同，且组名只能使用英文字母和数字的组合。组名称的最大长度为 31 个字符。

（2）在对话框中单击"　—》　"或"　《—　"按钮可添加或删除发布的画面。

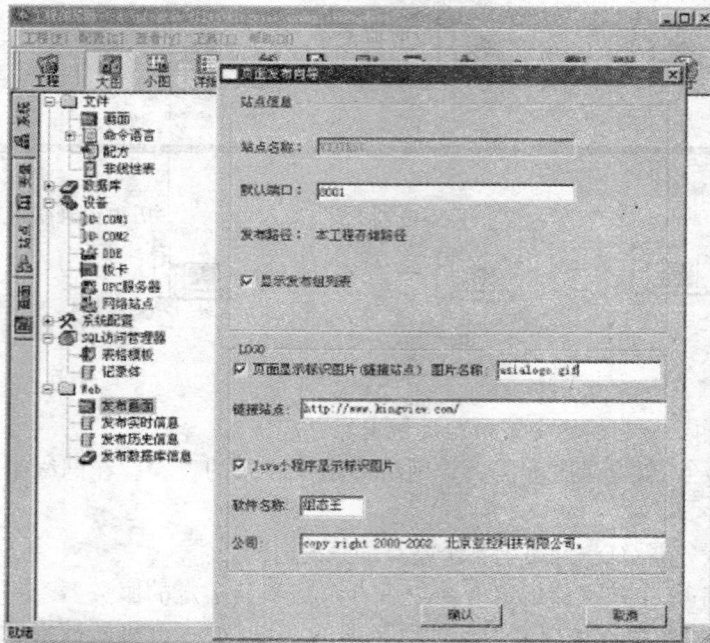

图 7-29　"页面发布向导"对话框

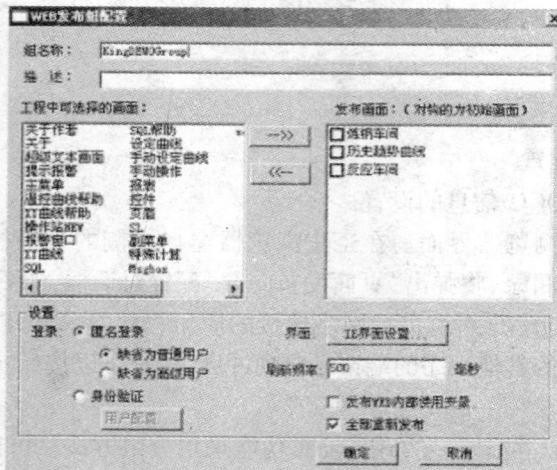

图 7-30　"Web 发布组配置"对话框

　　如果登录方式选择"匿名登录"选项的话,您在打开 IE 浏览器时不需要输入用户名和密码即可浏览组态王中发布的画面。如果选择"身份验证"的话就必须输入用户名和密码(这里的用户名和密码指的是在"用户配置"中设置的用户名和密码)。对于普通用户来说他只能浏览画面不能做任何操作而高级用户登录后不仅可以浏览画面还可修改数据操作画面中的对象。

　　WEB 上使用的内部变量只能是组态王内存变量(且不能是内存结构变量)。在 IE 上操作这些变量的时候,不影响运行系统和其他 IE 客户端上的同名变量。

　　3. 在 IE 浏览器端浏览发布的画面。

　　在开发系统发布画面后,Web 画面发布的主要工作已经完成。在进行 IE 浏览之前,您需要先添加信任站点。

　　双击系统控制面板下的 Internet 选项或者直接在 IE 选择"工具"\"Internet 选项"菜单,打开"安全"属性页,选择"受信任的站点"图标,然后点击"站点"按钮,弹出如图7-31所示窗口。

图 7-31　受信任的站点设置

　　在"将该网站添加到区域中"输入框中输入进行组态王 WEB 发布的机器名或 IP 地址,取消"对该区域中的站点…验证选项"的选择,点击"添加"按钮,再点击"确定"按钮,即可将该站点添加到信任域中。

　　通过以上步骤之后我们就可以在 IE 浏览器浏览画面了,画面浏览界面如图 7-32 所示。

　　浏览过程如下:

　　(1)启动组态王运行程序。

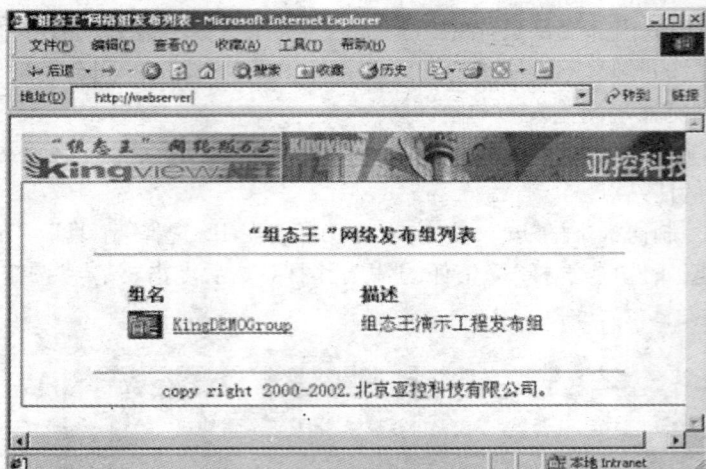

图 7-32　画面浏览界面

（2）打开 IE 浏览器，在浏览器的地址栏中输入地址，地址格式为：

http：//发布站点机器名（或 IP 地址）：组态王 WEB 定义端口号。

如果定义的端口号为 8001 时，可以省略端口号不输入，如输入http：//webserver，弹出对话框，如图 7-31 所示。

（3）使用组态王 WEB 功能需要 JRE 插件支持，如果客户端没有安装此插件，则在第一次浏览画面时系统会下载一个 JRE 的安装界面，将这个插件安装成功后方可进行浏览。该插件只需安装一次，安装成功后会保留在系统上，以后每次运行直接启动，而不需重新安装 JRE。

单击组名"Group"后弹出"安全设置警告"对话框，如图 7-33 所示。

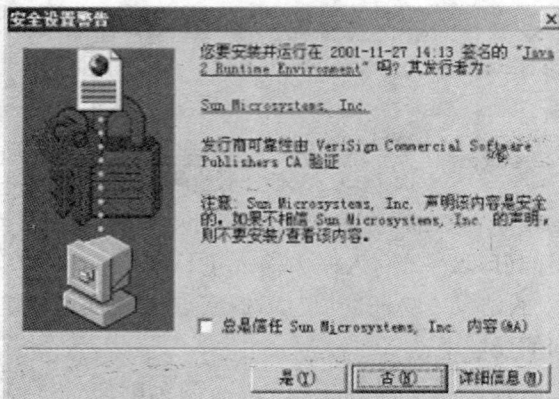

图 7-33　"安全设置警告"对话框

单击"是"按钮后系统会自动安装 JRE 插件，在安装过程中会有安装进度显示。

(4)JRE 插件安装完毕后即可浏览到发布的画面,如图 7-34 所示。

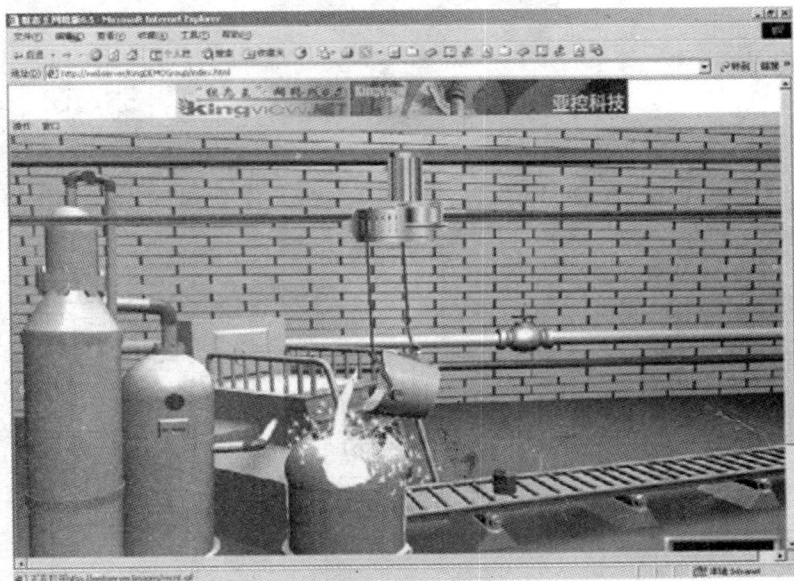

图 7-34　在浏览器中浏览画面

二、相关知识

(一) Web 功能介绍

1. 概述。

组态王 6.5 提供了 For Internet 应用版本——组态王 WEB 版,支持 Internet/Intranet 访问。组态王 WEB 功能采用 B/S 结构,客户可以随时随地通过 Internet/Intranet 实现远程监控。

组态王进行 WEB 画面发布时,服务器端除组态王之外,不需要安装其他软件,IE 端需要安装 Microsoft Internet Explore 5.0 以上或者 Netscape 3.5 以上的浏览器以及 JRE 插件(第一次浏览组态王画面时会自动下载并安装、保留在系统上),如图 7-35 所示。

2. Web 版的技术特性和功能特性。

(1)Java2 图形技术基础,支持跨平台运行,能够在 Linux 平台上运行,功能强大。

(2)支持多画面集成系统显示,支持与组态王运行系统图形相一致的显示效果。

(3)支持动画显示,客户端和主控机端保持高效的数据同步,达到亲临其境的效果。

(4)支持无限色、过渡色。支持组态王中的 24 种过渡色填充和模式填充。支持真彩色,支持粗线条、虚线等线条类型,实现了组态王系统和 Web 系统真正的视觉同步,并且利用 java2 的 2D 图形功能,Web 的过渡色填充效率更优于组态王本身。

(5)报表功能。支持实时报表和历史报表,支持报表内嵌函数和变量连接,支持报表单元格的运算和求值,支持报表打印,支持报表内容下载功能。

(6)命令语言。扩充了运算函数和求值函数,支持报表单元格变量和运算,支持局部

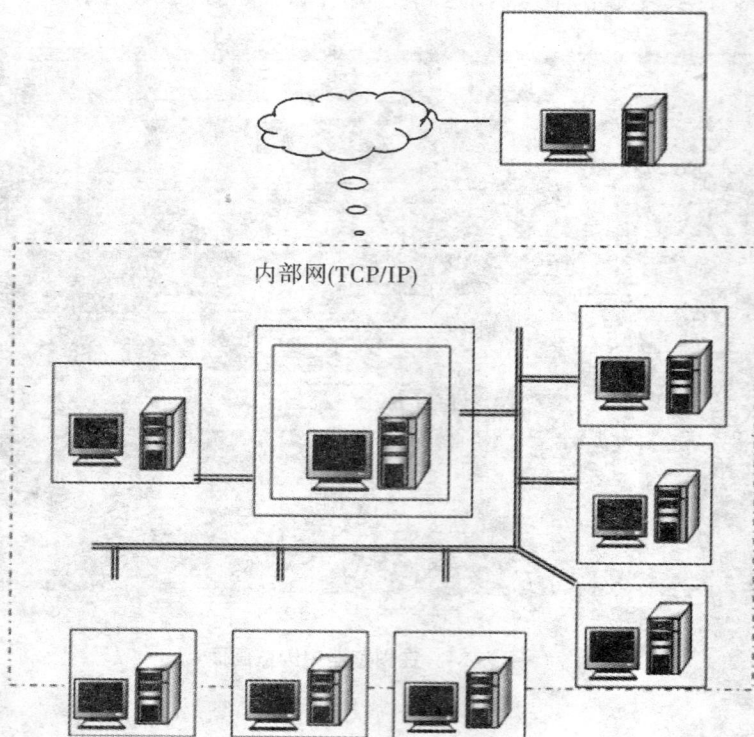

图 7-35　Web 功能结构示意

变量,支持结构变量,扩展了变量的域,增加了画面打开和关闭、IE 端打印画面、打印报表、报表统计等函数。

(7)支持组态王的大画面功能,在 IE 端可以显示组态王的任意大画面。

(8)支持远程变量,组态王 WEB 发布站点上所引用的远程变量用户同样可以在 IE 上看到。

(9)报警窗的发布。支持实时报警窗和历史报警窗的发布,发布的报警窗可以实时显示组态王运行系统中报警,支持在浏览器端按照用户要求的报警优先级、报警组、报警类型、报警信息源和报警服务器的条件进行过滤显示报警信息和事件信息。

(10)安全管理。在 IE 浏览器端支持组态王中的用户操作权限和安全区的设置,即用户在 IE 操作画面中有权限设置的图素时也需要像在组态王中一样登录,达到安全许可后方可操作。另外,对于 IE 的浏览也有权限设置,不同的用户登录浏览能做的操作不同。普通用户只能浏览数据,不能做任何操作。

(11)组态王运行系统内嵌 Web 服务器系统处理远程 IE 端的访问请求,无需额外的 Web 服务器。

(12)远程客户端系统的运行不影响主控机的运行,而客户端也可以具有操作远程主控机的能力。

（13）基于通用的 TCP/IP、Http 协议,具有广泛的广域网互联。

（14）B/S 结构体系,只需普通的浏览器就可以实现远程组态系统的监视和控制。

（15）多语言版本。可扩展性强,适合多种语言版本。

3.组态王 6.52 的新增功能。

组态王 6.52 新增了数据发布的功能,服务端组态王可以不必发布画面,IE 客户端就可以在 IE 上浏览数据列表信息和相关曲线信息,具有数据直观、功能齐全、操作简便的特点。

该功能是一个嵌入在组态王中的独立模块,可以实现实时数据、历史数据、数据库数据的 WEB 发布。组态王能够发布如下数据信息:①实时数据视图;②实时曲线视图;③历史数据视图;④历史曲线视图;⑤数据库数据视图;⑥数据库时间曲线视图。

（二）WEB 支持的功能介绍

组态王 6.52 WEB 支持的功能:

（1）支持组态王 6.52 中的所有基本图形;

（2）支持无限色;

（3）支持渐变色填充;

（4）支持粗线条、虚线等线条类型;

（5）支持组态王所有的通用图库;

（6）提供了网络分组发布和显示定制;

（7）实现了网络浏览的多画面集成显示;

（8）实现了画面的动态加载和实时显示;

（9）支持组态王报表显示和报表运算;

（10）支持历史曲线、实时曲线;

（11）支持报警窗口;

（12）支持在线命令语言,实现远程控制;

（13）支持画面在线打印;

（14）支持报表打印;

（15）支持点位图(最好使用 BMP 的位图);

（16）支持多级菜单。

附 录

组态王软件经典问题解答

1. 变量设定中最大(小)值及最大(小)原始值的意义?

答 最大(小)值是变量在现实中表达的工程值(如温度、压力等)的大小,而最大(小)原始值是采集设备中[寄存器]数字量的最大(小)值(如板卡中的819~4095等)。一般对于板卡设备此值为物理量经 AD 转换之后的值,如12BitAD 值范围为 0~4096、16BitAD 值范围为 0~65535,对于 PLC、智能仪表、变频器,其本身已将物理值转换为工程值,所以此时最大(小)值与最大(小)原始值在设置时是一致的。

2. 组态完成后发现工程特别大,怎样把工程文件变小?

答 可以删除以下文件:*.AL2(报警信息文件)、*.REC(历史记录文件),*.111(*.pic 文件的备份文件)。

3. 在定义变量的基本属性时状态栏中的保存数值、保存参数是什么意思?

答 保存参数:在系统运行时,修改变量的域的值(可读可写型),系统自动保存这些参数值,系统退出后,其参数值不会发生变化。当系统再启动时,变量的域的参数值为上次系统运行时最后一次的设置值,无需用户再去重新定义。

保存数值:系统运行时,当变量的值发生变化后,系统自动保存该值。当系统退出后再次运行时,变量的初始值为上次系统运行过程中变量值最后一次变化的值。

4. 组态王里画面属性中覆盖式与替换式有何区别?

答 覆盖式画面出现时,它重叠在当前画面之上,其他打开的画面还在运行,关闭后被覆盖的画面又可见。

替换式画面出现时,所有与之相交的画面自动从屏幕和内存中删除,不再运行。

5. 如何利用多个摄像头在组态王上显示多幅画面？

答　用户需要增加硬件设备：矩阵转换器和画面分割器。视频采集后通过矩阵转换和画面分割再送进组态王中，例如需要显示 16 个画面，可选择 16 画面分割器。

6. 如何将 gif 动画用在组态王画面中？

答　在组态王画面中的工具箱内选择"画点位图"选项，并用鼠标在画面中画出一个点位图块，然后点击鼠标右键，在其下拉式菜单中选择"从文件加载"选项，选择所需的 gif 动画文件。

7. 如何用组态王在启动一个应用程序时打开任意路径下的一个文件？

答　在组态王中定义一个内存字符串型变量，在 StartApp 函数调运之前，赋给该变量值，格式为：应用程序路径 + 一个或两个空格 + 文件路径、文件名 、文件扩展名。接下来用 StartApp 函数，其参数为该变量名称。如用 WordPad 启动时打开一个 .alg 文件，则定义"文件"为内存字符串型变量，命令语言为：文件 = " C：\Progra ~ 1 \Access ~ 1 \word. exe " +"C：\Progra ~ 1\Kingview\Example\Kingdem ~ 3\" +文件名；startapp（文件）；／＊文件名可以任意给定，如用列表框选择的结果等。

8. 事件命令语言和程序命令语言内容的长度是否能够加长？

答　组态王命令语言的长度为 20 KB，无法加长，但可以将一个命令语言分为几个事件命令语言编写。

9. 为什么有些打印机在打印实时报警时打出的为乱码？

答　为保证实时报警打印的实时性，组态王将实时报警信息直接送到打印端口（如 LPT1）输出打印，而不是调用 Windows 系统的打印，因为在打印时要求有字库的支持，而直接送端口打印没有调用任何系统的东西，所以就要求打印机提供这些字库。如果没有字库，则打印出来的东西肯定为乱码。

10. 为什么有些网络在报警窗中不出现登录和注销事件？

答　登录和注销事件在组态王中是作为报警事件显示在报警窗中，这就要求作为登录服务器的机器必须有自己的报警服务器，因此建议用户将作为登录服务器的机器同时作为 IO 服务器，并选定一个报警服务器作为这台机器的报警服务器。

11. 如何查询历史报警？

答　（1）打开组态王工程浏览器下的"报警配置"项，在其对话框的"文件保存"栏里输入报警信息存放的天数，并单击报警记录格式，在其弹出的对话框里可以进行显示报警信息时间的设置。变量的报警信息是以 ＊.al2 文件的格式存放在指定的工程路径下面。

（2）在组态王工程浏览器下的"报警配置"项中选择将报警信息存入数据库，如需在组态王中查询可利用 SQL 函数进行查询。

12. 如何计算变化率报警？

答　变化率报警指的是模拟量的值在固定时间内的变化超过一定量时产生的报警，即变量变化太快时产生的报警。当模拟量的值发生变化时，就计算变化率以决定是否报警。变化率的时间单位有三种：秒、分和时。变化率报警利用如下公式计算：[（变量的当前值 − 变量上一次的值）＊100] ＊ 单位对应的值/[（这一次生成值的时间−上一次生成值的时间）＊（最大值 − 最小值）（注：如果是秒，为 1；如果是分，为 60，如果是时，为

3600)]取其整数部分的绝对值作为结果,若计算结果大于定义的变化率的值,则出现报警。

13. 如何利用 KVDBGrid 控件根据日期条件查询历史报警?

答 将数据库中表 Alarm 中的字段 AlarmDate 字段类型改为"日期型",利用 KVDBGrid 进行条件查询,日期变量为 DateString,字符串类型。

历史报警查询. Where = " AlarmDate = {d ´" +\\本站点,\DateString+"´}";

历史报警查询. FetchData( );

历史报警查询. FetchEnd( );

14. 如何利用 KVDBGrid 控件根据报警变量进行相似查询历史报警?

答 历史报警查询. Where = " VarName like+´%" +\\本站点\报警变量+"%´";

历史报警查询. FetchData( );

历史报警查询. FetchEnd( );

15. 如何利用 KVDBGrid 控件根据日期范围查询一段日期的历史报警?

答 历史报警查询. Where = " AlarmDate >= {d´" +\\本站点\HTDate +"´} and AlarmDate <= {d´"+\\本站点\HTDate1+"´}";

历史报警查询. FetchData( );

历史报警查询. FetchEnd( );

16. 如何利用 KVDBGrid 控件根据日期范围查询一段日期的历史报警?

答 历史报警查询. Where = " AlarmDate >= {d´" +\\本站点\HTDate +"´} and AlarmDate <= {d´"+\\本站点\HTDate1+"´}";

历史报警查询. FetchData( );

历史报警查询. FetchEnd( );

17. 如何清除组态王报表单元格中的内容?

答 组态王报表没有提供清除报表内容的函数,但提供了设置报表单元格内容的函数,包括设置一个或多个单元格的字符或数据,可以使用这些函数(ReportSetCellString)来清除报表单元格的内容,如设为空字符。这种方式比较灵活,而无须组态王再提供单元格清除函数。

18. 如何利用组态王报表来实现数据统计?

答 组态王的报表数据统计功能目前有一定的局限性,但利用组态王的其他功能与报表功能一起可以实现数据统计。

(1)设计一个源报表,该报表中存储各种用于数据统计分析的源数据,可以在系统运行时,将源数据添到报表中, 需要统计分析时,可以取出数据进行统计分析,然后将结果添加到统计结果报表中。

(2)通过数据库与报表结合的方式。将所需的数据通过组态王的 SQL 功能记录到数据库中,当需要统计分析时,可以通过条件查询,将查询到的数据添加到源报表中,然后通过对源报表的计算将统计结果输出到正式报表中。

19. 使用 Excel 制作的报表 Kintable 查询历史数据时需要注意哪些问题?

答 (1)在 Kintable 的 VBA 编辑器中 Auto_Open 子程序中修改初始化历史数据库的

函数参数:修改历史库路径和工程。

(2)如果使用的是 EXCEL5 以上的版本,请在查询历史数据前,先执行初始化历史库函数。在 Kintable 中 VBA 中的子程序 ButtonOk_Click 函数定义变量部分之后,直接调用 Auto_Open 子程序"Call Auto_Open",解决初始化历史库失败或找不到变量等问题。

20.如何不进入系统桌面环境而直接运行组态王工程,如何实现(Windows 2000 系统或 Windows XP 系统)?

答　运行 RegEdit 文件:找到"\HKEY_Local_MACHINE\software\Microsoft\Windows NT\currentVersion\winlogon,将"Userinit = c:\winnt\system32\userinit.exe"改为"Userinit = c:\program files\kingview\touchvew.exe"。

21.如何在组态王中修改系统时间?

答　调用批处理文件:

dsh. bat

string Adate = StrFromInt(A 年 , 10) + " - " + StrFromInt(A 月 , 10)

+ " - " + StrFromInt(A 日 , 10);

string Atime = StrFromInt(A 时 , 10) + " : " + StrFromInt(A 分 , 10)

+ " : " + StrFromInt(A 秒 , 10);

string Acommand = InfoAppDir( ) + "dsh. bat";

Acommand = Acommand + " "; Acommand = Acommand + Adate;

Acommand = Acommand + " "; Acommand = Acommand + Atime;

StartApp(Acommand);

批处理文件:

dsh. bat date %1 time %2

22.工程被破坏后如何恢复画面?

答　(1)新建一工程,在工程浏览器中选择导入,将被破坏工程的画面导入即可。

(2)新建一工程,在该工程下新建与原来工程 * . pic 文件名一样的空画面,保存画面。将被破坏工程的 * . pic 文件拷贝到新建工程的目录下将新建工程的 * . pic 文件覆盖,从新打开新建工程,将画面逐个打开可以看到工程画面。

23.如何打印信息到针式打印机?

答　用函数 filewritestr( )实现,filename 参数为"LPT1:"

24.组态王中的报表 RTL 是什么格式,如何打开?

答　报表 RTL 是组态王自己的报表格式,只能通过组态王软件用载入报表函数(ReportLoad 函数)打开。

25.为什么在命令语言中使用报表函数却不执行?

答　在应用程序命令语言中使用各种报表函数(如 reportsetcellvalue( )等),当画面隐含时,函数无法正常执行,如:变量值无法正确写入对应的单元格中。用户要注意这种情况,这不属于软件错误,运行过程中当画面隐含时不能对报表进行操作。

26.组态王中的打印函数 PrintWindow( )如何使用纸张的横向打印功能?

答　PrintWindow( )函数的第二、三个参数不能够为 0,并且将打印机的纸张设置为横向即可,如 PrintWindow("监控中心", 60,60, 0,10, 10)。

27. 在历史趋势曲线中看不到曲线?

答 (1)数据词典设置的记录变化与安全区中没有选择数据记录。

(2)变量的量程过大,实际显示的数值占量程的百分比非常小,所以感觉没有曲线显示。

(3)系统时间被修改,历史数据存储有误,所以曲线无法显示。

28. 如何根据起始日期时间、终止日期时间查询历史趋势曲线?

答 使用通用控件中的历史趋势曲线:

\\本站点\PHTTime = AHTTime(\\本站点\HTDate, \\本站点\HTTime) ;

\\本站点\PHTTime1 = AHTTime(\\本站点\HTDate1, \\本站点\HTTime1) ;

\\本站点\PHTTime2 = \\本站点\PHTTime1 - \\本站点\PHTTime;

批次历史曲线. SetTimeParam(\\本站点\PHTTime,0, \\本站点\PHTTime2,0) ;

29. 如何将通用控件中的历史趋势曲线作为实时曲线使用?

答 在画面属性命令语言存在时调用历史趋势曲线控件 HT 的方法如下:

HT. HTUpdateToCurrentTime( )

30. 与 SQL SERVER 进行数据交换,实数类型数据存入数据库后为什么在组态王中无法读取?

答 原因是因为客户在数据库中定义的字段类型不对。在组态王中定义的内存实型变量,在 ACCESS 数据库中对应的字段的类型应该是单精度型,在 SQL SERVER 数据库中对应的字段的类型应该是 real 型(不能为 float 型)。

31. 为什么从 Excel 返回到组态王会出错?

答 在 Excel 中用 AppActivate " " 函数时,如果 Excel 中为 AppActivate "组态王运行系统",组态王的设置运行系统中,标题条文本里填写"组态王运行系统",同时,不要选"标题条中显示工程路径",如果选择了,在 AppActivate 应写"组态王运行系统 - c:\……",否则就会出错。

32. 组态王的存盘数据用何方式打开? 为什么组态王的历史记录文件打开都是乱码?

答 *. REC 文件存放的历史数据,不能用 Excel 直接打开,它本身是二进制文件。可以在 VBA 中调用提供的动态连接库来访问。

33. SQLDelete( ) 函数中选择条件的用法。A3 = "客户 ="+a2 作为条件不执行?

答 SQL 查询语句如果查询的字段为字符串时应使用单引号;a3 = "客户'" + a2 + "'"即可。

34. 数据库插入记录失败?

答 (1)在信息窗中查看数据库是否连接。

(2)查看数据库表格的字段名与组态王记录体定义的字段名是否相同。

(3)数据库表格的字段类型与组态王变量的类型是否符合,推荐使用组态王的表格模板创建表格。

(4)表格中使用的字段名是否为 data 和 time,如是则改为其他字段名。

35. 如何将数据存为 .txt 文件?

答 使用函数 FileWriteStr(Filename,FileOffset,Message,LineFeed)。

例：将名为 MsgTag 的文字变量写入文件 C:DATA\FILE. TXT 的末尾。调用函数 FileWriteStr ("C:\DATA\FILE. TXT", 0, MsgTag, 1)。

36. 数据库字段为"反应罐1#温度时"，组态王无法通过 ODBC 往数据库中写数据？

答 ODBC 不支持存在'#'字符的字段，不要使用#。

37. 如何在数据库中始终保持一个月的数据，自动删除一个月之前的记录？

答 请将控制面板中的区域设置日期改为 yyyy-mm-dd 格式。数据库中保存一个月的历史数据，自动删除一个月以前的数据。命令语言放在应用程序命令语言启动时或者事件命令语言 $时==1 中：

```
SQLConnect( DeviceID,"dsn=历史;uid=er;pwd=0");
long    month=\\本站点\$月-1;
long year=\\本站点\$年;
long day=\\本站点\$日;
string date1;
if( month==0)
{month=12;
year=\\本站点\$年-1;}
date1 = StrFromInt( year, 10);
date1=date1+"-";
date1 = date1 + StrFromInt( month, 10);
date1 = date1 + "-" +  StrFromInt( day, 10);
string whereexpr=" 日期={d'"+date1+"'}";
SQLDelete( DeviceID, "A", whereexpr);
if(\\本站点\$月==4||\\本站点\$月==6||\\本站点\$月==9||\\本站点\$
月==11)
{ if(\\本站点\$日==30)
{day=31;
date1 = StrFromInt( year, 10);
date1=date1+"-";
date1 = date1 + StrFromInt( month, 10);
date1 = date1 + "-" +  StrFromInt( day, 10);
whereexpr=" 日期={d'"+date1+"'}";
SQLDelete( DeviceID, "A", whereexpr);}
}
```

38. 使用进行网络配置的远程站点后，远程站点的数据词典中没有变量显示？

答 (1)检查网络是否联通。

(2)主机的工程应该是完全共享，不能是只读共享。检查从机是否可以看到工程文件夹，是否可进行读写操作。

39. S7-200 通过 PPI 与组态王连接,5 小时到 6 小时断线不能恢复,组态王信息窗口显示尝试与 S7-200 恢复通讯失败,如何处理?

答　(1)西门子 S7-200 使用西门子公司提供的 PC/PPI 通讯电缆,选用 PPI 方式与组态王通讯过程中,一旦 PLC 断电,则必须先用 PLC 的编程软件与 PLC 通讯一次,实现对 PC/PPI 电缆上的模块的初始化后,才能重新启动组态王,建立正常的通讯连接。

(2)若用户希望在设备断电后再上电时,组态王能自动恢复与设备的通讯连接,则不用西门子公司提的 PC/PPI 电缆,而使用 RS232/485 的转换模块,其中 485 的 DATA+接 PLC 的 PORT 口的 3,DATA-接 PLC 的 PORT 的 8(自己做线)。

40. 组态王安装后为何拨号网络无法建立"传入的连接"?

答　运行注册表文件(RegEdit),在注册表中,将\\HKEY_LOCAL_MACHINE\\SOFTWARE\\Microsoft\\Ras\\AdminDll 删除,然后手动在控制面板—管理工具—服务中的"Routing and Remote Access"服务启动。

41. for Internet 版本如何通过 IE 浏览方式对数据库进行查询?

答　对于 for Internet 版本组态王,画面发布不支持 SQL 函数,所以不能通过画面调用 SQL 函数对数据库进行查询。但是可以通过一种中介的方式。定义一离散量变量,如离散量 a,在画面上画一按钮,设置定义按钮弹起时 a=1。在事件命令语言中定义当 a=1 时,数据库进行连接,命令语言如下:

if(a==1)

SQLConnect(DeviceID,"dsn=web 数据查询;uid=;pwd=");

如此类推,通过离散量发生变化触发事件命令语言,从而对数据库进行查询。这样发布的画面可以实现通过 IE 浏览。

42. 访问组态王发布的页面时为什么总出现"连接主机失败"?

答　(1)网络速度太慢。

(2)开发中"网络配置"没有配置为"连网"。

(3)演示版支持 10 min 的 WEB 发布,同时只能够有 1 个用户通过 IE 浏览。

43. 访问组态王发布的页面时为什么会提示"连接远程文件格式"错误?

答　(1)查看画面中是否使用了控件、过渡色及其他不支持的图素。

(2)查看是否将文件发布到了根目录下。发布文件不能放在根目录下。

44. 如何访问组态王发布的页面?

答　(1)安装 PWS 或 IIS 软件并进行配置,即可以在 IE 地址栏中输入 WEB 服务器的 IP 地址或主机名。

(2)如不安装 PWS 或 IIS 软件,只需要在 IE 地址栏中输入 WEB 服务器的 IP 地址,即能访问到服务器端共享的所有文件(需要在配置网络协议时安装文件打印和共享服务)。

45. 为什么发布的画面总是一片灰暗,没有图形?

答　确认发布路径下 netkingview.cab 文件是否存在,大小是否正确。若没有该文件或文件损坏,从 Kingview 路径下拷贝 netkingview.cab 文件至发布路径下(注意 IE 是否安装 JAVA 的支持文件,如没有安装,可以从 IE 安装盘上获取)。

46. web 发布后,在客户端用 IE 打开 html 文件时什么都没有,IE 状态栏提示"完成",

或者提示 javaclass not found ？

答 （1）可能发布后的 netkingview. cab 文件大小为 0 KB，用户需要将 Kingview 路径下的 netkingview. cab 文件复制一个到发布的路径下。

（2）可能是用户的 java 虚拟机存在问题。用户可以将发布路径下的 netkingview. cab 文件解压缩，同时将其下的 javaclass 文件夹放到其上一级目录。如果这样操作会出现"连接主机失败"，则将 javaclass 文件夹同时复制到客户端机器的桌面上。

47. 画面发布后为什么页面数据没有变化？

答 由于不带 WEB 功能的加密锁不支持 WEB。如果小于 64 点演示，请不要安装加密锁，否则若安装不带 WEB 功能的加密锁，远程客户端的数据将不变化。

48. 为什么配方调不出来？

答 （1）核对在配方定义中，表格中的变量数目应该与实际变量数目相同，如果为空的话就无法调用配方。

（2）检查配方调用函数设置的路径是否正确。

49. 如何在开发系统下设置 KVDBGrid 控件的列宽？

答 在开发系统下，同时按下 Ctrl+Alt+O，就可以调整控件的列宽了。

50. 如果加密锁不能正常使用怎么办？

答 （1）确保正确安装了加密锁的驱动程序。

（2）确保计算机并口模式为 ECP（在 BIOS 中设置）。

（3）如果还不能解决问题，通过相应网站下载加密锁检测程序。

（4）锁坏了（禁止带电拔插狗）。

51. 使用组态王加密锁，一旦使用打印机则找不到加密锁？

答 （1）将并口设为 ECP 方式（在 BIOS 中设置）。

（2）重新安装驱动程序。

（3）并口的驱动能力可能有问题，建议增加一并口扩展卡，连接打印机。

52. 开发的工程如何能不让别人看到？

答 （1）对于大于 64 点的工程，如果没有装上加密锁的话则不能打开工程。

（2）在工程浏览器的工具菜单中选择工程加密，进行相应的密码设置，可以避免别人打开工程，但一定要记住密码，因为一旦密码丢失，没有后台可以实现解密。

53. 使用三菱 FX2N 系列的 PLC，使用 232BD（用于 RS232C 的通讯板 FX2N-232-BD）通讯模块与组态王通讯，在组态王上选择设备 FX2N->编程口，当 PLC 设置成 STOP 状态时，PLC 与组态王通讯正常，一旦把 PLC 设置为 RUN 状态，PLC 与组态王出现通讯失败，为什么？

答 检查是否在 PLC 中有一段自己编的有关 232BD 通讯方面的程序，这段程序与组态王的驱动程序有冲突，把这段程序去掉后，PLC 不论是 STOP 状态还是 RUN 状态，和组态王通讯均正常。

54. 金星 K200S 使用通讯模块 K3F-CU2A 与组态王通讯不上，如何检查？

答 （1）通讯模块的运行方式通过模块上的开关类型选为专用通讯方式。

（2）在组态王开发环境中定义设备时选择 PLC->金星->〉MASTER-K-XXXS。

（3）通讯模块的 RS232 口到上位机的 RS232 口之间的连线和标准有区别，建议用厂家配套的电缆。

55. 莫迪康 PLC 通过以太网方式进行通讯，定义设备时，地址一项该如何填写？

答　定义设备地址时，格式如下：IP 地址 单元号，例如：123.123.123.1 0（IP 地址和单元号之间有空格）。

56. HOSLINK 方式，组态王不能控制 I/O 模块的输出。例如组态王中定义 IR0100 寄存器，执行写操作之后 PLC 并不动作，为什么？

答　对于组态王老版本的驱动程序，上例中只能定义成 IR100，而不能定义成 IR0100。

解决方法：更新驱动程序。使两种方式都支持。

57. 使用 6 台欧姆龙 PLC 与上位机进行通讯，如果关掉其中的几台 PLC，组态王的通讯速度变慢，数据刷新速度变慢是什么原因？

答　如果关闭一些 PLC，组态王会始终尝试与其恢复通讯，使通讯速度减慢。可以使用组态王提供的 COMMERR 寄存器，在关掉 PLC 之前将相应的 COMMERR 寄存器置 1，屏蔽 PLC 与组态王之间的通讯，然后再关闭 PLC。

58. 使用三菱 PLC 的 A 和 Q 系列以太网通讯方式，PLC 程序中需要为通讯做些什么工作？

答　三菱 PLC 的 A 和 Q 系列，以太网通讯模块中都有 8 个通讯缓冲区。PLC 与上位机通讯时，每个缓冲区通过一个端口与一台上位机连接。因此，PLC 首先要定义一个唯一的 IP 地址；需要与几台上位机连接，在程序中就要打开几个缓冲区，分别定义不同的端口；还要循环查询这些端口是否有上位机连接进来，以便随时可以通讯。端口可以定义得比上位机数量多，对通讯没有影响。强烈要求网内所有 PLC 定义的端口不要重复，以避免驱动共享变量可能带来的通讯混乱。

59. S7200 使用 PPI 电缆方式与组态王进行通讯，CPU 中可以定义 Q、I、M 寄存器，而组态王中只有 V 寄存器，如何连接？

答　组态王只支持 V 寄存器，数据类型包括 BYTE、INT、UINT、LONG、FLOAT，如果要监控 Q、I、M 寄存器，必须在 PLC 程序中做一下处理，将 Q、I、M 寄存器的值传至 V 寄存器，组态王通过对 V 寄存器的操作来实现对 Q、I、M 寄存器的监控。

60. 组态王如何与三菱 FX0n 系列的 PLC 进行通讯？

答　三菱 FX0n 系列的 PLC 本身只有编程口，如使用组态王与其进行通讯，还需给三菱 FX0n 系列 PLC 配置通讯模块或通讯卡，配置好通讯模块后与三菱 FX2N 系列 PLC 的通讯协议是兼容的，根据所选通讯模块在组态王上选择相应选项。

（1）对于 232BD，定义设备时，选 FX2N。

（2）对于 485BD、232ADP、485ADP，定义设备时，选 FX2N-485 方式，用编程将 D8120 设置为 E080，即通讯参数如下：link，7，无校验，1，9600，RS485，数目检查：YES，控制程序：Format4。（注意在 D8121 中设置地址）

61. 西门子 S7200 使用西门子公司提供的 PC/PPI 电缆选用 PPI 方式与组态王通讯，一旦 PLC 断电通讯不能恢复，重新启动组态王通讯失败，必须用西门子的编程软件和

PLC 通讯一次后,组态王才能与 PLC 通讯,原因是什么?

　　答　(1)不用西门子公司提供的 PC/PPI 带缆,使用 RS232/485 的转换模块,485 的 DATA+接 PLC 的 PORT 口的 3,DATA−接 PLC 的 PORT 的 8,采用这种方式连接 PLC 断电后组态王能恢复与 PLC 的通讯。

　　(2)PLC 断电后先使用 PLC 编程软件与 PLC 通讯一次,初始化 PC/PPI 电缆上的模块,再实施组态王与 PLC 的通讯。

　　62. 用户使用组态王通过远程 Modem 拨号与西门子的 S7200 系列的 PLC 进行通讯,使用 PPI 协议。Modem 拨通后,组态王与 PLC 通讯失败,为什么?

　　答　组态王不支持与西门子系列的 PLC 使用 PPI 协议通过远程 Modem 拨号进行通讯,可使用西门子 S7200 系列的自由口协议,实现组态王通过远程 Modem 拨号与西门子的 S7200 系列的 PLC 进行通讯

　　63. 西门子 S7300MPI 方式通讯,PLC 内寄存器名称与组态王支持的寄存器名称不符,如何组态?

　　答　组态王支持的寄存器名称是英文方式,寄存器英德文对照表如下(前面字符为德文,中间字符为英文,后面为字符含义):A Q 输出寄存器,M M 位寄存器,DB DB 数据块寄存器,E I 输入寄存器,T T 定时器,Z C 计数器。

　　64. 组态王与西门子的 S7300S 通讯采用 MPI 通讯方式,通讯不上,地址设置为 2.0 是什么原因?

　　答　地址设置错误,使用 PLC　MPI 方式通讯,组态王中设备地址应设成 2.2,其中小数点前为 MPI 地址(即站号),小数点后为 MPI 设备(即所使用的通讯模块或 CPU 模块)的槽号(Slot Number)

　　65. 西门子 S7300 采用 MPI 方式通讯,选择 CPU 313 类型 PLC,使用模拟量模块 E304、E305,读不上来数据是什么原因?

　　答　E304、E305 模拟量输入数据是 12 位的,而组态王只支持 BYTE 型,所以数据读不上来,可以通过在 PLC 程序中将模入数据送入 DB 块,再利用组态王读取 DB 块的内容措施来实施。

　　66. 如何使用 Profibus-(DP,S7,FMS)协议实现组态王与 PLC 的通讯?

　　答　实现 Profibus-DP 通讯需要以下软硬件配置:

　　(1)STEP7V5.0+SP2 及以上版本。

　　(2)需要购买西门子提供的 Softnet-DP、COMPROFIBUS3.3 及以上版本,用于实现对主站组态、地址定义、从站类型定义,以及 I/O 配置、从站参数赋值信息等。组态完后生成的 *.ldb 文件将添加到 CP 中以启动并初始化从站。

　　(3)通讯卡(如 CP5611、CP5613 等),在 Profibus -DP 通讯网中作为主站。

　　实现 Profibus-S7 通讯需要软硬件支持:

　　1)STEP7V5.0+SP2 及以上版本。

　　2)需要购买西门子提供的 Softnet-S7 软件。

　　3)通讯卡(如 CP5611、CP5613 等)。

　　67. 如何实现三菱 A 系列的 PLC 与组态王进行通讯?

答 需要选用通讯模块。

（1）计算机通讯组件 A1SJ71C24-R2 应按照如下设置：将 MODE 拨盘指向 4 的位置，本协议只支持通信协议的模式 4。

（2）计算机通讯组件 A1SJ71C24-R4 应按照如下参数进行设置：

1 2 3 4 5 6 7 8 9 10 11 12；off on off on on off on on on on off on；MODE 选择位置 8；组态王中设置"RS_485，9600，8，1，偶校验"。

（3）以太网组件：A1SJ71E71B2 A1SJ71E71B5，在组态王中定义设备三菱-〉中型 PLC 以太网-〉TCPIP。

68. Q 系列以太网通讯如何配置？

答 如果使用 Q 系列以太网方式，在组态王中定义设备三菱-）Q 系列以太网-）TCP/IP 设备地址格式：aaa. bbb. ccc. ddd：ppppp：t。注意 aaa. bbb. ccc. ddd 为 PLC 的 IP 地址，ppppp 为 PLC 中定义的端口号，t 是连接超时（单位是秒），都是十进制数。

69. 如何与 MODBUS PLUS 协议的设备进行通讯？

答 此协议需要在计算机中安装 Modicon SA85 接口卡（一台计算机最多 4 块）。使用厂家提供的配套电缆，通过卡上的接口与 PLC 的 Modbus Plus 接口相连。在使用 SA85 卡之前，必须安装 SA85 卡的驱动程序，否则组态王不能进行设备定义。

（1）组态王定义设备时请选择 MODBUS PLUS 下的 SA85 卡。

（2）设备地址必须在 1～64 的范围内给网络上的每个节点分配一个唯一的地址，一般来说，地址是通过控制器上的一个特殊的 DIP 开关来设定（或通过主机上的 Modbus Plus 通讯适配器卡来设定）。

（3）组态王调用的驱动程序：ModPlus. dll，需要调用默迪康的 PLC 的两个库文件 Netbios. dll 和 Netlib. dll。

70. 在 XP 系统下安装组态王所遇到的问题：原来在 XP 系统下已经安装组态王，现已经全部卸载，想安装组态王 6.5 及以上版本，但安装程序在安装后显示"安装程序发现机器上已安装有组态王软件，单击'确定'退出后先卸载组态王其他版本，然后再安装组态王！"，将注册表中的所有 Kingview 和亚控的关键字删除，也无法安装。如何解决？

答 用 RegEDIT 打开注册表，查找如下位置：

HKEY_LOCAL_MACHINE\Software\Microsoft\Windows\CurrentVersion\App Paths

如果安装完组态王的各种版本会在注册表的上述位置中生成一个名为"组态王＊"的键值（＊为版本号，如5.1、6.0、6.01、6.02、6.03、6.5 等），正常卸载组态王后，该键值能正确删除。如果是非正常卸载（卸载失败、文件丢失等）该键值不能删除掉，再次安装组态王 6.5 时则不能安装。手动删除此路径下的组态王键值即可安装。

参 考 文 献

CANKAOWENXIAN

[1] 马国华. 监控组态软件及其应用. 北京：清华大学出版社, 2001.

[2] 北京亚控科技发展有限公司. 组态王 6.52 使用手册.

[3] 北京亚控科技发展有限公司. 组态王 6.52 函数速查手册.

[4] 曹方雷. PLC 控制电梯监控系统的设计. 中国电梯, 2000(8):20.

[5] 覃贵礼. 基于组态王 Kingview 6.53 在仿真机械手控制系统中的实现. 广西职业技术学院学报, 2009(3):4-7.

[6] 黄柱深, 黄超麟. 基于 PLC 的高精度温度控制系统. 机电工程技术, 2006(2):65-66,104.

[7] 崔金贵. 变频调速恒压供水在建筑给水应用的理论探讨. 兰州铁道学院学报, 2000(1):84-89.